Mathematik Kompakt

Reihe herausgegeben von
Martin Brokate, Garching, Deutschland
Aiso Heinze, Kiel, Deutschland
Mihyun Kang, Graz, Österreich
Moritz Kerz, Regensburg, Deutschland
Otmar Scherzer, Wien, Österreich
Anja Sturm, Göttingen, Deutschland

Die Lehrbuchreihe *Mathematik Kompakt* ist eine Reaktion auf die Umstellung der Diplomstudiengänge in Mathematik zu Bachelor- und Masterabschlüssen.

Inhaltlich werden unter Berücksichtigung der neuen Studienstrukturen die aktuellen Entwicklungen des Faches aufgegriffen und kompakt dargestellt.

Die modular aufgebaute Reihe richtet sich an Dozenten und ihre Studierenden in Bachelor- und Masterstudiengängen und alle, die einen kompakten Einstieg in aktuelle Themenfelder der Mathematik suchen.

Zahlreiche Beispiele und Übungsaufgaben stehen zur Verfügung, um die Anwendung der Inhalte zu veranschaulichen.

- **Kompakt:** relevantes Wissen auf 150 Seiten
- **Lernen leicht gemacht:** Beispiele und Übungsaufgaben veranschaulichen die Anwendung der Inhalte
- **Praktisch für Dozenten:** jeder Band dient als Vorlage für eine 2-stündige Lehrveranstaltung

Jochen Blath · Marcel Ortgiese ·
Michael Scheutzow

Stochastische Modelle der Versicherungsmathematik

 Birkhäuser

Jochen Blath
Institut für Mathematik, Goethe-Universität
Frankfurt am Main, Deutschland

Marcel Ortgiese
Department of Mathematical Sciences,
University of Bath
Bath, UK

Michael Scheutzow
Institut für Mathematik
Technische Universität Berlin
Berlin, Deutschland

ISSN 2504-3846   ISSN 2504-3854   (electronic)
Mathematik Kompakt
ISBN 978-3-031-88114-5   ISBN 978-3-031-88115-2   (eBook)
https://doi.org/10.1007/978-3-031-88115-2

Die Deutsche Nationalbibliothek verzeichnet diese Publikation in der Deutschen Nationalbibliografie; detaillierte bibliografische Daten sind im Internet über https://portal.dnb.de abrufbar.

© Der/die Herausgeber bzw. der/die Autor(en), exklusiv lizenziert an Springer Nature Switzerland AG 2025

Das Werk einschließlich aller seiner Teile ist urheberrechtlich geschützt. Jede Verwertung, die nicht ausdrücklich vom Urheberrechtsgesetz zugelassen ist, bedarf der vorherigen Zustimmung des Verlags. Das gilt insbesondere für Vervielfältigungen, Bearbeitungen, Mikroverfilmungen und die Einspeicherung und Verarbeitung in elektronischen Systemen.
Die Wiedergabe von allgemein beschreibenden Bezeichnungen, Marken, Unternehmensnamen etc. in diesem Werk bedeutet nicht, dass diese frei durch jede Person benutzt werden dürfen. Die Berechtigung zur Benutzung unterliegt, auch ohne gesonderten Hinweis hierzu, den Regeln des Markenrechts. Die Rechte des/der jeweiligen Zeicheninhaber*in sind zu beachten.
Der Verlag, die Autor*innen und die Herausgeber*innen gehen davon aus, dass die Angaben und Informationen in diesem Werk zum Zeitpunkt der Veröffentlichung vollständig und korrekt sind. Weder der Verlag noch die Autor*innen oder die Herausgeber*innen übernehmen, ausdrücklich oder implizit, Gewähr für den Inhalt des Werkes, etwaige Fehler oder Äußerungen. Der Verlag bleibt im Hinblick auf geografische Zuordnungen und Gebietsbezeichnungen in veröffentlichten Karten und Institutionsadressen neutral.

Birkhäuser ist ein Imprint der eingetragenen Gesellschaft Springer Nature Switzerland AG und ist ein Teil von Springer Nature.
Die Anschrift der Gesellschaft ist: Gewerbestrasse 11, 6330 Cham, Switzerland

Wenn Sie dieses Produkt entsorgen, geben Sie das Papier bitte zum Recycling.

Einleitung

Stochastik, wörtlich etwa „die Kunst des Vermutens", ist die mathematische Wissenschaft des Zufalls. Dessen möglichst genaue Beschreibung und seine hierauf basierende etwaige „Zähmung" können als Hauptaufgaben der Stochastik angesehen werden. Für moderne Gesellschaften ist das Verständnis der Gesetzmäßigkeiten zufälliger Ereignisse zur Bewertung von wirtschaftlichen- und Lebensrisiken von zentraler Bedeutung, und dies wiederum ist ein Hauptaugenmerk der Versicherungsmathematik, die mit der Stochastik damit sehr eng verbunden ist.

Als mathematische Disziplin hat sich die Stochastik im Laufe von mehreren Jahrhunderten zu einer faszinierenden, zugleich von eleganter Intuition und sauberer theoretischer Fundierung geprägten Wissenschaft entwickelt und bildet heute eines der dynamischsten mathematischen Teilgebiete. Während sie sich ursprünglich meist mit dem Studium von Glücksspielen befasste, so sind doch schon sehr früh auch versicherungsmathematische Fragestellungen in ihren Fokus gerückt und haben zu ihrer Entwicklung ganz wesentlich beigetragen. Besonders deutlich wird dies in der explosionsartigen und fast gleichzeitigen Entfaltung beider Disziplinen in der zweiten Hälfte des siebzehnten Jahrhunderts, an die wir hier kurz erinnern wollen:

In einem berühmten Briefwechsel zwischen Pierre de Fermat[1] und Blaise Pascal[2] aus dem Jahre 1654, der als eine – wenn nicht die – Geburtsstunde der Stochastik gilt, geht es um die faire Aufteilung eines Glücksspieleinsatzes bei vorzeitigem Spielabbruch (das sogenannte „Teilungsproblem des Chevalier de Méré")[3]. Im Rahmen seiner Lösung werden von Pascal und Fermat in systematischer Weise hypothetische Spielausgänge

---

[1] PIERRE DE FERMAT, 1607–1665, geboren in Beaumont-de-Lomage, arbeitete als Anwalt in Bordeaux und als Richter in Toulouse, bedeutendster „Amateur"-Mathematiker, wesentliche Beiträge u. a. zur Infinitesimalrechnung und Zahlentheorie. Weltberühmt durch „Fermats letzten Satz".

[2] BLAISE PASCAL, 1623–1662, geboren in Clermont-Ferrand, wirkte u. a. in Paris als Mathematiker, Philosoph und Physiker, entwickelte mit Fermat Grundlagen der Wahrscheinlichkeitstheorie.

[3] Weitere Informationen zu diesem Briefwechsel findet man beispielsweise in [Dev09].

diskutiert und darauf basierend die Gewinnwahrscheinlichkeiten der Spieler bestimmt. Der Einsatz sei dann proportional zur jeweiligen Gewinnwahrscheinlichkeit aufzuteilen. Diese Argumentation bildet die Grundlage für den modernen *Erwartungswertbegriff*, der fast unmittelbar anschließend, 1656, von Christiaan Huygens[4] weiter formalisiert wird. Die neuen wahrscheinlichkeitstheoretischen Ideen werden dann bereits um 1671 von Johan de Witt[5] verwendet, um staatliche Leibrenten unter Einbeziehung des Todesfallrisikos zu bewerten. Letzteres kann damit als eine Geburtsstunde der (Lebens-)Versicherungsmathematik angesehen werden. Parallel dazu entwickeln John Graunt[6], Caspar Neumann[7] sowie Edmond Halley[8] zu dieser Zeit die ersten statistischen Grundlagen der Demographie basierend auf der Erstellung von Sterbetafeln.

Diese rasante Entwicklung der Stochastik findet einen Höhepunkt in der posthumen Veröffentlichung von Jacob Bernoullis[9] Ars Conjectandi im Jahre 1713, die einen ersten Beweis des (schwachen) Gesetzes der großen Zahl enthält. Dieses Resultat wiederum ist die wesentliche Grundlage für den „Risikoausgleich im Kollektiv", der ein zentrales Prinzip der Versicherungsmathematik darstellt.

Unser knapper historischer Exkurs zeigt, wie eng die Gebiete Stochastik und Versicherungsmathematik von Anfang an verwoben sind. Auch später haben sich Wahrscheinlichkeitstheorie, Statistik und Versicherungsmathematik oft parallel entwickelt. Mittlerweile wird die Versicherungsmathematik von vielen als Teil der angewandten Stochastik angesehen.

Durch die im zwanzigsten Jahrhundert fortschreitende maßtheoretische Fundierung der Stochastik und speziell des Begriffs der bedingten Erwartung durch Kolmogorov, sowie die darauf basierende Entwicklung der Theorie stochastischer Prozesse, insbesondere von Markov-Prozessen und Martingalen, entsteht innerhalb der Stochastik ein

---

[4] CHRISTIAAN HUYGENS, 1629–1695, geboren in Den Haag, Studium in Leiden, wirkte in Den Haag u. a. als Astronom, Mathematiker und Physiker; einer der einflussreichsten Wissenschaftler seiner Zeit.

[5] JOHAN DE WITT, 1625–1672, geboren in Dordrecht, Mathematiker und niederländischer Staatsmann („Ratspensionär"), arbeitete zu Kegelschnitten und gilt als Begründer der Versicherungsmathematik.

[6] JOHN GRAUNT, 1620–1670, geboren in London, englischer Kurzwarenhändler, analysierte Sterbetafeln in London (1662), gilt als Wegbereiter der Demographie.

[7] CASPAR NEUMANN, 1648–1715, geboren in Breslau, evangelischer Pfarrer und Pionier der Bevölkerungsstatistik, analysiert Geburts- und Sterbefälle in Breslauer Kirchenbüchern.

[8] EDMOND HALLEY, 1656–1742, geboren in Haggerston, englischer Astronom, Mathematiker und Geologe, Savillian Professor an der Universität Oxford, berechnete u. a. die Bahn des nach ihm benannten Kometen.

[9] JACOB BERNOULLI, 1655–1705, geboren in Basel, schweizerischer Mathematiker und Professor an der Universität Basel, beschäftigte sich neben der Wahrscheinlichkeitstheorie u. a. mit der Infinitesimalrechnung; identifizierte die Eulersche Zahl e als Limes in Studien zur stetigen Verzinsung.

neuer Fokus auf dynamische, sich zeitlich verändernde Systeme. Dies spiegelt sich auch in der Versicherungsmathematik wider, beispielsweise in der Entwicklung der dynamischen kollektiven Risiko- bzw. Ruintheorie durch Filip Lundberg und Harald Cramér, in der mittels (zusammengesetzter) Poisson- und Erneuerungsprozesse ein Risiko*prozess* definiert und untersucht wird.

Die genannte maßtheoretische Fundierung zeigt sich aber auch in der nun möglichen abstrakten Behandlung von Zahlungsströmen mittels Lebesgue-Stieltjes-Integralen, die im Falle zufälliger Zahlungen selbst wieder als stochastische Prozesse aufgefasst werden können, sowie in der allgemeinen Theorie der bedingten Erwartungen, die unter anderem in der Credibilitytheorie eine entscheidende Rolle spielt.

Viele weitere grundlegende Konzepte der modernen Stochastik wie große Abweichungen, Lévy-Prozesse und Kompensatoren sind zentral in beiden Feldern und wurden teils durch versicherungsmathematische Fragestellungen motiviert. Dies gilt auch für die Theorie der Risikomaße, die eine natürliche Entsprechung in den Prämienprinzipien der Versicherungsmathematik hat.

Das Ziel dieses *kompakten und einführenden Lehrbuches* ist es, im Rahmen des Stoffumfangs einer vierstündigen Mathematikvorlesung wesentliche stochastische Modelle der Versicherungsmathematik systematisch einzuführen und in ihren Grundzügen zu analysieren, wobei wir den oben genannten Begriffen allesamt begegnen werden. Auch wenn wir an einigen Stellen durchaus etwas tiefer in die Materie einsteigen, kann und soll es dabei nicht um eine Darstellung der Versicherungsmathematik in ihrer vollen Breite gehen, oder um die Berücksichtigung der jeweils aktuellsten aktuariellen Methoden aus der Praxis.

Stattdessen legen wir den Schwerpunkt auf die Erläuterung klassischer und teils fortgeschrittener stochastischer Methoden und Ergebnisse unter Rückgriff auf möglichst vollständige Beweise. An Vorkenntnissen setzen wir den Stoff der Anfängervorlesungen in der Stochastik (etwa im Umfang von [KW10]) und der Analysis (hier insbesondere Maß- und Integrationstheorie wie beispielsweise in [BK19]) voraus. Hilfreich sind zudem Grundkenntnisse aus der Theorie stochastischer Prozesse, siehe dazu [KW14]. Insbesondere im ersten Teil des Buches über Lebensversicherungsmathematik verwenden wir die Theorie der Lebesgue(-Stieltjes)-Integrale, die eine einheitliche Darstellung sowohl der zeitdiskreten wie auch der zeitkontinuierlichen Modellierung mittels zufälliger Zahlungsströme erlaubt.

Geeignet ist das Buch für fortgeschrittene Bachelor- sowie Master-Studierende mathematischer Studiengänge mit Vertiefungsrichtung Stochastik. Es gliedert sich in die klassischen Bereiche *Lebens-* und *Schadenversicherungsmathematik,* was grob der pragmatischen angelsächsischen Unterteilung in *life-* und *non-life insurance mathematics* entspricht. Erstere umfasst Methoden, die auch in anderen Bereichen der Personenversicherung relevant sind (beispielsweise für Renten- und Ausbildungsversicherungen), letztere solche für Sachversicherungen wie Feuer-, und Kfz-, aber auch die Haftpflichtversicherung. Die grundsätzlichen Unterschiede bei der Modellierung in den beiden Bereichen erläutern wir summarisch zu Beginn der jeweiligen Kapitel.

Ein kompaktes und einführendes mathematisches Lehrbuch wie dieses ist naturgemäß eine Zusammenstellung im wesentlichen bekannter Theorie und steht daher auf den Schultern von Riesen. Einige davon haben wir bereits genannt, vielen weiteren widmen wir im weiteren Verlauf jeweils eine kurze Fußnote. Darüber hinaus können und wollen wir mit unserer knappen Darstellung die vielen erprobten und oft viel umfangreicheren oder spezielleren Lehrbücher in der Versicherungsmathematik nicht ersetzen, ohne die es diese Darstellung nicht gäbe. Man kann sicher sagen, dass sich die meisten Inhalte aus unserem Kapitel über die Lebensversicherungsmathematik (und viele weitere mehr) auch in dem umfassenden Buch von Milbrodt und Helbig [MH99] sowie bei Gerber [Ger97] finden. Für weiterführende Darstellungen der Maß- und Integrationstheorie verweisen wir auf Elstrodt [Els18], und für die Wahrscheinlichkeitstheorie auf Klenke [Kle20], Kallenberg [Kal21] sowie die klassischen Texte von Feller [Fel68, Fel71]. Zu unserer Darstellung der Sachversicherung, zu der wir an einigen Stellen auch durch Vorlesungsnotizen von Drees [Dre05] inspiriert wurden, finden sich viele weitere Informationen – etwa für statische Modelle und Prämienprinzipien – in dem einführenden Lehrbuch von Schmidt [Sch09]. Für die Risiko- und Ruintheorie verweisen wir unter anderem auf die umfangreichen Werke von Embrechts, Klüppelberg und Mikosch [EKM97] (die auch die von uns vernachlässigte Extremwerttheorie ausführlich behandeln) sowie auf Mikosch [Mik09], Rolski et al [RSST99] und Asmussen und Albrecher [AA10]. Das elegante Buch von Föllmer und Schied [FS04] enthält eine viel tiefer gehende Darstellung der Theorie der Risikomaße. Eine moderne und sehr umfassende Abhandlung der Versicherungsmathematik, die sowohl Lebens- als auch Schadenversicherung enthält, ist das Buch von Asmussen und Steffensen [AS20].

In den Literaturhinweisen am Ende jedes Teilkapitels und der Bibliographie nennen wir diese und viele weitere Quellen, von denen wir jeweils maßgeblich profitiert haben, sowie weiterführende Literatur und Originalarbeiten. Wir gestatten uns dabei der für einführende Lehrbücher üblichen Konvention zu folgen, über die gegebenen Hinweise hinaus das Standardmaterial nicht in jedem Einzelfall weiter zu belegen.

Zum Abschluss danken wir herzlich einer Reihe von Studierenden, Mitarbeitenden sowie Kolleginnen und Kollegen für Ihr detailliertes Feedback zu diesen Notizen, insbesondere den Herren Prof. Dr. Frank Aurzada (Darmstadt), Dr. Matthias Hammer (Berlin), Dr. Lukas Lüchtrath (Berlin) und Prof. Dr. Sebastian Riedel (Hagen), sowie last but not least Frau Heike Suckfüll (Frankfurt) für sorgfältiges Korrekturlesen.

Frankfurt, Bath und Berlin im Dezember 2024,	Jochen Blath
Marcel Ortgiese
Michael Scheutzow

Interessenkonflikte Die Autor*innen haben keine für den Inhalt dieses Manuskripts relevanten Interessenkonflikte.

Inhaltsverzeichnis

Teil I Grundlegende Modelle der Lebensversicherungsmathematik

1 Finanzmathematische Grundlagen 3
   1.1 Kapitalfunktionen und Zahlungsströme. 3
   1.2 Äquivalenzprinzip und Deckungskapital. 12
   1.3 Literaturhinweise 15

2 Modellierung von Lebensversicherungsverträgen. 17
   2.1 Beschreibung des Todesfallrisikos 17
   2.2 Die Zahlungsströme eines Lebensversicherungsvertrags 25
   2.3 Nettoprämien und Deckungskapital. 35
   2.4 Erweiterungen des Modells 47
   2.5 Literaturhinweise 49

3 Der Satz von Hattendorff 51
   3.1 Die Varianz des Barwerts im Fall der Nettoeinmalprämie 52
   3.2 Martingale und der kompensierte Einheitsleistungsstrom. 54
   3.3 Der Verlustprozess eines Lebensversicherungsvertrags 66
   3.4 Der Satz von Hattendorff. 69
   3.5 Literaturhinweise 74

Teil II Grundlegende Modelle der Schadenversicherungsmathematik

4 Statische Risikomodelle 77
   4.1 Individuelles und kollektives Modell. 77
   4.2 Schadenhöhen- und Schadenanzahlverteilungen. 81
   4.3 Charakterisierung der Gesamtschadenverteilung 86
   4.4 Abweichungen des Gesamtschadens vom Erwartungswert. 96
   4.5 Approximative Berechnung der Gesamtschadenverteilung. 110
   4.6 Literaturhinweise 116

5	**Dynamische Risikomodelle und Ruintheorie**	119
	5.1 Dynamische Modelle der kollektiven Risikotheorie	119
	5.2 Grundlagen der Erneuerungstheorie	129
	5.3 Ruintheorie unter der Lundberg-Bedingung	150
	5.4 Ruintheorie für subexponentielle integrierte tail-Verteilungen	164
	5.5 Literaturhinweise	178
6	**Prämienprinzipien, Risikomaße und Erfahrungstarifierung**	181
	6.1 Prämienprinzipien	181
	6.2 Risikomaße	194
	6.3 Risikoteilung und Rückversicherung	204
	6.4 Erfahrungstarifierung	206
	6.5 Literaturhinweise	214

A Anhang ... 217

Haftungsausschluss ... 227

Literatur ... 229

Stichwortverzeichnis ... 233

Teil I
Grundlegende Modelle der Lebensversicherungsmathematik

Wir betrachten hier das klassische und einfachste stochastische Modell der Lebensversicherungsmathematik, nämlich die Versicherung *eines einzelnen, unter einem Risiko stehenden Lebens.* Mit „Risiko" ist hier üblicherweise das Todesfallrisiko gemeint. Charakteristisch für dieses Szenario ist, dass zwar der Zeitpunkt des Eintretens des Versicherungsfalles zufällig, die Höhe und Art der zu erbringenden Leistung hingegen bereits bei Vertragsabschluss festgelegt ist. Dies ist ein wichtiger Unterschied zur Schadenversicherungsmathematik, bei der auch die eintretenden Schadenhöhen zumeist zufällig sind.

Da Lebensversicherungsverträge in der Regel langfristig angelegt sind, spielt neben der stochastischen Modellierung des biometrischen Risikos auch die Bewertung der zugehörigen Leistungs- und Prämienzahlungsströme unter Einbeziehung von langfristiger Verzinsung eine wesentliche Rolle.

Finanzmathematische Grundlagen

Wir beginnen mit der Bewertung deterministischer Zahlungsströme und insbesondere der Frage, was bestimmte zukünftige Zahlungen zum aktuellen Zeitpunkt wert sind. Dieser Abschnitt ist noch rein analytischer Natur und enthält keine Stochastik. Allerdings verwenden wir einen für Stochastiker natürlichen maßtheoretischen Ansatz – basierend auf dem Lebesgue(-Stieltjes)-Integral – der eine einheitliche und damit elegante Darstellung etwa des Barwerts sowohl von zeitdiskreten wie auch von zeitkontinuierlichen Zahlungsströmen erlaubt. Eine gute Quelle für die benötigten analytischen Grundlagen ist beispielsweise das Buch von Brokate und Kersting [BK19]. Einzelne wichtige Aspekte der Maßtheorie werden auch im Anhang noch einmal behandelt.

1.1 Kapitalfunktionen und Zahlungsströme

Aus der Praxis sind viele Arten der Verzinsung (mit Zinseszins) bekannt. In der elementaren Finanzmathematik modelliert man diese abstrakt durch eine *Kapitalfunktion*. Wir folgen hier der Notation von [MH99]. Im Folgenden werden wir für reellwertige Funktionen die Begriffe *(monoton) wachsend* und *nicht fallend* synonym verwenden.

Definition 1.1

Eine wachsende rechtsstetige Funktion $K : [0, \infty) \to [1, \infty)$ mit $K(0) = 1$ heißt *Kapitalfunktion*. ◀

Die Kapitalfunktion beschreibt, wie sich der Wert eines Anfangskapitals pro Geldeinheit in der Zukunft durch den Einfluss der Verzinsung ändert. Sie ermöglicht es, Zahlungen, die zu unterschiedlichen Zeitpunkten erfolgen, zu einem beliebigen Referenzzeitpunkt vergleichbar zu machen (zu „bewerten"). Gegeben $A > 0$ und $t \geq 0$ bezeichnen wir mit

$$A \cdot K(t)$$

den Wert des Anfangskapitals A zur Zeit t. Allgemeiner sagen wir, dass ein Betrag A, den man zur Zeit $s \geq 0$ erhält, zur Zeit $t \geq 0$ den Wert

$$\frac{K(t)}{K(s)} A$$

hat. Wenn nicht anders angegeben, bemessen wir die Zeiteinheiten in Jahren. Mit Hilfe einer Kapitalfunktion können die üblichen deterministischen Zinsmodelle leicht behandelt werden.

Definition 1.2

Ist K eine Kapitalfunktion, so nennen wir

- $r := K(1)$ den *Aufzinsungsfaktor* (pro anno), und
- $i := r - 1$ den zugehörigen *Zinssatz* („effektiver Jahreszins").

◀

Beispiel 1.3 (Diskrete Verzinsung mit konstantem Zinssatz)
Sei $i \geq 0$. Angenommen, nach jeweils einem Jahr wird ein Zins der Höhe i pro Geldeinheit gezahlt. Dies entspricht der Kapitalfunktion

$$K(t) = (1+i)^{\lfloor t \rfloor}, \quad t \geq 0,$$

wobei wir im Exponenten die Gaußklammer

$$\lfloor t \rfloor := \sup\{k \in \mathbb{N}_0 \,:\, k \leq t\}$$

verwendet haben.

Bei *unterjähriger Verzinsung* wird das Jahr in m Perioden aufgeteilt ($m \in \mathbb{N}$) und jeweils am Ende einer Periode ein Zins der Höhe $i^{(m)}/m$ gezahlt. Dabei wird $i^{(m)} \geq 0$ als der *nominelle Zinssatz* bezeichnet. Dies entspricht der Kapitalfunktion

$$K(t) = \left(1 + \frac{i^{(m)}}{m}\right)^{\lfloor mt \rfloor}, \quad t \geq 0. \tag{1.1}$$

In diesem Fall ist der effektive Jahreszins nach dem binomischen Lehrsatz durch

$$\left(1 + \frac{i^{(m)}}{m}\right)^m - 1 = i^{(m)} + \sum_{k=2}^{m} \binom{m}{k} \left(\frac{i^{(m)}}{m}\right)^k$$

gegeben. Damit ist für $m \geq 2$ der effektive Jahreszins stets größer als der nominelle Zinssatz.

1.1 Kapitalfunktionen und Zahlungsströme

Beispiel 1.4 (Stetige Verzinsung mit konstanter Zinsrate)
Hier wird die Kapitalfunktion K durch

$$K(t) = e^{\delta t}, \quad t \geq 0,$$

definiert, wobei $\delta \geq 0$ die *Zinsrate* oder den *nominellen Zinssatz* bei stetiger Verzinsung bezeichnet.

Setzt man $i^{(m)} = \delta$, dann lässt sich die Formel für die stetige Verzinsung aus (1.1) herleiten, indem man die Anzahl der Perioden m gegen unendlich gehen lässt[1]:

$$\lim_{m \to \infty} \left(1 + \frac{i^{(m)}}{m}\right)^m = \lim_{m \to \infty} \left(1 + \frac{\delta}{m}\right)^m = e^{\delta}.$$

In diesem Beispiel ist der Aufzinsungsfaktor durch $r = K(1) = e^{\delta}$ und der effektive Jahreszins durch $i = e^{\delta} - 1$ gegeben. Wieder sind nomineller Zins und effektiver Jahreszins nicht identisch. Ist bei der stetigen Verzinsung beispielsweise der nominelle Zinssatz durch $\delta = 0{,}06$ gegeben, so gilt für den Effektivzins

$$i = e^{0{,}06} - 1 \approx 0{,}0618 > \delta.$$

Anders als in den obigen Beispielen können und werden Zinssätze auch zeitlich schwanken. Dies kann man zum Beispiel durch Zinsintensitäten modellieren, die den infinitesimalen relativen Zuwachs einer Kapitalfunktion K beschreiben.

Definition 1.5

Sei K eine Kapitalfunktion mit Darstellung

$$K(t) = \int_{(0,t]} k(s)\,ds + 1, \quad t \geq 0, \tag{1.2}$$

wobei $k : [0, \infty) \to [0, \infty)$ messbar ist. Dann heißt

$$\phi(t) := \frac{k(t)}{K(t)}, \quad t \geq 0,$$

die *Zinsintensität* von K. ◀

Beispiel 1.6
Ist $K(t) = e^{\delta t}$, $t \geq 0$, dann lässt sich K schreiben als

$$K(t) = \int_{(0,t]} \delta\, e^{\delta s}\,ds + 1,$$

---

[1] Diese Überlegung zur „infinitesimalen Verzinsung" führte Jacob Bernoulli 1689 zu einer Charakterisierung der Eulerschen Zahl e.

so dass hier $k(t) = \delta e^{\delta t}$ gilt. Für die Zinsintensität erhalten wir

$$\phi(t) = \frac{k(t)}{K(t)} = \frac{\delta e^{\delta t}}{e^{\delta t}} = \delta.$$

Die Zinsintensität ist in diesem Fall also zeitlich konstant und dies erklärt auch die Bezeichnung von δ als Zinsrate.

▶ **Bemerkung 1.7**

(i) Die Kapitalfunktion $K : [0, \infty) \to [1, \infty)$ hat eine Darstellung mit *Dichte* k wie in (1.2) genau dann, wenn K eine absolut stetige Funktion ist (Satz A.2.2). In diesem Fall ist K insbesondere stetig auf $[0, \infty)$. Wie die unstetige Kapitalfunktion in Beispiel 1.3 zeigt, lassen sich nicht alle Kapitalfunktionen auf diese Weise schreiben. Auf diese Unterscheidung gehen wir im nächsten Abschnitt über Zahlungsströme noch genauer ein, siehe Bemerkung 1.15.

(ii) Ist die Kapitalfunktion K absolut stetig mit Dichte k, so ist sie nach Satz A.2.2 für fast alle t differenzierbar mit $K'(t) = k(t)$. Damit gilt für solche t und sehr kleines h näherungsweise

$$\phi(t) = \frac{k(t)}{K(t)} = \frac{K'(t)}{K(t)} \approx \frac{K(t+h) - K(t)}{hK(t)}.$$

Das bedeutet, dass $\phi(t)$ das relative Wachstum eines Vermögens durch Verzinsung zur Zeit t beschreibt.

Proposition 1.8 Hat K die Darstellung (1.2), dann lässt sich K aus ϕ eindeutig berechnen:

$$K(t) = \exp\left\{\int_0^t \phi(s)\, ds\right\}, \quad t \geq 0.$$

Beweis Wir beschränken uns auf den Fall dass k stetig (und K damit überall differenzierbar) ist. Dann gilt für die Ableitung

$$(\log K(t))' = \frac{k(t)}{K(t)} = \phi(t).$$

Nach Integration und mit $K(0) = 1$ gilt

$$\log K(t) = \int_{(0,t]} \phi(s)\, ds,$$

wie behauptet.

Für den allgemeinen Fall gilt die obige Rechnung für die Ableitung nach Satz A.2.2 immer noch (allerdings nur noch für fast alle t). Man überzeuge sich davon, dass $\log K$ absolut stetig ist (da $x \mapsto \log x$ auf jedem kompakten Teilintervall von $[1, \infty)$ Lipschitz-stetig ist). Damit folgt dann aus Proposition A.2.3 auch der letzte Schritt, siehe auch [MH99, Bemerkung 2.3]. □

▶ **Bemerkung 1.9** In diesem Zusammenhang betrachtet man auch die *kumulierte Zinsintensität*

$$\Phi(t) = \int_{(0,t]} \phi(s)\,ds = \int_{(0,t]} \frac{k(s)}{K(s)}\,ds, \tag{1.3}$$

so dass mit Proposition 1.8 folgt:

$$K(t) = e^{\Phi(t)}, \quad \Phi(t) = \log K(t).$$

Existiert keine Zinsintensität, so setzt man

$$\Phi(t) := \int_{(0,t]} \frac{1}{K(s-)}\,dK(s), \tag{1.4}$$

wobei das Integral als Lebesgue[2]- bzw. Lebesgue-Stieltjes[3]-Integral (siehe Bemerkung 1.15 und Kap. A.1 im Anhang) zu verstehen und

$$K(s-) := \lim_{u \uparrow s} K(u)$$

der linksseitige Grenzwert von K in s ist. Aus Proposition A.2.3 folgt, dass (1.3) und (1.4) für absolut stetiges K übereinstimmen.

Auch im allgemeinen Fall lässt sich K mit Hilfe von Φ darstellen, siehe dazu [MH99, Satz 2.7]. Warum man in der allgemeinen Definition von Φ im Integranden $K(s-)$ (und nicht etwa $K(s)$) schreibt, mag zunächst unklar erscheinen. Wir werden später (in Definition 2.1) den analogen Begriff der *kumulierten Sterblichkeitsintensität* kennenlernen und dort sehen, warum man mit dem linksseitigen Grenzwert im Integral arbeitet.

Das folgende Beispiel zeigt, dass K im Allgemeinen nicht einfach $\exp(\Phi)$ ist, wie es das Beispiel mit Dichte in Bemerkung 1.9 nahelegen könnte.

---

[2] HENRI LÉON LEBESGUE, 1875–1941, geboren in Beauvais, französischer Mathematiker, forschte in Paris an der Sorbonne und dem Collège de France; Begründer der gleichnamigen modernen Integrationstheorie.

[3] THOMAS JOANNES STIELTJES, 1856–1894, geboren in Zwolle, niederländischer Mathematiker, Professor an der Universität Toulouse, verallgemeinerte das Riemann-Integral, umfangreiche Beiträge zur Analysis; in der Stochastik u. a. zum Momentenproblem.

Beispiel 1.10
Betrachtet man die Kapitalfunktion $K(t) = (1+i)^{\lfloor t \rfloor}, t \geq 0$, so gilt $K(s-) = 1$ für alle $s \leq 1$. Damit ist die kumulierte Zinsintensität zum Zeitpunkt $t = 1$ gegeben durch

$$\Phi(1) = \int_{(0,1]} \frac{1}{K(s-)} dK(s) = \int_{(0,1]} dK(s) = K(1) - K(0) = i,$$

und es gilt
$$K(1) = 1 + i \neq \exp(\Phi(1)) = e^i.$$

Weiter gilt
$$\int_{(0,1]} \frac{1}{K(s)} dK(s) = \frac{i}{1+i},$$

was sich sowohl von i als auch von $\log(1+i)$ unterscheidet.

Wir verwenden nun unseren oben definierten Begriff der Kapitalfunktion, um Zahlungen zu verschiedenen Zeitpunkten zu bewerten und damit vergleichbar zu machen. Finden nicht nur einmalige, sondern zum Beispiel regelmäßige Zahlungen (etwa Prämienzahlungen) statt, so beschreibt man diese im Rahmen von sogenannten *Zahlungsströmen*.

Definition 1.11 (Zahlungsströme)

a) Ein *gerichteter Zahlungsstrom* ist eine rechtsstetige monoton nicht fallende Funktion $Z : [0, \infty) \to [0, \infty)$. Die Menge der gerichteten Zahlungsströme nennen wir $\mathcal{Z}_g$.
b) Sind Z_1 und Z_2 gerichtete Zahlungsströme, so heißt $Z := Z_1 - Z_2$ *ungerichteter Zahlungsstrom*. Die Menge der ungerichteten Zahlungsströme nennen wir $\mathcal{Z}$.

◄

Ist K eine Kapitalfunktion, so ist K selbst, aber beispielsweise auch $Z := K - 1$, ein gerichteter Zahlungsstrom.

▶ **Bemerkung 1.12** Wir werden weitgehend darauf verzichten, ungerichtete Zahlungsströme Z zu betrachten. Der Grund dafür ist, dass sich ein $Z \in \mathcal{Z}$ auf unterschiedliche Weise in der Form $Z = Z_1 - Z_2$ mit $Z_1, Z_2 \in \mathcal{Z}_g$ schreiben lässt und man $Z \in \mathcal{Z}$ betreffende Aussagen, die mittels $Z_1, Z_2 \in \mathcal{Z}_g$ formuliert werden, erst einmal daraufhin testen muss, ob sie von der speziellen Zerlegung unabhängig sind. Wir bevorzugen es daher, mit gegebenen Paaren $Z_1, Z_2 \in \mathcal{Z}_g$ zu arbeiten und bei Bedarf deren Differenz zu bilden. Diese Sichtweise erspart uns die (zweifellos interessante aber für die Versicherungsmathematik nicht zentrale) Einführung von signierten Maßen, Funktionen von (lokal) endlicher Variation und Lebesgue-Stieltjes-Integralen bezüglich solcher Funktionen (vergleiche aber Bemerkung A.1.4). Im übrigen kann man argumentieren, dass bei Verträgen in aller Regel gerichtete Zahlungsströme zwischen den Vertragspartnern vereinbart werden – und nicht Differenzen davon.

1.1 Kapitalfunktionen und Zahlungsströme

Um Zahlungsströme zu vergleichen, muss man nicht nur die einzelnen Zahlungshöhen, sondern auch die zugehörigen Zahlungszeitpunkte berücksichtigen. Dies führt auf den Begriff des *Barwerts,* der mit Hilfe der Kapitalfunktion bestimmt wird. Wir illustrieren dies zunächst anhand eines Beispiels.

Beispiel 1.13
Wir betrachten (endlich oder abzählbar viele) Zahlungen $z_i \geq 0$, $i \in \mathbb{N}_0$, die jeweils zu Zeitpunkten $0 \leq t_0 < t_1 < \ldots$ mit $\lim_{i \to \infty} t_i = \infty$ erfolgen. Für den Fall endlich vieler Zahlungen $z_0, \ldots, z_N$ mit $N \in \mathbb{N}$ setzen wir $t_{N+1} = t_{N+2} = \ldots = \infty$ und $z_{N+1} = z_{N=1} = \ldots = 0$. Der entsprechende gerichtete Zahlungsstrom heißt *diskrete Zeitrente* und ist definiert durch

$$Z(t) = \sum_{i=0}^{\infty} z_i \mathbf{1}_{[t_i, \infty)}(t), \quad t \geq 0.$$

Es gilt tatsächlich $Z \in \mathcal{Z}_g$, da Z reellwertig, monoton nicht fallend (wegen $z_i \geq 0$) und rechtsstetig ist (Abb. 1.1).

Sei nun K eine Kapitalfunktion. Dann ist der Wert zur Zeit 0 des Betrags z_i, den man zur Zeit t_i erhält, gerade $\frac{z_i}{K(t_i)}$. Die Summe dieser abgezinsten Einzelbeträge ergibt dann den Gesamtwert dieses Zahlungsstroms zum Zeitpunkt 0. Wir setzen

$$b(Z) := \sum_{i=0}^{\infty} \frac{z_i}{K(t_i)} \in [0, \infty]. \tag{1.5}$$

Diesen Betrag nennen wir den *Barwert des Zahlungsstroms Z*. Wenn wir den Prozess der Sprünge von Z durch

$$\Delta Z(t) := Z(t) - Z(t-), \quad t \geq 0,$$

definieren, dann können wir den Barwert auch schreiben als

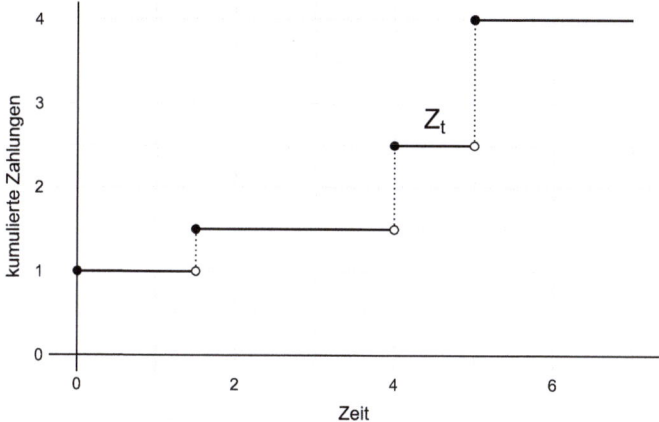

Abb. 1.1 Ein Beispiel für einen diskreten Zahlungsstrom $(Z_t)_{t \geq 0}$ mit Zahlungen der Höhe $1, \frac{1}{2}, 1, \frac{3}{2}$ zu den Zeiten $0, \frac{3}{2}, 4, 5$

$$b(Z) = \sum_{i=0}^{\infty} \frac{\Delta Z(t_i)}{K(t_i)} = \sum_{t \geq 0} \frac{\Delta Z(t)}{K(t)}. \tag{1.6}$$

Ausgehend von diesem Beispiel möchten wir auch allgemeine (gerichtete und ungerichtete) Zahlungsströme mit Hilfe des Barwerts bewerten. Die Verallgemeinerung von (1.6) geschieht wie folgt.

Definition 1.14 (Barwert)

Der *Barwert* eines gerichteten Zahlungsstroms $Z \in \mathcal{Z}_g$ ist durch das *Lebesgue-Stieltjes-Integral*

$$b(Z) := \int_{[0,\infty)} \frac{1}{K(s)} dZ(s) \in [0, \infty] \tag{1.7}$$

gegeben. Für einen ungerichteten Zahlungsstrom $Z \in \mathcal{Z}$, der durch zwei gerichtete Zahlungsströme Z_1, Z_2 mit $Z = Z_1 - Z_2$ gegeben ist, definieren wir den Barwert durch

$$b(Z) := b(Z_1) - b(Z_2) = \int \frac{1}{K(s)} dZ_1(s) - \int \frac{1}{K(s)} dZ_2(s) \in [-\infty, \infty], \tag{1.8}$$

sofern wenigstens einer der Ausdrücke $b(Z_1)$ und $b(Z_2)$ endlich ist. ◀

Hier stellt sich die Frage, ob $b(Z)$ von der Wahl der Zerlegung $Z = Z_1 - Z_2$ abhängt. Darauf gehen wir in Bemerkung A.1.4 ein.

▶ **Bemerkung 1.15** Das Lebesgue-Stieltjes Integral ist ein Spezialfall des klassischen Lebesgue-Integrals und wird in Anhang A.1 noch einmal rekapituliert. Man sieht in (1.7) sofort, dass für $Z \in \mathcal{Z}$ mit $Z = Z_1 - Z_2$ und $\min\{Z_1(\infty), Z_2(\infty)\} < \infty$ wegen $1/K(s) \leq 1$ mindestens einer der Ausdrücke $b(Z_1)$ und $b(Z_2)$ endlich und damit deren Differenz wohldefiniert ist. Für die Praxis sind die beiden folgenden Spezialfälle am wichtigsten:

1) Ist $Z \in \mathcal{Z}_g$ eine diskrete Zeitrente wie in Beispiel 1.13, existieren also $t_i \geq 0$ und $z_i \geq 0$ so dass

$$Z(t) = \sum_{i : t_i \leq t} z_i,$$

dann gilt für jede messbare Funktion $g : [0, \infty) \to [0, \infty)$,

$$\int_{[0,t]} g(s) \, dZ(s) = \sum_{t_i \in [0,t]} g(t_i) z_i. \tag{1.9}$$

Nimmt man $g(t) = \frac{1}{K(t)}$, so sieht man, dass die Definition (1.7) eine Verallgemeinerung von (1.5) ist.

1.1 Kapitalfunktionen und Zahlungsströme

2) Ist $Z \in \mathcal{Z}_g$ *absolut stetig,* existiert also (nach Satz A.2.2) eine messbare Funktion $z : [0, \infty) \to [0, \infty)$, so dass

$$Z(t) = Z(0) + \int_{[0,t]} z(s)\,ds, \quad t \geq 0,$$

dann gilt für jede messbare Funktion $g : [0, \infty) \to [0, \infty)$ (nach Proposition A.2.3),

$$\int_{[0,t]} g(s)\,dZ(s) = g(0)Z(0) + \int_{[0,t]} g(s)z(s)\,ds. \tag{1.10}$$

Insbesondere gilt diese Gleichung für die messbare Funktion $g(s) = 1/K(s)$ und liefert somit eine weitere Formel für den Barwert $b(Z)$.

In der Praxis lassen sich die meisten gerichteten Zahlungsströme $Z \in \mathcal{Z}_g$ als Summe aus einem diskreten Anteil $Z^{(d)} \in \mathcal{Z}_g$ und einem absolut stetigen Anteil $Z^{(s)} \in \mathcal{Z}_g$ schreiben[4]. Dann gilt für messbare $g : [0, \infty) \to [0, \infty)$ die Formel

$$\int g\,dZ = \int g\,dZ^{(d)} + \int g\,dZ^{(s)},$$

wobei beide Seiten den Wert ∞ annehmen können. Insbesondere benötigt man in diesem Fall nicht die allgemeine Definition aus Kap. (A.1), sondern nur (1.9) und (1.10).

Analog zum Barwert eines Zahlungsstroms Z, der alle Zahlungen über den gesamten Zeitraum $[0, \infty)$ berücksichtigt, kann man den Barwert von Z bis zur Zeit t für ein festes $t \geq 0$ betrachten.

Definition 1.16

Für $Z \in \mathcal{Z}_g$ und $t \geq 0$ definieren wir den Barwert von Z bis zur Zeit t durch

$$b(Z)(t) = \int_{[0,t]} \frac{1}{K(s)}\,dZ(s) \in [0, \infty).$$

Weiter setzen wir

$$s(Z)(t) = K(t) \int_{[0,t]} \frac{1}{K(s)}\,dZ(s)$$

für den *Zeitwert zur Zeit t* aller Zahlungen bis zur Zeit t. ◀

---

[4] Ein Beispiel, in dem dies nicht gilt, ist die singulär-stetige *Cantorfunktion,* siehe z. B. [Els18] oder [BK19].

1.2 Äquivalenzprinzip und Deckungskapital

In diesem Abschnitt behandeln wir den Begriff der *Äquivalenz* zweier Zahlungsströme (bezogen auf den Barwert) und untersuchen, wie sich die Bewertung zweier zunächst äquivalenter Ströme im Laufe der Zeit ändern kann.

Definition 1.17 (Äquivalenz von Zahlungsströmen)

Sei K eine Kapitalfunktion. Zwei Zahlungsströme $Z_1, Z_2 \in \mathcal{Z}$ heißen *äquivalent* (bezüglich K), wenn beide denselben endlichen Barwert haben, also wenn gilt:
$$b(Z_1) = b(Z_2) \in \mathbb{R}.$$

◂

Zur Beschreibung von Finanz- und Versicherungsprodukten betrachten wir Paare von gerichteten Zahlungsströmen
$$(Z_L, Z_P), \quad Z_L, Z_P \in \mathcal{Z}_g,$$
wobei der erste Zahlungsstrom Z_L – der *Leistungsstrom* – die Leistungen eines Unternehmens (zum Beispiel eine Bank oder ein Versicherer) an den Kunden, und der zweite Zahlungsstrom Z_P – der *Prämienstrom* – die Prämienzahlungen des Kunden an das Unternehmen beschreibt.

Wichtig ist oft der „prospektive" Vergleich von Leistungs- und Prämienstrom anhand der zur Zeit $t \geq 0$ noch ausstehenden Zahlungen.

Definition 1.18 (Prospektives Deckungskapital)

Sei K eine Kapitalfunktion und seien Z_L, Z_P gerichtete Zahlungsströme, von denen mindestens einer einen endlichen Barwert hat. Dann definieren wir das *prospektive Deckungskapital* $V(t)$ von (Z_L, Z_P) zum Zeitpunkt $t \geq 0$ durch
$$V(t) := K(t) \left[\int_{[t,\infty)} \frac{dZ_L(s)}{K(s)} - \int_{[t,\infty)} \frac{dZ_P(s)}{K(s)} \right].$$

Gilt zusätzlich, dass Z_L und Z_P äquivalente Zahlungsströme sind, dann heißt $V(t)$ auch *prospektives Nettodeckungskapital* (zur Zeit t). ◂

▶ **Bemerkung 1.19** (Sparplan, Kreditvertrag, Restschuld). Für ein Paar $Z_L, Z_P \in \mathcal{Z}_g$ mit $\min\{b(Z_L), b(Z_P)\} < \infty$ ist $V(t)$ also derjenige Betrag, den das Unternehmen zur Zeit t vorhalten muss, um die noch ausstehenden Forderungen erfüllen zu können (wobei die Verzinsung durch K bestimmt wird). Deshalb sagen wir auch:

(i) Ist $V(t) \geq 0$ für alle $t \geq 0$, dann heißt (Z_L, Z_P) *Sparplan*. Ein typisches Beispiel ist ein Vertrag, bei dem ein Kunde sein Geld auf ein Sparkonto legt und es nach fünf Jahren mit Verzinsung wieder abhebt.
(ii) Ist $V(t) \leq 0$ für alle $t \geq 0$, so heißt (Z_L, Z_P) *Kreditvertrag* und $-V(t)$ *Restschuld* zur Zeit t.

Beispiel 1.20 (Zahlungsströme eines Sparvertrags)
Ein Kunde möchte einen Betrag von $A_1 = 10\,000$ (Euro) bei einer Bank für fünf Jahre anlegen. Nach zwei Jahren möchte der Kunde seiner Anlage einen weiteren Betrag von $A_2 = 50\,000$ Euro hinzufügen. Die Bank bietet eine stetige Verzinsung zur Kapitalfunktion $K(t) = e^{\delta t}$ an, wobei der nominelle Zinssatz bei $\delta = 0,05$ liegt. Welchen Betrag müsste die Bank nach fünf Jahren an den Kunden zurückzahlen?

Der Prämienzahlungsstrom besteht in diesem Fall aus einer Zahlung zur Zeit 0 und einer weiteren Zahlung zur Zeit 2, also erhalten wir (kumuliert)

$$Z_P(t) = \begin{cases} A_1 & \text{für } t \in [0, 2), \\ A_1 + A_2 & \text{für } t \in [2, \infty). \end{cases}$$

Hingegen muss die Bank nach fünf Jahren eine Einmalzahlung der Höhe B leisten, wobei B noch zu bestimmen ist. Dies entspricht einem Zahlungsstrom der Form

$$Z_L(t) = B \mathbf{1}_{[5,\infty)}(t) \quad \text{für } t \geq 0.$$

Die entsprechenden Barwerte der Zahlungsströme sind

$$b(Z_P) = \int_{[0,\infty)} \frac{1}{K(s)} dZ_P(s) = A_1 + \frac{A_2}{K(2)}$$

und

$$b(Z_L) = \int_{[0,\infty)} \frac{1}{K(s)} dZ_L(s) = \frac{B}{K(5)}.$$

Damit die beiden Zahlungsströme äquivalent sind, erhalten wir

$$B = K(5)\left(A_1 + \frac{A_2}{K(2)}\right) = e^{5 \cdot 0,05} 10\,000 + e^{3 \cdot 0,05} 50\,000 \approx 70\,931,97.$$

In diesem einfachen Beispiel kann man auch leicht das prospektive Deckungskapital zur Zeit $t \geq 0$ berechnen. Es gilt

$$V(t) = K(t)\left(\int_{[t,\infty)} \frac{1}{K(s)} dZ_L(s) - \int_{[t,\infty)} \frac{1}{K(s)} dZ_P(s)\right)$$

$$= \begin{cases} 0 & \text{für } t = 0, \\ K(t)\left(\frac{B}{K(5)} - \frac{A_2}{K(2)}\right) = K(t)A_1 & \text{für } t \in (0, 2], \\ K(t)\frac{B}{K(5)} & \text{für } t \in (2, 5], \\ 0 & \text{für } t > 5. \end{cases}$$

Insbesondere ist also $V(t) \geq 0$ für alle $t \geq 0$, und somit ist (Z_L, Z_P) ein Sparplan.

Im Gegensatz zum prospektiven ist das *retrospektive* Deckungskapital der Zeitwert zur Zeit t der bis dahin aufgelaufenen Verpflichtungen.

Definition 1.21 (Retrospektives Deckungskapital)

Sei K eine Kapitalfunktion und seien Z_L, Z_P zwei gerichtete Zahlungsströme, von denen mindestens einer einen endlichen Barwert hat. Dann definieren wir das *retrospektive Deckungskapital* $^{(r)}V(t)$ von (Z_L, Z_P) zum Zeitpunkt $t \geq 0$ durch

$$^{(r)}V(t) := K(t)\left[\int_{[0,t)} \frac{dZ_P(s)}{K(s)} - \int_{[0,t)} \frac{dZ_L(s)}{K(s)}\right].$$

◂

Lemma 1.22 Sind Z_L, Z_P äquivalente gerichtete Zahlungsströme zur Kapitalfunktion K, so gilt $V(0) = 0$ sowie stets

$$^{(r)}V(t) = V(t), \quad t \geq 0.$$

Beweis Nach Definition der Äquivalenz haben beide Zahlungsströme endliche Barwerte. Aus dem Äquivalenzprinzip $b(Z_L) = b(Z_P)$ folgt sofort $V(0) = 0$. Weiter gilt für $t \geq 0$:

$$\begin{aligned}V(t) &= K(t)\left[\int_{[t,\infty)} \frac{dZ_L(s)}{K(s)} - \int_{[t,\infty)} \frac{dZ_P(s)}{K(s)}\right] \\ &= K(t)\left[b(Z_L) - \int_{[0,t)} \frac{dZ_L(s)}{K(s)} - b(Z_P) + \int_{[0,t)} \frac{dZ_P(s)}{K(s)}\right] \\ &= K(t)\left[\int_{[0,t)} \frac{dZ_P(s)}{K(s)} - \int_{[0,t)} \frac{dZ_L(s)}{K(s)}\right] = {^{(r)}}V(t),\end{aligned}$$

wie behauptet. □

Definition 1.23 (Rendite)

Für einen Zinssatz $i \geq 0$ betrachten wir die Kapitalfunktion

$$K(t) := (1+i)^t, \quad t \geq 0.$$

Weiter sei (Z_P, Z_L) ein Paar gerichteter Zahlungsströme, deren Barwerte $b(Z_P)$ und $b(Z_L)$ bezüglich K endlich sind. Wir nennen den Zinssatz i *Rendite* (oder *Effektivzins*) von (Z_P, Z_L), falls $b(Z_P) = b(Z_L)$ gilt. ◂

Der Begriff der Rendite ist nicht ganz unproblematisch. So muss für gegebene (Z_P, Z_L) eine Rendite $i \geq 0$ weder existieren noch eindeutig sein. Wir illustrieren ersteres an einem Beispiel und letzteres in einer Übungsaufgabe.

Beispiel 1.24
Seien $t_P, t_L \geq 0$ mit $t_P \neq t_L$. Sei Z_P der Zahlungsstrom, der zu einer Prämienzahlung $\pi > 0$ zur Zeit t_P gehört, und Z_L der Zahlungsstrom zu einer Auszahlung $A > 0$ mit Leistungszeitpunkt t_L, also
$$Z_P = \pi \mathbf{1}_{[t_P, \infty)} \quad \text{und} \quad Z_L = A \mathbf{1}_{[t_L, \infty)}.$$
Dann sind die Barwerte bezüglich der Kapitalfunktion $K(t) = (1+i)^t$ durch
$$b(Z_P) = \frac{\pi}{(1+i)^{t_P}} \quad \text{und} \quad b(Z_L) = \frac{A}{(1+i)^{t_L}}$$
gegeben. Gleichsetzen und Auflösen liefert
$$(1+i)^{t_L - t_P} = \frac{A}{\pi} \implies i = \left(\frac{A}{\pi}\right)^{\frac{1}{t_L - t_P}} - 1.$$
Damit i die Rendite von (Z_P, Z_L) sein kann, muss insbesondere $i \geq 0$ gelten. Für $t_L > t_P$ impliziert dies aber $A \geq \pi$ und für $t_L < t_P$ umgekehrt $A \leq \pi$. Dies sind sehr natürliche Bedingungen: Der erste Fall entspricht etwa der Situation, dass ein Kunde den Betrag π zur Zeit t_P bei einer Bank anlegt. Nur wenn der Kunde einen höheren Betrag A zu dem späteren Zeitpunkt t_L zurück erhält, ist dies ökonomisch sinnvoll. Analog würde $t_L < t_P$ einem Kredit der Bank an den Kunden entsprechen.

Übungsaufgabe 1.25
Geben Sie ein Beispiel für Zahlungsströme (Z_P, Z_L) an, so dass es mehrere $i \geq 0$ gibt, für die die entsprechenden Barwerte $b(Z_P)$ und $b(Z_L)$ bezüglich $K(t) = (1+i)^t$ übereinstimmen. Gibt es Situationen, in denen nicht einmal das Minimum solcher i existiert?

1.3 Literaturhinweise

Bei der Darstellung der Inhalte in diesem recht kurzen Kapitel folgen wir weitgehend dem Ansatz und der Notation von Milbrodt und Helbig [MH99], was uns die simultane Behandlung von zeitdiskreten und zeitstetigen Modellen ermöglicht. Dort finden sich auch viele weitergehende Informationen, unter anderem eine *axiomatische* Begründung des Barwertbegriffs nach Norberg [Nor90]. Weitere gute Quellen sind der klassische Text von Gerber [Ger97] sowie [Sch09]. Ausführliche und praxisnahe Darstellungen mit vielen konkreten Rechenbeispielen findet man zum Beispiel in [Arr15] und in [Kah18].

Ist man an der Beschreibung *stochastischer* Zinsmodelle in stetiger Zeit interessiert, so kann dies im Rahmen der eleganten aber auch recht fortgeschrittenen Theorie der stochastischen Analysis geschehen, die allerdings über den Rahmen dieses einführenden Textes und auch die Darstellung in [MH99] deutlich hinausgeht. Interessierte Leser können hier beispielsweise in [ABM09] oder in [Fil09] fündig werden.

Modellierung von Lebensversicherungsverträgen 2

In diesem Abschnitt werden wir die Zahlungsströme von Lebensversicherungsverträgen konstruieren und bewerten. Da die zu erbringenden Leistungen hier typischerweise vom Todeszeitpunkt des Versicherten abhängen, handelt es sich nun um *zufällige* Zahlungsströme. Wir werden daher einige der Begriffe aus dem vorangegangenen Abschnitt auf diese Situation verallgemeinern. Insbesondere werden wir zufällige Zahlungsströme mit Hilfe ihres *erwarteten* Barwerts bewerten.

2.1 Beschreibung des Todesfallrisikos

Wir beginnen mit der stochastischen Modellierung des Todesfallrisikos. Angenommen einer Person soll zur (aktuellen) Zeit $t = 0$ ein Lebensversicherungsvertrag angeboten werden. Wenn x das aktuelle Lebensalter (in Jahren) der Person bezeichnet, dann modellieren wir ihre (unbekannte) restliche Lebensdauer durch eine Zufallsvariable T_x (oder kurz T) auf einem Wahrscheinlichkeitsraum $(\Omega, \mathcal{F}, \mathbb{P})$ mit Werten in $(0, \infty)$. Das Ziel dieses Abschnitts ist es zu zeigen, wie man eine geeignete Verteilung von T_x etwa auf Grundlage einer Sterbetafel bestimmen kann. Die weiteren mathematischen Eigenschaften des Lebensversicherungsvertrags werden dann ganz wesentlich auf dieser Verteilungsannahme beruhen.

Wir bezeichnen die Verteilungsfunktion von T_x mit F_{T_x} (oder kurz F), also

$$F(t) = F_{T_x}(t) := \mathbb{P}\{T_x \leq t\} = \mathbb{P}\{T \leq t\} \in [0, 1], \quad t \geq 0,$$

wobei gilt, dass

$$F(0) = 0 \quad \text{und} \quad \lim_{t \to \infty} F(t) = 1.$$

Die Bedingung $F(0) = 0$ stellt sicher, dass die Person zur Zeit 0 noch nicht verstorben ist, während die letzte Bedingung impliziert, dass T_x fast sicher endlich ist. Weiter definieren wir die *Überlebensfunktion* durch

$$\bar{F}(t) := 1 - F(t) = \mathbb{P}\{T_x > t\} = \mathbb{P}\{T > t\} \in [0, 1], \quad t \geq 0,$$

und die *maximale Restlebensdauer* des Versicherten durch

$$t_{\max} := \sup\{t \geq 0 \colon F(t) < 1\} = \sup\{t \geq 0 \colon \mathbb{P}\{T > t\} > 0\} \in (0, \infty], \tag{2.1}$$

wobei $t_{\max} = \infty$ explizit erlaubt ist. Mathematisch ist $t_{\max}$ das *essentielle Supremum* von T.

Es ist möglich, dass dem Lebensversicherungsunternehmen mehr Informationen über einen potentiellen Kunden zur Verfügung stehen als nur sein aktuelles Alter, zum Beispiel Gesundheitszustand, Geschlecht, Ernährungsgewohnheiten, (riskante) Hobbys, etc. In diesem Fall kann es sinnvoll sein, dass das Unternehmen diese Zusatzinformation bei der Prämienberechnung im rechtlich und ethisch zulässigen Rahmen berücksichtigt. Die Funktion F ist dann (ein Modell für) die bedingte Verteilungsfunktion der Restlebensdauer gegeben die dem Unternehmen bekannten Informationen.

Definition 2.1 (Sterblichkeitsintensität)

Hat die Verteilungsfunktion F von T die Dichte f, dann heißt

$$\lambda(t) := \frac{f(t)}{1 - F(t)}, \quad t \in (0, t_{\max}), \tag{2.2}$$

die *Sterblichkeitsintensität* (hazard rate) zur Zeit t. Allgemeiner definieren wir die *kumulierte Sterblichkeitsintensität* durch

$$\Lambda(t) := \int_{[0,t]} \frac{1}{1 - F(u-)} \, dF(u), \quad t \geq 0. \tag{2.3}$$

◂

Man beachte, dass $\Lambda(t)$ für alle $t \geq 0$ erklärt und für $t < t_{\max}$ endlich ist. Dabei definieren wir den Integranden als ∞ falls der Nenner Null ist (würden wir in diesem Fall stattdessen den Integranden zum Beispiel als 0 definieren, dann hätte dies allerdings keinen Einfluss auf den Wert von $\Lambda(t)$). Ist $t_{\max}$ endlich, so kann $\Lambda(t_{\max})$ den Wert unendlich annehmen (eine genauere Aussage findet sich in Übungsaufgabe 3.16). Falls F eine Dichte f besitzt, so sieht man sofort mit Proposition A.2.3, dass die Gleichung

$$\Lambda(t) = \int_{[0,t]} \lambda(s) \, ds \quad t \in [0, t_{\max}),$$

2.1 Beschreibung des Todesfallrisikos

gilt. Ähnlich wie für die Zinsintensität (siehe Bemerkung 1.7) gilt auch hier für fast alle t und h hinreichend klein, dass

$$\begin{aligned} h\lambda(t) &= h\frac{f(t)}{1-F(t)} = h\frac{F'(t)}{1-F(t)} \\ &\approx \frac{F(t+h)-F(t)}{1-F(t)} = \frac{\mathbb{P}\{t < T \leq t+h\}}{\mathbb{P}\{T > t\}} = \mathbb{P}\{T \leq t+h \mid T > t\}. \end{aligned}$$

Damit können wir $h\lambda(t)$ als die Sterbewahrscheinlichkeit innerhalb der nächsten h Zeiteinheiten, bedingt auf das Überleben bis zur Zeit t, interpretieren.

Warum man im Fall der Nichtexistenz einer Dichte die Funktion Λ so definiert wie oben angeben, also mit Integrand $\frac{1}{1-F(u-)}$, wird erst bei der Vorbereitung des Satzes von Hattendorff wirklich klar, siehe auch Bemerkung 3.19.

▶ **Bemerkung 2.2** (Bestimmung der Sterbewahrscheinlichkeiten aus der Sterblichkeitsintensität) Hat F eine Dichte f, so gilt $F'(t) = f(t)$ für fast alle $t \geq 0$ (siehe wieder Satz A.2.2), und für die Überlebensfunktion $\bar{F}(t) = 1 - F(t)$ folgt $\bar{F}'(t) = -f(t)$ für fast alle $t \geq 0$. Nach der Definition der Sterblichkeitsintensität, siehe (2.2), gilt also

$$\bar{F}'(t) = -\lambda(t)\bar{F}(t), \quad t \in (0, t_{\max}) \quad \text{und} \quad \bar{F}(0) = 1.$$

Die eindeutige Lösung dieser linearen Differentialgleichung ist, jedenfalls wenn λ stetig ist,

$$\bar{F}(t) = \exp\left(-\int_0^t \lambda(s)\,ds\right) = \exp(-\Lambda(t)), \tag{2.4}$$

woraus sich dann auch F berechnen lässt, siehe auch Proposition 1.8 für eine ähnliche Rechnung. Auch im allgemeinen Fall ist F eindeutig durch Λ bestimmt, siehe [MH99, Bem. 3.1].

Historisch betrachtet gab es eine Reihe von Ansätzen, Sterbewahrscheinlichkeiten durch einfache *analytische Sterbegesetze*, beispielsweise für die Sterblichkeitsintensität, zu beschreiben. Diese haben den Vorteil, dass man mit ihnen leicht rechnen kann, allerdings werden sie der Komplexität empirisch beobachteter Sterblichkeitsverteilungen nicht gerecht. Nützlich können diese Verteilungen dann sein, wenn die Datenlage spärlich ist, da jeweils nur wenige Parameter zu schätzen sind.

Beispiel 2.3 (Einige analytische Lebensdauerverteilungen)
In der folgenden Tabelle geben wir einige klassische Beispiele für Sterblichkeitsgesetze an – siehe [Ger97, Section 2.3] oder [MH99, Kap. 3 D] für umfassendere Darstellungen. Wir beschränken uns jeweils auf die Sterblichkeitsintensitäten für einen x-Jährigen. Wie in Bemerkung 2.2 lassen sich daraus die entsprechenden Verteilungsfunktionen $F = F_{T_x}$ herleiten.

$\lambda(t)$	Parameter	Quelle
$\frac{1}{t_{\max}-x-t}$	$0 \leq t \leq t_{\max} - x$, $t_{\max} = 86$	De Moivre, 1725
Bc^{x+t}	$B, c > 0, t > 0$	Gompertz, 1825
$A + Bc^{x+t}$	$A, B, c > 0, t > 0$	Makeham, 1860
$k(x+t)^n$	$k, n > 0, t > 0$	Weibull, 1939

Um die Verteilungsfunktion F in der Praxis mit höherer Genauigkeit zu bestimmen, kann man zum Beispiel sogenannte *Sterbetafeln* (siehe Abb. 2.1 für einen Auszug aus der deutschen Sterbetafel 2015/2017) benutzen. Darin werden die empirisch beobachteten einjährigen Sterbewahrscheinlichkeiten sowie weitere Grundgrößen, sogenannte *Kommutationszahlen*, festgehalten (Abb. 2.2).

Grundgrößen einer Sterbetafel

$_k p_x$	$:= \mathbb{P}\{k < T_x\}$	die k-jährige Überlebenswahrscheinlichkeit eines x-Jährigen
p_x	$:= {_1 p_x}$	die einjährige Überlebenswahrscheinlichkeit eines x-Jährigen
$_k q_x$	$:= \mathbb{P}\{T_x \leq k\}$	die k-jährige Sterbewahrscheinlichkeit eines x-Jährigen
q_x	$:= {_1 q_x}$	die einjährige Sterbewahrscheinlichkeit eines x-Jährigen
ℓ_x		(erwartete) Anzahl der das Alter x erreichenden Personen, häufig auf Basis $\ell_0 = 100.000$
d_x	$(= q_x \cdot l_x)$	(erwartete) Anzahl der im Lebensjahr x Sterbenden
e_x		Restlebenserwartung eines x-Jährigen

Berechnung der Sterblichkeitsintensitäten mit Hilfe einer Sterbetafel Man beachte, dass in einer Sterbetafel oft nur aggregierte Werte für ganze Jahre festgehalten werden, und nicht die exakten Sterbezeitpunkte. Zudem ist die Lebensdauerverteilung in der zugrundeliegenden Population üblicherweise nicht stationär, sondern wird sich mit der Zeit ändern[1]. In der Praxis kann die Verteilung von T_x mit Hilfe der Sterbetafel dennoch oft in guter Näherung berechnet werden. Dazu werden wir hier allerdings die Stationarität der Lebensdauerverteilung voraussetzen.

Konkret fordern wir, dass die Familie der Verteilungen von T_x, $x \in [0, \infty)$ die folgende Bedingung erfüllt:

$$\mathbb{P}\{T_{x+s} > t\} = \mathbb{P}\{T_x > s + t \mid T_x > s\}, \quad s, t, x \geq 0. \tag{2.5}$$

---

[1] Man denke etwa an den medizinischen Fortschritt, aber auch an Kriege und Epidemien.

2.1 Beschreibung des Todesfallrisikos

x	q_x	p_x	ℓ_x	d_x	e_x
0	0.00307816	0.99692184	100000	308	83.18
1	0.0002348	0.9997652	99692	23	82.44
2	0.00011769	0.99988231	99669	12	81.46
3	0.00011507	0.99988493	99657	11	80.47
4	0.000096	0.999904	99646	10	79.48
5	0.00009236	0.99990764	99636	9	78.49
6	0.00008063	0.99991937	99627	8	77.49
7	0.0000534	0.9999466	99619	5	76.5
8	0.0000638	0.9999362	99613	6	75.5
9	0.00005629	0.99994371	99607	6	74.51
10	0.00006195	0.99993805	99601	6	73.51
11	0.00007646	0.99992354	99595	8	72.52
12	0.00008856	0.99991144	99588	9	71.52
13	0.00009208	0.99990792	99579	9	70.53
14	0.00010112	0.99989888	99570	10	69.54
15	0.000132	0.999868	99560	13	68.54
16	0.00015033	0.99984967	99547	15	67.55
17	0.00014211	0.99985789	99532	14	66.56
18	0.00019816	0.99980184	99517	20	65.57
19	0.00018288	0.99981712	99498	18	64.58
⋮	⋮	⋮	⋮	⋮	
40	0.00069883	0.99930117	98856	69	43.92
41	0.00072007	0.99927993	98787	71	42.95
42	0.00080178	0.99919822	98715	79	41.98
43	0.00090225	0.99909775	98636	89	41.01
44	0.00100426	0.99899574	98547	99	40.05
⋮	⋮	⋮	⋮	⋮	
80	0.0379784	0.9620216	71443	2713	9.42
81	0.04362293	0.95637707	68730	2998	8.77
82	0.05046506	0.94953494	65732	3317	8.15
83	0.05751052	0.94248948	62415	3589	7.56
84	0.06688717	0.93311283	58825	3935	6.99
⋮	⋮	⋮	⋮	⋮	

Abb. 2.1 Auszug aus der Sterbetafel 2015/2017 Deutschland, weiblich. (Quelle: Statistisches Bundesamt)

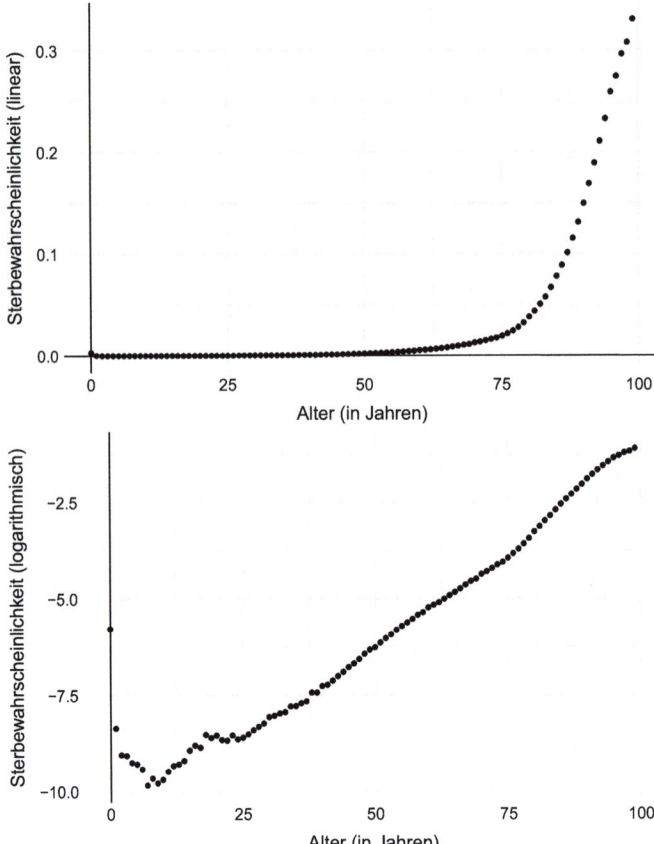

Abb. 2.2 Plot der einjährigen Sterbewahrscheinlickeiten q_x in Standardskala (oben) und in logarithmischer Skala (unten), Sterbetafel 2015/2017 Deutschland, weiblich. (Quelle: Statistisches Bundesamt)

Dies ist zumindest dann annähernd gegeben, wenn sich die Lebensdauerverteilung in der Population nur hinreichend langsam ändert.

Wir bestimmen zunächst die Verteilungsfunktion von T_x zu ganzzahligen Zeitpunkten aus der Sterbetafel. Dabei setzen wir $q_x = 1$ für alle x, für die die Sterbetafel keine Werte mehr angibt.

Lemma 2.4 Angenommen, die Verteilungen von T_x, $x \geq 0$, erfüllen die Stationaritätsbedingung (2.5). Dann gilt $F_{T_x}(1) = \mathbb{P}\{T_x \leq 1\} = q_x$, sowie, für $k \in \mathbb{N}$,

$$F_{T_x}(k) = \mathbb{P}\{T_x \leq k\} = {}_kq_x = (1 - q_{x+k-1}) \, {}_{(k-1)}q_x + q_{x+k-1}.$$

2.1 Beschreibung des Todesfallrisikos

Beweis Nach Definition gilt $\mathbb{P}\{T_x \leq 1\} = q_x$. Weiter gilt

$$\begin{aligned}
{}_k q_x &= \mathbb{P}\{T_x \leq k\} = \mathbb{P}\{T_x \leq k-1\} + \mathbb{P}\{T_x \leq k, T_x > k-1\} \\
&= {}_{(k-1)}q_x + \mathbb{P}\{T_x \leq k \mid T_x > k-1\}\mathbb{P}\{T_x > k-1\} \\
&= {}_{(k-1)}q_x + (1 - \mathbb{P}\{T_x > k \mid T_x > k-1\})\mathbb{P}\{T_x > k-1\} \\
&= {}_{(k-1)}q_x + (1 - \mathbb{P}\{T_{x+k-1} > 1\})(1 - {}_{(k-1)}q_x) \\
&= {}_{(k-1)}q_x + q_{x+k-1}(1 - {}_{(k-1)}q_x) \\
&= (1 - q_{x+k-1}){}_{(k-1)}q_x + q_{x+k-1},
\end{aligned}$$

wobei wir im vorvorletzten Schritt die Stationarität (2.5) ausgenutzt haben. □

Um die Verteilungsfunktion von T_x auch für nicht ganzzahlige Werte zu bestimmen, nehmen wir weiter an, dass T_x von der Form

$$T_x = N_x + U_x$$

ist, wobei N_x eine $\mathbb{N}_0$-wertige Zufallsvariable bezeichnet, die das Sterbejahr angibt. Die Zufallsvariable U_x sei davon unabhängig und auf [0, 1] gleichverteilt. Sie beschreibt den genauen Sterbezeitpunkt innerhalb des Sterbejahres. Sicherlich ist auch diese Annahme nur approximativ richtig (vor allem in späteren Lebensjahren), allerdings vereinfacht sie die folgenden Berechnungen.

Wie das nächste Lemma zeigt, können wir unter diesen Annahmen die Sterblichkeitsintensität λ leicht mit Hilfe der Daten aus der Sterbetafel berechnen. Mit Hilfe von (2.4) lässt sich daraus dann auch die Verteilungsfunktion F herleiten.

Lemma 2.5 Sei $x \in [0, \infty)$. Gilt $T_x = N_x + U_x$ für eine $\mathbb{N}_0$-wertige Zufallsvariable N_x und eine davon unabhängige auf [0, 1] gleichverteilte Zufallsvariable U_x, dann ist die entsprechende Sterblichkeitsintensität λ gegeben durch

$$\lambda_x(t) = \frac{\mathbb{P}\{T_x \leq k+1 \mid T_x > k\}}{1 - (t-k)\mathbb{P}\{T_x \leq k+1 \mid T > k\}}, \quad t \in (k, k+1], k \in \mathbb{N}_0.$$

Gilt darüber hinaus die Stationaritätsannahme (2.5), dann folgt

$$\lambda_x(t) = \frac{q_{x+k}}{1 - (t-k)q_{x+k}}, \quad t \in (k, k+1], k \in \mathbb{N}_0, \quad (2.6)$$

wobei wie oben $q_k = \mathbb{P}\{T_k \leq 1\}$.

Beweis Offensichtlich hat T_x eine absolut stetige Verteilungsfunktion. Deshalb zeigt Satz A.2.2, dass für fast alle $t \geq 0$ gilt

$$\lambda_x(t) = -\frac{d}{dt} \log \bar{F}_x(t).$$

Nun gilt für $t \in (k, k+1]$ mit $k \in \mathbb{N}_0$,

$$\begin{aligned}
\bar{F}_x(t) &= 1 - F_x(t) = \mathbb{P}\{T_x > t\} \\
&= \mathbb{P}\{N_x + U_x > t\} \\
&= \mathbb{P}\{U_x > t - k, N_x = k\} + \mathbb{P}\{N_x \geq k+1\} \\
&= \mathbb{P}\{U_x > t - k\}\mathbb{P}\{N_x = k\} + \mathbb{P}\{N_x \geq k+1\},
\end{aligned}$$

wobei wir im letzten Schritt die Unabhängigkeit von N_x und U_x ausgenutzt haben. Es folgt also mit $\mathbb{P}\{U_x > t - k\} = 1 - (t - k)$,

$$\begin{aligned}
\lambda_x(t) &= \frac{\mathbb{P}\{N_x = k\}}{\mathbb{P}\{N_x = k\}(1 - (t-k)) + \mathbb{P}\{N_x \geq k+1\}} \\
&= \frac{\mathbb{P}\{N_x = k\}}{\mathbb{P}\{N_x \geq k\} - (t-k)\mathbb{P}\{N_x = k\}} \\
&= \frac{\mathbb{P}\{T_x \leq k+1 \mid T_x > k\}}{1 - (t-k)\mathbb{P}\{T_x \leq k+1 \mid T_x > k\}},
\end{aligned}$$

wobei wir ausgenutzt haben, dass

$$\frac{\mathbb{P}\{N_x = k\}}{\mathbb{P}\{N_x \geq k\}} = \mathbb{P}\{N_x = k \mid N_x \geq k\} = \mathbb{P}\{T_x \leq k+1 \mid T_x > k\}.$$

Für den zweiten Teil der Aussage nehmen wir an, dass (2.5) gilt. Damit folgt

$$\begin{aligned}
\mathbb{P}\{T_x \leq k+1 \mid T_x > k\} &= 1 - \mathbb{P}\{T_x > k+1 \mid T_x > k\} \\
&= 1 - \mathbb{P}\{T_{x+k} > 1\} = q_{x+k},
\end{aligned}$$

so wie behauptet. □

Übungsaufgabe 2.6
Zeigen Sie, dass unter der Annahme $T_x = N_x + U_x$ für unabhängige Zufallsvariablen $N_x \in \mathbb{N}_0$ und U_x gleichverteilt auf $[0, 1]$ für alle $t \in [k, k+1)$ mit $k \in \mathbb{N}_0$ gilt

$$F_{T_x}(t) = F_{T_x}(k) + (t-k)(F_{T_x}(k+1) - F_{T_x}(k)).$$

Unter der zusätzlichen Annahme (2.5) lässt sich damit mit Hilfe von Lemma 2.4 die Verteilungsfunktion F_{T_x} aus der Sterbetafel bestimmen.

2.2 Die Zahlungsströme eines Lebensversicherungsvertrags

Wir betrachten als nächstes ein einfaches *stochastisches Modell* zur Beschreibung von Lebensversicherungsverträgen für ein einzelnes, unter einem Todesfallrisiko stehendes Leben. Daraus erhalten wir zwei gerichtete Zahlungsströme, die die Leistungen des Versicherers und die Prämienzahlungen des Kunden beschreiben. Allerdings müssen wir jetzt den Begriff des Zahlungsstroms auf den Fall *zufälliger* Zahlungen erweitern, da zum Beispiel der Leistungszeitpunkt vom zufälligen Todeszeitpunkt des Versicherungsnehmers abhängen wird. Dies geschieht mit Hilfe von stochastischen Prozessen. Wir arbeiten wie immer auf einem geeigneten Wahrscheinlichkeitsraum $(\Omega, \mathcal{F}, \mathbb{P})$.

Definition 2.7 (Stochastischer Prozess)

Eine Familie von reellen Zufallsvariablen $\{X_t\}_{t\geq 0}$ auf $(\Omega, \mathcal{F}, \mathbb{P})$ heißt *stochastischer Prozess* in stetiger Zeit. Er heißt *rechtsstetig* (linksstetig), wenn seine *Pfade* $t \mapsto X_t(\omega)$, $\omega \in \Omega$, rechtsstetig (linksstetig) sind. Er heißt *càdlàg* (aus dem Französischen: „continue à droite, limite à gauche"), wenn seine Pfade rechtsstetig sind und die zugehörigen linksseitigen Grenzwerte existieren. ◀

Definition 2.8 (Zufälliger Zahlungsstrom)

Ein *gerichteter zufälliger Zahlungsstrom* ist ein rechtsstetiger stochastischer Prozess $\{X_t\}_{t\geq 0}$ auf $(\Omega, \mathcal{F}, \mathbb{P})$, dessen Pfade monoton wachsend sind und somit in $\mathcal{Z}_g$ liegen. Ein (ungerichteter) *zufälliger Zahlungsstrom* ist ein stochastischen Prozess, dessen Pfade in $\mathcal{Z}$ liegen.[2] ◀

Zufällige Zahlungsströme können pfadweise, also jeweils für festes ω, integriert werden (und dabei sowohl als Integrand wie auch als Integrator auftreten):

▶ **Bemerkung 2.9** Sei $\{X_t\}_{t\geq 0}$ ein zufälliger Zahlungsstrom. Dann ist für jedes $\omega \in \Omega$ die Abbildung $t \mapsto X_t(\omega)$ ein Element von $\mathcal{Z}$. Insbesondere können wir die (zufälligen) Lebesgue-Stieltjes-Integrale der Form

$$\int h(s)\,dX_s$$

pfadweise definieren, wenn das Integral $\int h(s, \omega)\,dX_s(\omega)$ für alle ω existiert (wobei wir voraussetzen, dass h messbar ist).

---

[2] In gewissen Situationen kann es angemessen sein, die Pfadeigenschaften von stochastischen Prozessen nur $\mathbb{P}$-fast sicher, also für $\mathbb{P}$-fast alle $\omega \in \Omega$, zu fordern. Eine solche technische Einschränkung hat für die folgende Theorie aber keine wesentliche Relevanz.

Definition 2.10 (Mathematische Ingredienzen eines Lebensversicherungsvertrags)

Wesentliche mathematische Bestandteile („Kenngrößen") eines Lebensversicherungsvertrags für ein einzelnes unter einem Todesfallrisiko stehendes Leben sind gegeben durch

- die Verteilungsfunktion F der *restlichen Lebensdauer T* der zu versichernden Person, wobei $F(0) = 0$ und $\lim_{t \to \infty} F(t) = 1$,
- den *Endzeitpunkt* des Vertrags $\tau \in (0, t_{\max}]$, für $t_{\max}$ zu F wie in (2.1),
- den (zufälligen) *Leistungszeitpunkt* $Y := \min\{T, \tau\}$,
- die nicht negative, messbare Funktion $A(t), t \geq 0$, das sogenannte *Auszahlungsspektrum* (für $\tau = \infty$ setzen wir $A(\tau) = 0$),
- die zugrundeliegende *Kapitalfunktion K*,
- die *Prämienfunktion* $\Pi(t), t \geq 0$ (auch: *kumulierte Prämie*), also eine wachsende, rechtsstetige Funktion $\Pi : [0, \infty) \to [0, \infty)$, wobei $\Pi(t)$ die Summe aller bis zur Zeit t gezahlten Prämien angibt.

◂

Man beachte, dass alle Größen außer T (und damit Y) deterministisch sind. Zum Zeitpunkt Y wird an den Versicherungsnehmer der Betrag $A(Y)$ bezahlt. Umgekehrt erhält das Versicherungsunternehmen Prämienzahlungen bis unmittelbar vor dem Zeitpunkt Y.

Definition 2.11 (Stochastisches Modell eines Lebensversicherungsvertrags)

Basierend auf den Ingredienzen aus Definition 2.10 ist ein stochastisches Modell für einen Lebensversicherungsvertrag für ein einzelnes, unter einem Risiko stehendes Leben durch ein Tripel

$$(K, Z_L, Z_P)$$

gegeben, wobei K die Kapitalfunktion, Z_L der gerichtete zufällige *Leistungsstrom*

$$Z_L(t) := A(Y) \mathbf{1}_{[Y, \infty)}(t), \quad t \geq 0,$$

und Z_P der gerichtete zufällige *Prämienstrom*

$$Z_P(t) := \begin{cases} \Pi(t) & t < Y, \\ \Pi(Y-) & t \geq Y, \end{cases} \quad t \geq 0,$$

ist.

◂

Die Definition von Z_P ist hier so gewählt, dass zum Zeitpunkt Y keine Prämie mehr gezahlt wird.

2.2 Die Zahlungsströme eines Lebensversicherungsvertrags

▶ **Bemerkung 2.12** Einige klassische Spezialfälle von Lebensversicherungsverträgen erhält man wie folgt:

- *Reine Todesfallversicherung:* Hier gilt $\tau = \infty$, d. h. es gibt a priori kein Vertragsende (lebenslängliche Deckung, „whole life").
- *Temporäre Todesfallversicherung:* Hier gilt $\tau < \infty$ sowie $A(\tau) = 0$, der Vertrag hat also ein festes Enddatum, aber das Versicherungsunternehmen zahlt nur, wenn der Todesfall strikt vor diesem Datum eintritt (Risikoversicherung, „term insurance").
- *Reine Erlebensfallversicherung:* Hier gilt $\tau < \infty$ sowie $A(t) = 0$ für $t < \tau$, der Versicherer zahlt also nur, wenn das Vertragsende erlebt wird („pure endowment").
- Bei einer *gemischten Versicherung* ist $\tau < \infty$ und $A(t) > 0$ für alle $t \leq \tau$ (Kapitallebensversicherung, „endowment"). Diese Versicherung setzt sich also aus einer temporären Todesfallversicherung und einer reinen Erlebensfallversicherung zusammen.

Unser obiges Modell ist recht einfach und kann in vielerlei Richtungen erweitert werden. Einige kleinere Erweiterungen behandeln wir in der folgenden Bemerkung, andere – und technisch aufwändigere – diskutieren wir in Abschn. 2.4 (Abb. 2.3).

▶ **Bemerkung 2.13** (Erweiterungen des Modells) Es gibt naheliegende „diskrete" Varianten von Lebensversicherungsverträgen, die nicht sofort in unsere obige Definition passen. Dazu betrachten wir zwei Beispiele: Es seien $0 = t_0 < t_1 < \ldots$ Zeitpunkte mit $t_k \to \infty$ für $k \to \infty$.

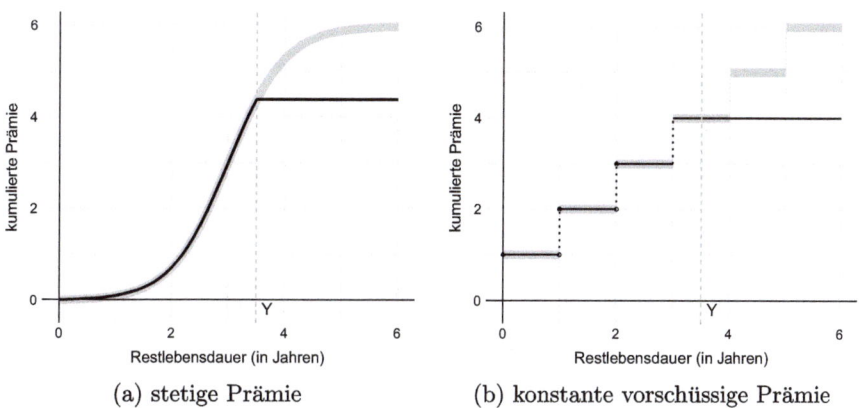

(a) stetige Prämie   (b) konstante vorschüssige Prämie

Abb. 2.3 Der Prämienstrom Z_P (schwarze Linie) jeweils für eine Realisierung mit $Y = 3{,}5$ im Fall **a** einer stetigen Prämienfunktion Π (graue Linie) und **b** bei Prämienzahlung der Höhe 1 zu Beginn jeden Jahres als Beispiel einer laufenden konstanten vorschüssigen Prämie (graue Linie), siehe auch Definition 2.23

(i) Eine *diskrete Todesfallversicherung* zahlt bei Todesfall im Intervall $(t_{k-1}, t_k]$ eine Leistung $a_k \geq 0$ zum Zeitpunkt t_k. Da die Auszahlung hier nicht direkt zum Zeitpunkt T erfolgt, sondern erst am Ende des Intervalls, entspricht dies zunächst nicht unserem Modellrahmen.

(ii) Eine *diskrete Leibrente* zahlt jeweils bei Erleben des Zeitpunkts t_k (also $T > t_k$) eine Leistung a_k. Dies geht ebenfalls über unsere Definition hinaus, da wir in unserem Modell nur eine einzige Zahlung zulassen.

Um solche Fälle zu behandeln, kann man den Leistungszahlungsstrom in eine Summe aus Todesfallanteil Z_L^{Tod} und Erlebensfallanteil Z_L^{Erl} aufspalten. Dabei gilt

$$Z_L^{\text{Tod}}(t) = A(T) \mathbf{1}_{[\alpha(T),\infty)}(t), \quad t \geq 0,$$

wobei A wie vorher eine messbare Funktion und α eine monoton wachsende Funktion mit $\alpha(t) \geq t$ ist. Im Vergleich zu unserem ursprünglichen Ansatz lässt diese Modellierung auch Zahlungen zu, die erst nach dem Todesfall erfolgen, also wie oben im Fall (i). Der Erlebensfallanteil Z_L^{Erl} ist definiert als

$$Z_L^{\text{Erl}}(t) = \begin{cases} W(t) & \text{für } t < T \\ W(T-) & \text{für } t \geq T, \end{cases}$$

wobei W ein geeigneter deterministischer gerichteter Zahlungsstrom ist. Dieser Anteil umfasst also auch den Fall (ii) oben. Für Details verweisen wir auf [MH99, Kap. 5].

Den Barwert von zufälligen Zahlungsströmen definieren wir ganz analog zum deterministischen Fall.

Definition 2.14 (Barwert eines Lebensversicherungsvertrags)

Sei (K, Z_L, Z_P) ein Modell für einen Lebensversicherungsvertrag. Dann definieren wir den *zufälligen* Barwert des Zahlungsstroms $Z = Z_L - Z_P$ durch

$$\begin{aligned} B = B(Z) &:= b(Z_L) - b(Z_P) \\ &= \int_{[0,\infty)} \frac{1}{K(s)} dZ_L(s) - \int_{[0,\infty)} \frac{1}{K(s)} dZ_P(s) \\ &= \int_{[0,\infty)} \frac{1}{K(s)} A(Y) \delta_Y(ds) - \int_{[0,Y)} \frac{1}{K(s)} d\Pi(s) \\ &= \frac{A(Y)}{K(Y)} - \int_{[0,Y)} \frac{1}{K(s)} d\Pi(s). \end{aligned} \quad (2.7)$$

◀

2.2 Die Zahlungsströme eines Lebensversicherungsvertrags

In dieser Definition haben wir die Abhängigkeit von ω unterdrückt (die obigen pfadweisen Integrale sind aber wohldefiniert und endlich, da stets $Y \leq T < \infty$ gilt). Der Barwert entspricht also wie üblich der diskontierten Auszahlung abzüglich der diskontierten Prämie.

Anders als in Kap. 1 können wir im Allgemeinen jedoch keine *deterministische* Funktion Π finden, so dass $B \equiv 0$ für alle $\omega \in \Omega$ gilt. Stattdessen fordern wir für eine „faire" Prämie nur, dass $\mathbb{E}[B] = 0$ ist, also dass das aus dem deterministischen Fall bekannte Äquivalenzprinzip zumindest „in Erwartung" gilt und in diesem Sinne auf den Fall zufälliger Zahlungsströme erweitert wird:

Definition 2.15 (Äquivalenzprinzip, Nettoprämie)

Betrachte einen Lebensversicherungsvertrag mit (K, Z_L, Z_P) wie oben. Dann heißt die zugehörige Prämienfunktion $\Pi(t), t \geq 0$, *Nettoprämienfunktion*, wenn sowohl der *erwartete Leistungsbarwert*

$$\mathbb{E}\big[b(Z_L)\big] = \mathbb{E}\left[\frac{A(Y)}{K(Y)}\right]$$

als auch der *erwartete Prämienbarwert*

$$\mathbb{E}\big[b(Z_P)\big] = \mathbb{E}\left[\int_{[0,Y)} \frac{1}{K(s)} \, d\Pi(s)\right]$$

endlich sind und übereinstimmen. Insbesondere gilt also

$$\mathbb{E}[B] = \mathbb{E}\big[b(Z_L) - b(Z_P)\big] = \mathbb{E}\left[\frac{A(Y)}{K(Y)}\right] - \mathbb{E}\left[\int_{[0,Y)} \frac{1}{K(s)} \, d\Pi(s)\right] = 0.$$

In diesem Fall sagen wir, dass die Prämienfunktion das *Äquivalenzprinzip* (in Erwartung) erfüllt. ◂

▶ **Bemerkung 2.16** Neben der Nettoprämie betrachtet man auch die sogenannte ausreichende Prämie, die zusätzlich Verwaltungskosten und Sicherheitszuschläge mit einbezieht. Mehr dazu in Abschn. 2.4.

Der erwartete Barwert $\mathbb{E}[B]$ lässt sich für gegebene Kenngrößen noch etwas expliziter darstellen. Wir setzen ab jetzt immer voraus, dass der erwartete Leistungsbarwert endlich ist.

Lemma 2.17 Falls die Integrale auf der rechten Seite endlich sind, gilt

$$\mathbb{E}[B] = \int_{[0,\tau)} \frac{A(s)}{K(s)} dF(s) + \frac{A(\tau)}{K(\tau)}(1 - F(\tau-)) - \int_{[0,\tau)} \frac{1 - F(s)}{K(s)} d\Pi(s), \quad (2.8)$$

wobei der erste Term der rechten Seite den erwarteten Leistungsbarwert im Todesfall, der zweite Term den erwarteten Leistungsbarwert im Erlebensfall, und der letzte Term den erwarteten Prämienbarwert bezeichnet.

Die einzige Stelle, bei der man bei der Berechnung von $\mathbb{E}[B]$ etwas vorsichtig sein muss, betrifft die Behandlung des Zahlungszeitpunktes $Y = \min\{T, \tau\}$ im Fall $Y = \tau$. Da die damit verbundene Problematik auch später auftauchen wird, bereiten wir dies mit folgender Bemerkung vor:

▶ **Bemerkung 2.18** (Verteilungsfunktion F_Y des Zahlungszeitpunktes) Sei F_Y die Verteilungsfunktion von $Y = \min\{T, \tau\}$. Im Fall $0 \leq t < \tau$ gilt

$$F_Y(t) = \mathbb{P}\{Y \leq t\} = \mathbb{P}\{T \leq t\} = F(t),$$

und falls $t \geq \tau$ ist, erhalten wir

$$F_Y(t) = \mathbb{P}\{Y \leq t\} = 1.$$

Insbesondere liefert die Stetigkeit von Wahrscheinlichkeitsmaßen für monotone Mengenfolgen

$$\mathbb{P}\{Y = \tau\} = \lim_{s \uparrow \tau} \mathbb{P}\{Y \in (s, \tau]\} = \lim_{s \uparrow \tau} \left(\mathbb{P}\{Y \leq \tau\} - \mathbb{P}\{Y \leq s\}\right)$$

$$= \lim_{s \uparrow \tau}(1 - F(s)) = 1 - F(\tau-).$$

Für die zugehörige Verteilungsfunktion erhält man also

$$F_Y(ds) = \mathbf{1}_{\{s < \tau\}} F(ds) + (1 - F(\tau-))\delta_\tau(ds)$$

mit einem (potentiellen) Sprung an der Stelle τ.

Damit ergibt sich für den erwarteten Barwert aus (2.8) die Darstellung

$$\mathbb{E}[B] = \int_{[0,\tau]} \frac{A(s)}{K(s)} dF_Y(s) - \int_{[0,\tau)} \frac{1 - F(s)}{K(s)} d\Pi(s).$$

Beweis von Lemma 2.17 Um auf die ursprünglichen Kenngrößen zurückzukommen, müssen wir – wie schon in Bemerkung 2.18 angedeutet – für $Y = \min\{T, \tau\}$ eine Fallunterscheidung vornehmen. Es folgt aus der Definition des Barwerts und den Rechenregeln für

2.2 Die Zahlungsströme eines Lebensversicherungsvertrags

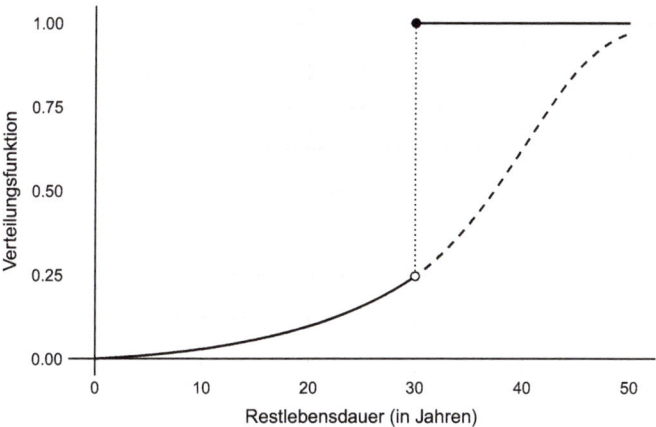

Abb. 2.4 Die Verteilungsfunktion F_Y (durchgehend schwarz) im Vergleich zur Verteilungsfunktion F (gestrichelt) mit $\tau = 30$. Hier wurde F für T_{50} aus der Sterbetafel wie in Lemma 2.5 erzeugt

Erwartungswerte (siehe etwa Formel (A.1.5))

$$\begin{aligned}
\mathbb{E}[B] &= \mathbb{E}\left[\frac{A(Y)}{K(Y)}\right] - \mathbb{E}\left[\int_{[0,Y)} \frac{1}{K(s)} d\Pi(s)\right] \\
&= \mathbb{E}\left[\frac{A(Y)}{K(Y)} \mathbf{1}_{[0,\tau)}(Y)\right] + \mathbb{E}\left[\frac{A(Y)}{K(Y)} \mathbf{1}_{\{Y=\tau\}}\right] - \int_{[0,\infty)} \frac{\mathbb{E}[\mathbf{1}_{\{s<Y\}}]}{K(s)} d\Pi(s) \\
&= \int_{[0,\tau)} \frac{A(s)}{K(s)} dF(s) + \frac{A(\tau)}{K(\tau)} \mathbb{P}\{Y = \tau\} - \int_{[0,\infty)} \frac{\mathbb{P}\{Y > s\}}{K(s)} d\Pi(s) \\
&= \int_{[0,\tau)} \frac{A(s)}{K(s)} dF(s) + \frac{A(\tau)}{K(\tau)} (1 - F(\tau-)) - \int_{[0,\tau)} \frac{1 - F(s)}{K(s)} d\Pi(s),
\end{aligned}$$

wie behauptet. □

▶ **Bemerkung 2.19** Mit Formel (2.8) kann man $\mathbb{E}[B]$ leider nur für einige spezielle Quintupel (F, τ, A, K, Π) konkret berechnen (siehe etwa Beispiel 2.21). Ansonsten kann man jedoch numerische Methoden oder Monte Carlo-Simulationen zur näherungsweisen Auswertung verwenden.

Eine rechnerisch besonders einfache Möglichkeit zur Wahl einer Nettoprämie liegt in einer Einmalzahlung zum Zeitpunkt 0.

Definition 2.20 (Nettoeinmalprämie)

Für $\tilde{\Pi} \geq 0$ sei $\Pi(t) := \tilde{\Pi}$, $t \geq 0$, der konstante Zahlungsstrom, der nur aus einer einzigen Zahlung der Höhe $\tilde{\Pi}$ zur Zeit 0 besteht. Dann heißt $\tilde{\Pi}$ *Nettoeinmalprämie*, wenn $\Pi(t)$, $t \geq 0$, eine Nettoprämienfunktion ist. ◀

Die Nettoeinmalprämie erhält man durch die Wahl

$$\tilde{\Pi} = \text{Leistungsbarwert} = \mathbb{E}\left[\frac{A(Y)}{K(Y)}\right],$$

siehe auch Formel (2.8). Die entsprechende Prämienfunktion ist

$$\Pi(t) = \tilde{\Pi} = \mathbb{E}\left[\frac{A(Y)}{K(Y)}\right], \quad t \in [0, \infty).$$

Beispiel 2.21
Im Spezialfall $A(t) \equiv A$, $K(t) = e^{\delta t}$, $t \geq 0$, für ein $A > 0$ und $\delta > 0$ gilt

$$\tilde{\Pi} = A \cdot \mathbb{E}\left[e^{-\delta Y}\right] = A \cdot \int_{[0,\infty)} e^{-\delta s}\, dF_Y(s).$$

Das letzte Integral ist die *Laplace-Transformierte* von Y (oder auch F_Y), die uns später auch noch in Kap. 4 im Rahmen der Schadenversicherung begegnen wird; siehe Bemerkung 4.22. Zur Bestimmung der Nettoeinmalprämie benötigt man hier also nur noch geeignete Informationen über die Verteilung F_Y von Y, siehe auch Bemerkung 2.18.

Übungsaufgabe 2.22
Nehmen Sie wie in Beispiel 21 an, dass $\tau = \infty$, $A(t) \equiv A$, $K(t) = e^{\delta t}$, $t \geq 0$, für ein $A > 0$ und $\delta > 0$. Berechnen Sie die Nettoeinmalprämie für eine exponentialverteilte Restlebensdauer (Parameter $\lambda > 0$) explizit und interpretieren Sie die Abhängigkeit des Ergebnisses von den Parametern δ und λ.

Natürlich stellt die Nettoeinmalprämie nicht die einzige Möglichkeit zur Wahl einer Nettoprämie dar. Eine andere einfache und praxisrelevante Vorgehensweise besteht darin, jeweils zu Anfang von festen Zeitintervallen konstante Prämienzahlungen vorzunehmen.

Definition 2.23

Die *laufende konstante vorschüssige Nettoprämie* Π zu Zeitpunkten $0 = t_0 < t_1 < \ldots < t_{N-1} < \tau$ für $N \in \mathbb{N}$ ist gegeben durch

$$\Pi(t) = \sum_{k=0}^{N-1} \pi\, \mathbf{1}_{[t_k, \infty)}(t), \quad t \geq 0,$$

2.2 Die Zahlungsströme eines Lebensversicherungsvertrags

wobei π so bestimmt ist, dass $\Pi(t)$ eine Nettoprämienfunktion ist. ◀

Für eine Illustration eines solchen Prämienstroms siehe Abb. 2.4(b). Die Zahl $\pi \geq 0$ in obiger Definition ist durch das Äquivalenzprinzip eindeutig bestimmt (siehe Aufgabe 2.24). Die Bezeichnung „vorschüssig" bezieht sich darauf, dass die Prämie für den Zeitraum $[t_k, t_{k+1}], k \in \{0, \ldots, N-2\}$ und $[t_{N-1}, \infty)$ immer zu Beginn des Intervalls bezahlt wird („nachschüssige" Prämien sind durch offensichtliche Modifikation der Definition, also Zahlungen zum Ende des jeweiligen Intervalls, ebenso möglich). Der Spezialfall $N = 1$ entspricht der Nettoeinmalprämie. Ebenso kann man auch den Fall von unendlich vielen Zahlungszeitpunkten $t_0 < t_1 < \ldots$ betrachten.

Übungsaufgabe 2.24
Leiten Sie eine Formel für die laufende konstante vorschüssige Prämie π aus Definition 2.23 her. Wie lautet die entsprechende Formel bei nachschüssiger Zahlungsweise?

Übungsaufgabe 2.25
Anstatt die Prämien zu endlich oder abzählbar vielen Zeitpunkten zu zahlen, kann man auch kontinuierliche Prämienströme betrachten. Beispielsweise könnten die Prämien mit einer konstanten Rate $c \geq 0$ gezahlt werden, also etwa

$$\Pi(t) := \int_0^t c\,ds = c\,t, \quad t \geq 0.$$

Nehmen Sie an, dass $\mathbb{E}[Y]$ und der zugehörige Leistungsbarwert endlich sind. Zeigen Sie, dass c so gewählt werden kann, dass $\Pi(t), t \geq 0$, eine Nettoprämienfunktion ist.

Ein weiterer wichtiger Ansatz zur Wahl einer Nettoprämie besteht darin, den Prämienstrom an das jeweils aktuelle Todesfallrisiko des Versicherungsnehmers anzupassen. Dies führt auf den Begriff der natürlichen Prämie (Abb. 2.5).

Definition 2.26 (Natürliche Prämie)

Die *natürliche Prämienfunktion* $\Pi(t), t \geq 0$, mit Zahlungszeitpunkten $0 = t_0 < t_1 < \ldots < t_{N-1} < t_N = \tau$, wobei $\tau \in (0, \infty)$ und $N \in \mathbb{N}$, ist so gewählt, dass zum Zeitpunkt t_k eine Prämie

$$\pi_k = K(t_k)\,\mathbb{E}\!\left[\int_{(t_k, t_{k+1}]} \frac{1}{K(s)}\,dZ_L(s) \,\bigg|\, T > t_k\right], \quad k = 0, \ldots, N-1,$$

gezahlt wird, welche gerade dem zu Periodenbeginn erwarteten Barwert der Versicherungsleistung im Intervall $(t_k, t_{k+1}]$ entspricht. Aufgrund unserer Annahme, dass

$$t_{\max} = \sup\{t \geq 0 \,:\, F(t) < 1\} \geq \tau$$

gilt, sind die bedingten Erwartungen wohldefiniert. Der entsprechende Zahlungsstrom ist also gegeben durch

$$\Pi(t) = \sum_{k=0}^{N-1} \pi_k \mathbf{1}_{[t_k,\infty)}(t), \quad t \geq 0.$$

Im Fall $\tau = \infty$ erlauben wir analog auch eine (unendliche) Folge von Zahlungszeitpunkten $0 = t_0 < t_1 < \ldots$ mit $\lim_{k \to \infty} t_k = \infty$. ◂

Proposition 2.27
Für die einzelnen Zahlungen der natürlichen Prämie gilt

$$\pi_k = \frac{K(t_k)}{1 - F(t_k)} \int_{(t_k, t_{k+1}]} \frac{A(s)}{K(s)} dF_Y(s), \quad k = 0, \ldots, N-1.$$

Außerdem ist die natürliche Prämie eine Nettoprämie.

Beweis Da $Z_L(t) = A(Y) \mathbf{1}_{[Y,\infty)}(t)$, lässt sich der bedingte Erwartungswert in Definition 2.26 berechnen als

$$\pi_k = \frac{K(t_k)}{\mathbb{P}\{T > t_k\}} \mathbb{E}\left[\int_{(t_k, t_{k+1}]} \frac{1}{K(s)} dZ_L(s) \mathbf{1}_{\{T > t_k\}}\right]$$
$$= \frac{K(t_k)}{1 - F(t_k)} \mathbb{E}\left[\frac{A(Y)}{K(Y)} \mathbf{1}_{\{Y \in (t_k, t_{k+1}]\}}\right]$$
$$= \frac{K(t_k)}{1 - F(t_k)} \int_{(t_k, t_{k+1}]} \frac{A(s)}{K(s)} dF_Y(s).$$

Für die Bestimmung des Prämienbarwerts gilt damit nach einer zu Lemma 2.17 analogen Rechnung

$$\mathbb{E}\left[\int_{[0,\infty)} \frac{1}{K(s)} dZ_P(s)\right] = \int_{[0,\tau)} \frac{1 - F(s)}{K(s)} d\Pi(s) = \sum_{k=0}^{N-1} \frac{1 - F(t_k)}{K(t_k)} \pi_k$$
$$= \sum_{k=0}^{N-1} \frac{1 - F(t_k)}{K(t_k)} \frac{K(t_k)}{1 - F(t_k)} \int_{(t_k, t_{k+1}]} \frac{A(s)}{K(s)} dF_Y(s)$$
$$= \int_{(0,\tau]} \frac{A(s)}{K(s)} dF_Y(s) = \mathbb{E}\left[\frac{A(Y)}{K(Y)}\right],$$

was aber genau dem Leistungsbarwert entspricht. Damit ist Π eine Nettoprämie. □

Übungsaufgabe 2.28 (Natürliche Prämie für klassische Modelle)
Es entspreche K einer diskreten, jährlichen Verzinsung mit konstantem Zinssatz $i \geq 0$, also

$$K(t) = (1+i)^{\lfloor t \rfloor}, \quad t \geq 0.$$

Weiter sei π_k die jährliche natürliche Prämie, zahlbar zu den Zeitpunkten $k = 0, 1, \ldots, \tau - 1$ für ein $\tau \in \mathbb{N}$. Betrachten Sie die folgenden Spezialfälle.

(i) *Temporäre Todesfallversicherung:* Es sei $A(t) = 1$ für $t < \tau$ und $A(\tau) = 0$. Zeigen Sie, dass

$$\pi_k = \frac{F((k+1)-) - F(k)}{1 - F(k)} + \frac{F(k+1) - F((k+1)-)}{1 - F(k)} \frac{1}{1+i}$$

für $k = 0, \ldots, \tau - 2$ und

$$\pi_{\tau-1} = \frac{F(\tau-) - F(\tau-1)}{1 - F(\tau-1)}.$$

(ii) *Erlebensfallversicherung:* Es sei $A(t) = 0$ für $t < \tau$ und $A(\tau) = 1$. Zeigen Sie, dass in diesem Fall

$$\pi_k = 0 \quad \text{für } k = 0, \ldots, \tau - 1, \quad \text{und} \quad \pi_{\tau-1} = \frac{1}{(1+i)} \frac{1 - F(\tau-)}{1 - F(\tau-1)}.$$

2.3 Nettoprämien und Deckungskapital

Im letzten Abschnitt haben wir das Äquivalenzprinzip auf die *zufälligen* Zahlungsströme eines Lebensversicherungsvertrags ausgedehnt, indem wir gefordert haben, dass die *erwarteten Barwerte* von Leistungs- und Prämienstrom zu Vertragsbeginn übereinstimmen. In diesem Fall sprechen wir von Nettoprämien. An wichtigen Beispielen sind uns bereits die Nettoeinmalprämie, die laufende konstante Nettoprämie und die natürliche Prämie begegnet. Wie im deterministischen Fall wird sich die Bewertung der zunächst äquivalenten Zahlungsströme jedoch im Laufe der Zeit ändern und die anfängliche Äquivalenz in der Regel verloren gehen. Um die Konsequenzen der Wahl verschiedener Prämienströme verstehen zu können, erweitern wir nun auch den Begriff des *Deckungskapitals* durch geeignete Erwartungswertbildung auf den Fall zufälliger Zahlungsströme und untersuchen dessen zeitliche Dynamik für verschiedene Vertragsformen und Prämienwahlen (Abb. 2.6 und Abb. 2.7).

Definition 2.29 (Prospektives Nettodeckungskapital)

Sei (K, Z_L, Z_P) ein Modell für einen Lebensversicherungsvertrag mit einer Nettoprämienfunktion Π. Dann definieren wir das zugehörige (erwartete) *prospektive Nettodeckungskapital* $V(t)$ zur Zeit $t < t_{\max}$ als den erwarteten Barwert (zur Zeit t) aller zukünftigen Leistungen abzüglich aller zukünftigen Prämien unter der Bedingung $T > t$, also

$$V(t) = K(t) \, \mathbb{E}\left[\frac{A(Y)}{K(Y)} \mathbf{1}_{\{t \leq Y\}} - \int_{[t,Y)} \frac{1}{K(s)} \, d\Pi(s) \,\bigg|\, T > t \right].$$

Für $t \geq t_{\max}$ setzen wir $V(t) = 0$. ◀

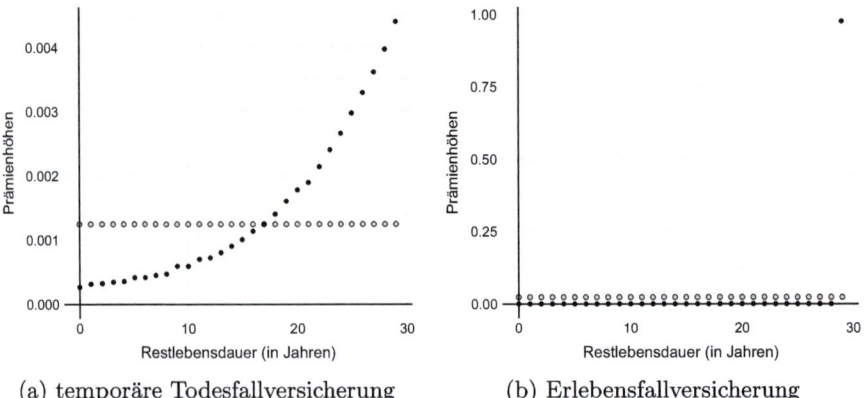

(a) temporäre Todesfallversicherung (b) Erlebensfallversicherung

Abb. 2.5 Vergleich von natürlicher (schwarze Punkte) und laufender konstanter vorschüssiger Prämie (graue Punkte) für (a) Todesfallversicherung mit $A(t) = 1$ für $t < \tau = 30$ und $A(\tau) = 0$. (b) Erlebensfallversicherung mit $A(t) = 0$ für $t < \tau$ und $A(\tau) = 1$. Hier wird F – wie in Lemma 2.5 beschrieben – für eine 30-jährige Person aus der Sterbetafel gewonnen und die Verzinsung erfolgt jährlich mit Zinssatz $i = 0{,}02$.

▶ **Bemerkung 2.30** Zur Erinnerung: $t_{\max}$ ist das maximale Restalter des Versicherungsnehmers, siehe (2.1). Die Bedingung $t < t_{\max}$ garantiert, dass $F(t) < 1$ gilt und wir in der Definition tatsächlich auf ein Ereignis mit positiver Wahrscheinlichkeit bedingen. Für $t = 0$ gilt aufgrund der Annahme $F(0) = 0$, dass

$$\begin{aligned}V(0) &= K(0)\,\mathbb{E}\left[\frac{A(Y)}{K(Y)}\mathbf{1}_{\{0 \leq Y\}} - \int_{[0,Y)} \frac{1}{K(s)}\,d\Pi(s)\,\Big|\, T > 0\right]\\ &= \mathbb{E}\left[\frac{A(Y)}{K(Y)} - \int_{[0,Y)} \frac{1}{K(s)}\,d\Pi(s)\right]\\ &= \mathbb{E}[B] = 0,\end{aligned}$$

da Π eine Nettoprämie ist.

▶ **Bemerkung 2.31** (Interpretation) Den Betrag $V(t)$ muss das Versicherungsunternehmen zur Zeit t für den (aktiven) Vertrag zurückstellen („reservieren"), um die zukünftigen Leistungen im Mittel bedienen zu können. Meist ist $V(t) > 0$ für $0 < t < \tau$. Aus Sicht des Versicherungsnehmers entspricht $V(t)$ dem Nettorückkaufwert, also dem Guthaben des Versicherungsnehmers bei dem Lebensversicherungsunternehmen.

Das Nettodeckungskapital lässt sich mit Hilfe der Kenngrößen auch ohne Erwartungswert als klassisches deterministisches Integral ausdrücken.

2.3 Nettoprämien und Deckungskapital

Lemma 2.32 Für einen Lebensversicherungsvertrag mit Nettoprämie Π gilt für das prospektive Nettodeckungskapital V für alle $0 \leq t < \tau$, dass

$$V(t) = \frac{K(t)}{1 - F(t)} \left(\int_{(t,\tau)} \frac{A(s)}{K(s)} dF(s) + \frac{A(\tau)}{K(\tau)} (1 - F(\tau-)) - \int_{[t,\tau)} \frac{1 - F(s)}{K(s)} d\Pi(s) \right). \quad (2.9)$$

Ist $t_{\max} > \tau$, dann gilt

$$V(\tau) = A(\tau) \quad \text{und} \quad V(t) = 0 \quad \text{für alle } t \in (\tau, t_{\max}).$$

Weiter gilt im Fall $t_{\max} > \tau$

$$\lim_{t \uparrow \tau} \frac{V(t)}{K(t)} = \frac{A(\tau)}{K(\tau)} = \frac{V(\tau)}{K(\tau)}.$$

Beweis Wir erinnern daran, dass stets $\tau \leq t_{\max}$ gilt. Für $t < \tau$ ist also $T > t$ genau dann wenn $Y > t$, und deshalb können wir die bedingte Erwartung schreiben als

$$V(t) = K(t) \mathbb{E}\left[\left(\frac{A(Y)}{K(Y)} \mathbf{1}_{\{t \leq Y\}} - \int_{[t,Y)} \frac{1}{K(s)} d\Pi(s) \right) \mathbf{1}_{\{T > t\}} \right] \frac{1}{\mathbb{P}\{T > t\}}$$

$$= \frac{K(t)}{1 - F(t)} \left(\int_{(t,\tau]} \frac{A(s)}{K(s)} dF_Y(s) - \int_{[t,\tau)} \frac{1 - F(s)}{K(s)} d\Pi(s) \right)$$

$$= \frac{K(t)}{1 - F(t)} \left(\int_{(t,\tau)} \frac{A(s)}{K(s)} dF(s) + \frac{A(\tau)}{K(\tau)} (1 - F(\tau-)) - \int_{[t,\tau)} \frac{1 - F(s)}{K(s)} d\Pi(s) \right), \quad (2.10)$$

wobei wir im letzten Schritt Bemerkung 2.18 benutzt haben.

Für $\tau < t < t_{\max}$ gibt es keine Zahlungen mehr, so dass offensichtlich $V(t) = 0$ gilt. Ist $t_{\max} > \tau$ dann folgt für $t = \tau$ aus $T > t$, dass $Y = \tau$ und damit

$$V(\tau) = K(\tau) \frac{A(\tau)}{K(\tau)} = A(\tau).$$

Ist $t_{\max} > \tau$ (und damit insbesondere $\tau < \infty$), dann sieht man insbesondere, dass

$$\lim_{t \uparrow \tau} \frac{V(t)}{K(t)} = \lim_{t \uparrow \tau} \frac{1 - F(\tau-)}{1 - F(t)} \frac{A(\tau)}{K(\tau)} = \frac{A(\tau)}{K(\tau)} = \frac{V(\tau)}{K(\tau)}.$$

$\square$

Übungsaufgabe 2.33

Betrachten Sie eine temporäre Todesfallversicherung mit Vertragsende $\tau \in \mathbb{N}$ und Auszahlungsfunktion $A(t) = 1$ für $t < \tau$ und $A(\tau) = 0$. Nehmen Sie an, dass jeweils am Anfang des k-ten Jahres eine Prämie $\pi_k \geq 0$ gezahlt wird (mit $k = 0, \ldots, \tau - 1$). Weiter entspreche K einer diskreten Verzinsung mit Zinssatz i. Zeigen Sie, dass unter diesen Annahmen für $t \in [k, k+1)$ mit $k < \tau$ gilt:

$$V(t) = \frac{(1+i)^k}{1-F(t)} \left[\frac{1}{(1+i)^k}(F((k+1)-) - F(t)) - \pi_k \frac{1-F(k)}{(1+i)^k} \mathbf{1}_{\{t=k\}} \right.$$
$$\left. + \sum_{j=k+1}^{\tau-1} \frac{1}{(1+i)^j}\bigl(F((j+1)-) - F(j-) - \pi_j(1 - F(j))\bigr) \right],$$

und $V(\tau) = 0$.

Übungsaufgabe 2.34

Betrachten Sie eine Erlebensfallversicherung mit $\tau \in \mathbb{N}$, $\tau < t_{\max}$, und Auszahlungsfunktion $A(t) = 0$ für $t < \tau$ und $A(\tau) = 1$. Nehmen Sie an, dass jeweils am Anfang des k-ten Jahres eine Prämie $\pi_k \geq 0$ gezahlt wird (mit $k = 0, \ldots, \tau - 1$). Weiter entspreche K einer diskreten Verzinsung mit Zinssatz i. Zeigen Sie, dass unter diesen Annahmen für $t \in [k, k+1)$ mit $k < \tau$ gilt:

$$V(t) = \frac{(1+i)^k}{1-F(t)} \left[\frac{A(\tau)}{K(\tau)}(1 - F(\tau-)) - \pi_k \frac{1-F(k)}{(1+i)^k} \mathbf{1}_{\{t=k\}} \right.$$
$$\left. - \sum_{j=k+1}^{\tau-1} \frac{1}{(1+i)^j} \pi_j(1 - F(j)) \right],$$

und $V(\tau) = 1$.

Übungsaufgabe 2.35

Sei $0 \leq t_0 < \tau$, F stetig an der Stelle t_0 und Π eine Nettoprämienfunktion mit $\Pi(t_0) = \Pi(t_0-) + \pi$ mit $\pi > 0$, das heißt: zum Zeitpunkt t_0 wird im Erlebensfall die Prämie π fällig. Zeigen Sie, dass

$$\lim_{t \uparrow t_0} \frac{V(t)}{K(t)} = \frac{V(t_0)}{K(t_0)} \quad \text{und} \quad V(t_0) = V(t_0+) - \pi,$$

wobei $V(t_0+) = \lim_{t \downarrow t_0} V(t)$ der rechtsseitige Grenzwert von V ist. Insbesondere ist im Fall $K(t_0) \neq K(t_0-)$ die Funktion V weder links- noch rechtsstetig zur Zeit t_0.

2.3 Nettoprämien und Deckungskapital

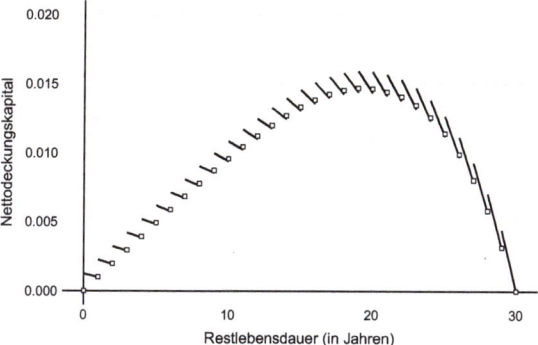

(a) Todesfallversicherung, konstante Prämie

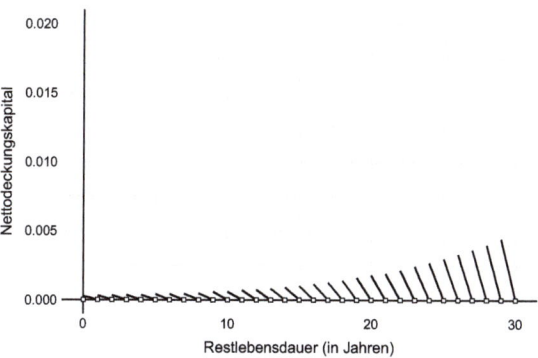

(b) Todesfallversicherung, natürliche Prämie

Abb. 2.6 Das Nettodeckungskapital für die Todesfallversicherung aus Aufgabe 2.33 unter der Annahme an $T = T_{30}$ wie in Lemma 2.5 mit der jeweils jährlich vorschüssigen (a) konstanten und (b) natürlichen Prämie. Die Verzinsung erfolgt jährlich mit Zinssatz $i = 0{,}02$. Man beachte, dass in diesem Fall wie erwartet $\lim_{t \uparrow \uparrow \tau} V(t) = 0$, da $A(\tau) = 0$

Lemma 2.36 Für eine Nettoprämie Π lautet die *retrospektive Darstellung* des Nettodeckungskapitals

$$V(t) = \frac{K(t)}{1 - F(t)} \left(- \int_{[0,t]} \frac{A(s)}{K(s)} dF(s) + \int_{[0,t)} \frac{1 - F(s)}{K(s)} d\Pi(s) \right),$$

für alle $t < \tau (= \min\{\tau, t_{\max}\})$.

Abb. 2.7 Das Nettodeckungskapital für die Erlebensfallversicherung aus Aufgabe 2.34 unter der Annahme an $T = T_{30}$ wie in Lemma 2.5 mit jeweils einer jährlichen vorschüssigen (a) konstanten und (b) natürlichen Prämie. Die weißen Quadrate geben die Werte an den Sprungstellen an. Die Verzinsung erfolgt jährlich mit Zinssatz $i = 0{,}02$

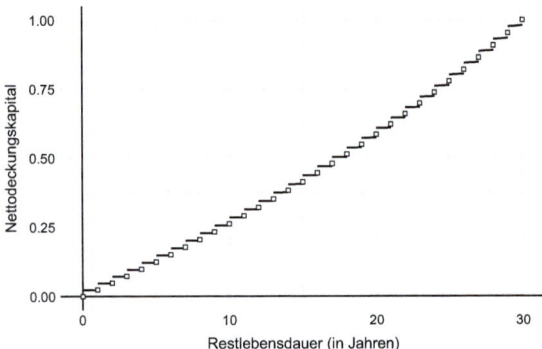

(a) Erlebensfallversicherung, konstante Prämie

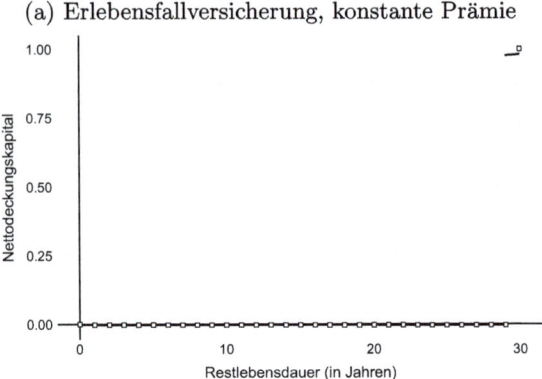

(b) Erlebensfallversicherung, natürliche Prämie

Beweis Wegen Lemma 2.17 gilt

$$0 = \mathbb{E}[B] = \int_{[0,\tau)} \frac{A(s)}{K(s)} \, dF(s) + \frac{A(\tau)}{K(\tau)} (1 - F(\tau-)) - \int_{[0,\tau)} \frac{1 - F(s)}{K(s)} \, d\Pi(s)$$

$$= \int_{[0,t]} \frac{A(s)}{K(s)} \, dF(s) + \int_{(t,\tau)} \frac{A(s)}{K(s)} \, dF(s) + \frac{A(\tau)}{K(\tau)} (1 - F(\tau-))$$

$$- \int_{[0,t)} \frac{1 - F(s)}{K(s)} \, d\Pi(s) - \int_{[t,\tau)} \frac{1 - F(s)}{K(s)} \, d\Pi(s).$$

Damit folgt aus Lemma 2.32

$$(1 - F(t)) \frac{V(t)}{K(t)} = - \int_{[0,t]} \frac{A(s)}{K(s)} \, dF(s) + \int_{[0,t)} \frac{1 - F(s)}{K(s)} \, d\Pi(s),$$

und so die retrospektive Darstellung.

2.3 Nettoprämien und Deckungskapital

Die Dynamik des Nettodeckungskapitals kann man mit Hilfe einer Integral- oder – unter Zusatzvoraussetzungen – einer Differentialgleichung untersuchen. Wir beginnen mit der sogenannten *Thieleschen*[3] *Differentialgleichung*, für die wir spezielle Annahmen an die Kenngrößen treffen müssen. Wir erinnern zunächst daran, dass $\tau \leq t_{\max}$ gilt und nehmen an, dass K, F und Π absolut stetig sind (mit $\Pi(0) = 0$), so dass

$$K(t) = \int_0^t k(s)\,ds + 1, \quad F(t) = \int_0^t f(s)\,ds, \quad \Pi(t) = \int_0^t \pi(s)\,ds \qquad (2.11)$$

für alle $t \geq 0$ gilt, wobei wir weiter annehmen, dass π, k, f sogar *stetige* Funktionen $\mathbb{R}^+ \to \mathbb{R}^+$ sind. Insbesondere sind F, K und Π nun stetig differenzierbar mit den Ableitungen $F' = f$, $K' = k$ und $\Pi' = \pi$. Diese Annahmen – vor allem an Π – sind in der Praxis nicht so einfach umzusetzen. Allerdings kann man sich diese Darstellung als eine Approximation von regelmäßigen Zahlungen (zum Beispiel monatlich) über einen langen Zeitraum (beispielsweise über 20 Jahre) vorstellen.

Satz 2.37 (Thielesche Differentialgleichung) Wir nehmen an, dass die Kenngrößen K, F, Π (2.11) für stetige Funktionen $k, f, \pi : \mathbb{R}^+ \to \mathbb{R}^+$ erfüllen. Sei $A : \mathbb{R}^+ \to \mathbb{R}^+$ stetig auf $[0, \tau)$. Dann erfüllt das Nettodeckungskapital V des zugehörigen Lebensversicherungsvertrags die *Thielesche Differentialgleichung*

$$V'(t) = \phi(t)V(t) + \pi(t) + \lambda(t)(V(t) - A(t)), \quad t \in [0, \tau), \; V(0) = 0,$$

wobei $\phi(t) = \frac{k(t)}{K(t)}$ die Zinsintensität und $\lambda(t) = \frac{f(t)}{1-F(t)}$ die Sterblichkeitsintensität sind.

Beweis Setzt man die spezielle Form der Kenngrößen in die retrospektive Darstellung des Nettodeckungskapitals aus Lemma 2.36 ein, so erhält man

$$V(t) = \frac{K(t)}{1-F(t)}\left(-\int_0^t \frac{A(s)}{K(s)}f(s)\,ds + \int_0^t \frac{1-F(s)}{K(s)}\pi(s)\,ds\right), \qquad (2.12)$$

für alle $t < \tau$. Damit ist V differenzierbar und wir erhalten mit (2.12)

---

[3] THORVALD NICOLAI THIELE, 1838–1910, geboren in Kopenhagen, dänischer Mathematiker und Astronom, Professor an der Universität Kopenhagen. Grundlegende Beiträge zu Versicherungsmathematik und Statistik. Begründete sowohl die Dänische Aktuarvereinigung als auch die Dänische Mathematische Gesellschaft.

$$V'(t) = k(t)\frac{V(t)}{K(t)} + \frac{f(t)}{(1-F(t))^2}V(t)(1-F(t))$$
$$+ \frac{K(t)}{1-F(t)}\left(-\frac{A(t)}{K(t)}f(t) + \frac{1-F(t)}{K(t)}\pi(t)\right)$$
$$= V(t)\frac{k(t)}{K(t)} + \pi(t) + \frac{f(t)}{1-F(t)}\big(V(t) - A(t)\big).$$

Durch Einsetzen von $\phi(t) = \frac{k(t)}{K(t)}$ und $\lambda(t) = \frac{f(t)}{1-F(t)}$ erhalten wir das erwünschte Ergebnis. $\square$

▶ **Bemerkung 2.38** Das zugehörige Anfangswertproblem zur Thieleschen Differentialgleichung ist eindeutig lösbar, da die Gleichung linear ist.

Mit Hilfe der Thieleschen Differentialgleichung lässt sich die Prämienintensität π (und damit die Prämienfunktion Π) in zwei natürliche Komponenten zerlegen. Es gilt offensichtlich

$$\pi(t) = V'(t) - \phi(t)V(t) + (A(t) - V(t))\lambda(t).$$

Damit erhalten wir wie in [Ger97, Abschn. 6.11] eine Zerlegung

$$\pi(t) = \pi^s(t) + \pi^r(t) \tag{2.13}$$

in eine Sparkomponente

$$\pi^s(t) := V'(t) - \phi(t)V(t) \tag{2.14}$$

und eine Risikokomponente

$$\pi^r(t) := (A(t) - V(t))\lambda(t). \tag{2.15}$$

Aus den Dichten ergeben sich die entsprechenden Anteile der Prämienfunktion als

$$\Pi^s(t) = \int_0^t \pi^s(u)\,du \quad \text{und} \quad \Pi^r(t) = \int_0^t \pi^r(u)\,du.$$

Die *Sparkomponente* beschreibt also die benötigte Änderung des Nettodeckungskapitals, um zukünftige Leistungen abdecken zu können, abzüglich der Zinsgewinne. Siehe dazu auch Aufgabe 2.42.

Der Name *Risikokomponente* erklärt sich so: Falls der Todesfall zum Zeitpunkt t eintritt, dann muss der Versicherer den Betrag $A(t)$ zahlen. Damit entspricht der Betrag $A(t) - V(t)$ dem zur Zeit t riskierten Kapital (welches auch negativ sein kann). Für die Dichte der Risikoprämie wird diese Differenz dann noch mit der Sterblichkeitsintensität multipliziert.

Man kann sich den Term $\lambda(t)(A(t) - V(t))$ wie folgt veranschaulichen: zur Zeit t seien N gleichaltrige Personen mit identischen Verträgen versichert. Im (kurzen) Zeitraum $[t, t+h]$ sterben durchschnittlich $Nh\lambda(t)$ dieser Personen, deren Kontostand somit von $V(t)$ auf Null

2.3 Nettoprämien und Deckungskapital

abfällt. Da an diese der Betrag $A(t)$ ausgezahlt wird, muss der Gesamtbetrag $Nh\lambda(t)(A(t) - V(t))$ von den Überlebenden aufgebracht werden, wodurch sich deren Kontostand jeweils von $V(t)$ auf $V(t) - h\lambda(t)(A(t) - V(t))$ verändert.

▶ **Bemerkung 2.39** Falls $A(\tau) = 0$ ist, dann kann man in der Situation von Satz 2.37 auch eine *stetige* natürliche Prämie definieren. Das stetige Analogon von Definition 2.26 erhalten wir, wenn wir

$$\pi^{\text{nat}}(s) := \lambda(s) A(s) = \frac{f(s)}{1 - F(s)} A(s)$$

setzen. Dann gilt mit $A(\tau) = 0$ nach Lemma 2.32

$$V(t) = \frac{K(t)}{1 - F(t)} \left(\int_{(t,\tau)} \frac{A(s)}{K(s)} f(s)\, ds - \int_{[t,\tau)} \frac{1 - F(s)}{K(s)} \pi^{\text{nat}}(s)\, ds \right) = 0,$$

für alle $t \in [0, \tau)$. In diesem Fall gilt also $V = V' = 0$ und die Prämie besteht aus einer reinen Risikokomponente

$$\pi^{\text{nat}}(t) = A(t) \frac{F'(t)}{1 - F(t)} = A(t) \lambda(t) = \pi^r(t).$$

Übungsaufgabe 2.40

Es sei A konstant auf $[0, \tau)$ und $A(\tau) = 0$. Weiter entspreche F der Exponentialverteilung mit Parameter $\lambda > 0$. Zeigen Sie, dass in diesem Fall die stetige natürliche Prämie, definiert in Bemerkung 2.39, gleich der stetigen konstanten Nettoprämie ist.

Beispiel 2.41

Sei T exponentialverteilt mit Parameter $\lambda = 1/50$, $A(t) = 1$ für alle $t > 0$ und $\tau = 30$ und sei π die stetige konstante Nettoprämienrate. Wir wollen $\pi^r(t)$ berechnen. Dazu zerlegen wir die gemischte Versicherung gedanklich in eine temporäre Todesfallversicherung mit konstanter Nettoprämienrate π_{tT} und eine reine Erlebensfallversicherung mit konstanter Nettoprämienrate π_{Erl}, beide mit $\tau = 30$. Dann gilt $\pi = \pi_{tT} + \pi_{\text{Erl}}$. Da T exponentialverteilt ist mit Parameter $\lambda = 1/50$, gilt für die temporäre Todesfallversicherung nach Bemerkung 2.39

$$\pi_{tT}^{\text{nat}}(t) = \lambda A(t) = \lambda = \pi_{tT}^r(t),$$

für alle $t < \tau$, und daher ist $\pi_{tT} = \pi_{tT}^r(t) = \lambda$ für alle $t < \tau$ (und $\pi_{tT}^s(t) = 0$).
Weiter gilt für $t < \tau$ nach Definition der Risikokomponente

$$\pi_{\text{Erl}}^r(t) = \big(A_{\text{Erl}}(t) - V_{\text{Erl}}(t)\big)\lambda = \big(0 - V_{\text{Erl}}(t)\big)\lambda = -\lambda V_{\text{Erl}}(t),$$

was wegen Lemma 2.36 kleiner oder gleich Null ist und somit nach der Thieleschen Differentialgleichung eine negative Ableitung hat. Weiter gilt $\pi_{\text{Erl}}^r(0) = 0$. Somit ist

$$\pi^r(t) = \pi_{tT}^r(t) + \pi_{\text{Erl}}^r(t) = \lambda + \pi_{\text{Erl}}^r(t)$$

monoton fallend und $\pi^r(0) = \lambda = 1/50$, wie man in Abb. 2.8 gut erkennen kann. Weiter gilt $\pi^r_{\text{Erl}}(\tau) = -\lambda$ (da $V_{\text{Erl}}(\tau) = 1$) und somit $\pi^r(\tau) = \lambda - \lambda = 0$. Man beachte, dass diese Überlegungen unabhängig von der Wahl der Kapitalfunktion K sind. Ist die Zinsintensität ϕ nicht fallend (wie in Abb. 2.8), so ist die Funktion $t \mapsto \pi^r(t)$ sogar konkav, wie man sofort aus der Thieleschen Differentialgleichung sieht.

Übungsaufgabe 2.42
Zeigen Sie unter den Annahmen von Satz 2.37, dass das Nettodeckungskapital mit Hilfe der Sparprämie, siehe (2.14), wie folgt berechnet werden kann:

$$V(t) = K(t) \int_0^t \frac{1}{K(s)} \pi^s(s) \, ds.$$

Die Thielesche Integralgleichung In der Praxis sind Π, F und K häufig nicht stetig differenzierbar, deshalb kann die Thielesche Differentialgleichung nicht direkt angewandt werden. Allerdings gibt es eine Integralgleichung, die allgemeiner gilt, aber auch deutlich schwieriger zu beweisen ist. Wir erinnern an die in (2.3) definierte kumulierte Sterblichkeitsintensität:

$$\Lambda(t) = \int_{[0,t]} \frac{1}{1 - F(s-)} dF(s), \quad t \geq 0.$$

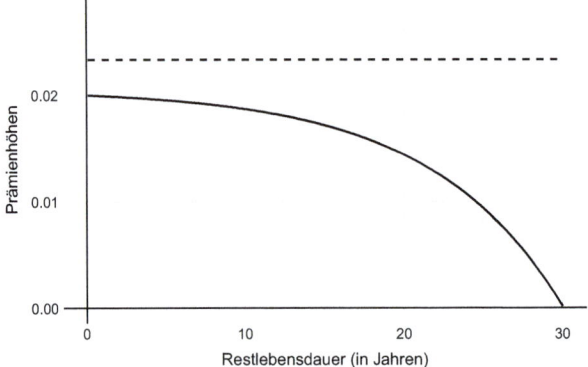

Abb. 2.8 Die Risikoprämie $\pi^r(t)$ (durchgezogene Linie) in Beispiel 2.41 im Vergleich zur konstanten Prämienrate (gestrichelt). Die Verzinsung erfolgt stetig mit Zinsrate $\delta = 0{,}01$ und die Restlebensdauer ist exponentialverteilt mit Rate $\lambda = 1/50$

2.3 Nettoprämien und Deckungskapital

Satz 2.43 (Thielesche Integralgleichung). Es gilt für alle $t < \tau$,

$$\frac{V(t)}{K(t)} = \int_{[0,t)} \frac{1}{K(s)} d\Pi(s) - \int_{(0,t]} \frac{A(u) - V(u)}{K(u)} d\Lambda(u). \quad (2.16)$$

Unter der Bedingung, dass K, F und Π stetig differenzierbar sind, folgt diese Gleichung aus der Thieleschen Differentialgleichung, Satz 2.37.

Als Vorbereitung für den Beweis im allgemeinen Fall brauchen wir eine Verallgemeinerung der bekannten Kettenregel aus der Analysis, die auch als Spezialfall von *Itôs Lemma (mit Sprüngen)* aus der stochastischen Analysis aufgefasst werden kann.

Lemma 2.44 (Allgemeine Kettenregel mit Sprüngen) Seien I, J nicht leere, offene Intervalle in $\mathbb{R}$, $G : I \to J$ wachsend und rechtsstetig und sei $h : J \to \mathbb{R}$ stetig differenzierbar. Dann gilt für $0 \le s < t$

$$h(G(t)) = h(G(s)) + \int_{(s,t]} h'(G(u-)) \, dG(u)$$
$$+ \sum_{s < u \le t} \left\{ h(G(u)) - h(G(u-)) - h'(G(u-))(G(u) - G(u-)) \right\}.$$

$$(2.17)$$

Beweisskizze Sei $\mathcal{A}$ die Klasse aller stetig differenzierbaren Funktionen $h : J \to \mathbb{R}$, die (2.17) erfüllen. Dann ist $\mathcal{A}$ ein Vektorraum, der die Funktionen $h \equiv 1$ und $h = \text{id}_J$ enthält. Mit Hilfe der partiellen Integrationsformel für Lebesgue-Stieltjes-Integrale, Satz A.1.8 lässt sich zeigen, dass das Produkt zweier Funktionen aus $\mathcal{A}$ ebenfalls wieder in $\mathcal{A}$ liegt. Insbesondere enthält $\mathcal{A}$ also alle Polynome. Damit kann man beliebige stetig differenzierbare h durch Polynome approximieren und so (2.17) erhalten. Die vollständigen Details des Beweises findet man z. B. in [RW00, Thm. IV 18.4]. □

Beweis von Satz 2.43. Zur Vereinfachung der Darstellung nutzen wir wieder die Notation $\bar{F}(t) = 1 - F(t)$. Als ersten Schritt zeigen wir, dass für alle $0 < s \le t$ mit $F(t) < 1$ gilt

$$\frac{1}{\bar{F}(t)} = \frac{1}{\bar{F}(s)} + \int_{(s,t]} \frac{1}{\bar{F}(u)} \frac{1}{\bar{F}(u-)} dF(u) = \frac{1}{\bar{F}(s)} + \int_{(s,t]} \frac{1}{\bar{F}(u)} d\Lambda(u). \quad (2.18)$$

Zum Beweis dieser Aussage nutzen wir Lemma 2.44 mit $I = (-\infty, t_{\max})$, $J = (-\infty, 1)$, $G(u) = F(u)$ und $h(x) = \frac{1}{1-x}$. Damit gilt

$$\frac{1}{1-F(t)} = \frac{1}{1-F(s)} + \int_{(s,t]} \frac{1}{(1-F(u-))^2} dF(u)$$
$$+ \sum_{s<u\leq t} \left[\frac{1}{1-F(u)} - \frac{1}{1-F(u-)} - \frac{F(u)-F(u-)}{(1-F(u-))^2} \right]$$
$$= \frac{1}{\bar{F}(s)} + \int_{(s,t]} \frac{1}{(\bar{F}(u-))^2} dF(u) + \int_{(s,t]} \frac{1}{\bar{F}(u-)} \left(\frac{1}{\bar{F}(u)} - \frac{1}{\bar{F}(u-)} \right) dF(u)$$
$$= \frac{1}{\bar{F}(s)} + \int_{(s,t]} \frac{1}{\bar{F}(u)} \frac{1}{\bar{F}(u-)} dF(u).$$

Wir erhalten (2.18) nach der Definition von Λ unter Verwendung von Proposition A.2.5. Die Aussage des Satzes folgt nun aus der retrospektiven Darstellung des Nettodeckungskapitals nach Lemma 2.36, die besagt, dass

$$\frac{V(t)}{K(t)} = -\frac{1}{1-F(t)} \int_{(0,t]} \frac{A(s)}{K(s)} dF(s) + \frac{1}{1-F(t)} \int_{[0,t)} \frac{1-F(s)}{K(s)} d\Pi(s). \qquad (2.19)$$

Mit (2.19), dem Satz von Fubini und Definition von Λ folgt nun

$$\int_{(0,t]} \frac{V(u)}{K(u)} d\Lambda(u)$$
$$= -\int_{(0,t]} \frac{1}{\bar{F}(u)} \int_{(0,u]} \frac{A(s)}{K(s)} dF(s) d\Lambda(u)$$
$$+ \int_{(0,t]} \frac{1}{\bar{F}(u)} \int_{[0,u)} \frac{\bar{F}(s)}{K(s)} d\Pi(s) d\Lambda(u) \qquad (2.20)$$
$$= -\int_{(0,t]} \frac{A(s)}{K(s)} \int_{[s,t]} \frac{1}{\bar{F}(u)} d\Lambda(u) dF(s) + \int_{[0,t)} \frac{\bar{F}(s)}{K(s)} \int_{(s,t]} \frac{1}{\bar{F}(u)} d\Lambda(u) d\Pi(s)$$
$$= -\int_{(0,t]} \frac{A(s)}{K(s)} \left(\frac{1}{\bar{F}(t)} - \frac{1}{\bar{F}(s-)} \right) dF(s) + \int_{[0,t)} \frac{\bar{F}(s)}{K(s)} \left(\frac{1}{\bar{F}(t)} - \frac{1}{\bar{F}(s)} \right) d\Pi(s).$$

Dabei haben wir im letzten Schritt (2.18) benutzt und zusätzlich, dass

$$\int_{[s,t]} \frac{1}{\bar{F}(u)} d\Lambda(u) = \lim_{w\uparrow s} \int_{(w,t]} \frac{1}{\bar{F}(u)} d\Lambda(u) = \frac{1}{\bar{F}(t)} - \frac{1}{\bar{F}(s-)}.$$

Man beachte, dass beide Summanden in der letzten Zeile von (2.20) endlich sind (und damit nicht $-\infty + \infty$ auftritt)! Nun können wir aus (2.20) zusammen mit der retrospektiven Darstellung (2.19) folgern, dass

$$\int_{(0,t]} \frac{V(u)}{K(u)} d\Lambda(u) = \frac{V(t)}{K(t)} + \int_{(0,t]} \frac{A(s)}{K(s)} d\Lambda(s) - \int_{[0,t)} \frac{1}{K(s)} d\Pi(s).$$

Durch Umstellen folgt direkt die Aussage (2.16). $\square$

▶ **Bemerkung 2.45** Im Fall $\tau < t_{\max}$ gilt die Thielesche Integralgleichung auch für $t = \tau$. Bildet man nämlich beidseitig den Grenzwert $t \uparrow \tau$, so folgt die Gleichheit für $t = \tau$ wegen Lemma 2.32, da zwar $\Lambda\{\tau\} := \Lambda(\tau) - \Lambda(\tau-)$ größer als Null sein kann, der Integrand im zweiten Integral aber an der Stelle τ wegen Lemma 2.32 Null ist.

2.4 Erweiterungen des Modells

In den vorangegangenen Abschnitten haben wir uns mit einem stochastischen Modell für ein „einzelnes unter einem Todesfallrisiko stehendes Leben" beschäftigt und in den zugehörigen Lebensversicherungsverträgen vor allem Nettoprämien betrachtet. In diesem Abschnitt wollen wir skizzieren, wie man die Modellbildung in zwei wichtigen Aspekten erweitern kann: Zum einen wollen wir Prämien betrachten, die neben dem Risiko auch die weiteren Kosten des Versicherers berücksichtigen, und zum anderen wollen wir neben dem Todesfallrisiko weitere Risiken, wie zum Beispiel Invalidität, mit einbeziehen.

Einbeziehung der Kosten und die *ausreichende Prämie* Für einen Lebensversicherer entstehen neben den Leistungen im Todes- oder Erlebensfall weitere Kosten, etwa für Personal, Verwaltung, Nachforschungen bei Todesfällen usw., die wir bislang nicht in unsere Modellierung aufgenommen haben. Eine Möglichkeit ist die folgende: Sei $C(t)$ der Barwert der Kosten eines Versicherungsvertrags, die anfallen, wenn $Y = \tau \wedge T$ den Wert t annimmt. Eine Prämienfunktion $\Pi(t), t \geq 0$, heißt *ausreichende Prämie*, wenn der erwartete Leistungsbarwert plus $\mathbb{E}[C(Y)]$ gleich dem Prämienbarwert ist. Man kann damit – formal – Π zerlegen in

$$\Pi(t) = \Pi_{\text{Netto}}(t) + \Pi_{\text{Kosten}}(t)$$

und sich vorstellen, dass zwei Konten geführt werden: ein „Nettokonto" (so wie bisher) und ein Kostenkonto.

Das Versicherungsunternehmen kann nun intern so kalkulieren, dass zunächst $\Pi_{\text{Netto}}(t) \equiv 0$ gesetzt wird, bis das Kostenkonto ausreichend gefüllt ist. Von dem Kostenkonto werden beim Tod des Versicherungsnehmers $K(t)C(t)$ abgezogen. Formal entspricht das Kostenkonto einem Nettokonto, nur dass die Auszahlung bei Tod des Versicherungsnehmers nicht an diesen, sondern an das Versicherungsunternehmen geleistet wird. Das gesamte Deckungskapital

$$V_{\text{Gesamt}}(t) = V(t) + V_{\text{Kosten}}(t), t \geq 0,$$

heißt *ausreichendes Deckungskapital*.

Alternativ kann man sich vorstellen, dass es nur ein Konto gibt und so gerechnet wird, als wäre die Auszahlung nicht $A(t)$, sondern

$$\tilde{A}(t) := A(t) + K(t)C(t),$$

wovon aber nur $A(t)$ an den Versicherungsnehmer ausgezahlt wird und das Versicherungsunternehmen $K(t)C(t)$ einbehält. Wenn die Kosten als vom Todesfall unabhängig angesetzt werden und damit $C(t) \equiv C$ gilt, dann kann man das Nettokonto auch bei $-C$ starten lassen.

Neben den Kosten bezieht man in die ausreichende Prämie oft auch Sicherheitszuschläge mit ein. Diese kann man – ähnlich wie oben – explizit behandeln, oder indirekt durch eine geeignete Wahl der Rechnungsgrundlagen. Bezieht man zusätzlich Gewinnzuschläge und Steuern mit ein, führt dies auf den Begriff der *Bruttoprämie*.

Verträge mit verschiedenen Ausscheideursachen (konkurrierende Risiken) Angenommen, in einem Lebensversicherungsvertrag sollen anstelle des „einfachen" Todesfalls verschiedene Risiken (z. B. Unfalltod, Tod durch andere Ursache, Invalidität etc.) unterschieden werden. Diese Ereignisse nennt man auch *Ausscheideursachen,* wozu dann beispielsweise auch das Ausscheiden durch Stornierung gehören kann. Die Leistung im Vertrag wird dann in der Regel von der Ausscheideursache abhängen. Um dies zu modellieren, sei T der (zufällige) Ausscheidezeitpunkt ab Vertragsbeginn (Annahme wieder: $T \in (0, \infty)$ fast sicher). Wenn $n \geq 2$ die Anzahl der Ausscheideursachen bezeichnet, dann modellieren wir die „Wahl" einer Ausscheideursache als diskrete Zufallsvariable I auf $(\Omega, \mathcal{F}, \mathbb{P})$ mit Werten in $\{1, \ldots, n\}$. Falls der Vertrag spätestens zur Zeit $\tau < \infty$ endet („Erlebensfall"), dann zählen wir auch dies zu den n Ausscheideursachen. Für jede solche definieren wir, für $t \geq 0$,

$$F_i(t) := \mathbb{P}\{T \leq t, I = i\},$$

$$F(t) := \mathbb{P}\{T \leq t\} = \sum_{i=1}^{n} F_i(t),$$

$$\Lambda_i(t) := \int_{[0,t]} \frac{1}{F_i(\infty) - F_i(s-)} \, dF_i(s).$$

Weiter sei zu jeder Ausscheideursache $i \in \{1, \ldots, n\}$ ein Auszahlungsspektrum A_i gegeben. Wenn ein Versicherungsnehmer zur Zeit t aus dem Grund $I = i$ ausscheidet, dann erhält er also die Leistung $A_i(t)$. Prämien werden wieder nur bis (ausschließlich) T bezahlt. Der Unterschied zwischen T und Y verschwindet in diesem Szenario, da wir das Vertragsende nun ebenfalls als Ausscheideursache behandeln. Bei gegebener Kapitalfunktion K setzen wir dann

$$B := \frac{A_I(T)}{K(T)} - \int_{[0,T)} \frac{1}{K(s)} \, d\Pi(s)$$

für den Barwert des zugehörigen Vertrags. Im weiteren ändert sich kaum etwas, stets wird Y durch T ersetzt, sowie $A(y) dF_Y(y)$ durch $\sum_{i=1}^{n} A_i(y) dF_i(y)$. Zum Beispiel gilt für die prospektive Darstellung des Nettodeckungskapitals

$$V(t) = \frac{K(t)}{1 - F(t)} \left(\int_{(t,\infty)} \sum_{i=1}^{n} \frac{A_i(y)}{K(y)} \, dF_i(y) - \int_{[t,\infty)} \frac{1 - F(s)}{K(s)} \, d\Pi(s) \right),$$

vgl. mit (2.9).

Weitere Modelle und verwandte Versicherungsarten Neben dem einzelnen unter einem oder mehreren Risiken stehenden Leben betrachtet man auch Versicherungen auf mehrere Leben (etwa für Lebenspartner). Dabei sind dann die restlichen Lebensdauern nicht mehr unbedingt unabhängig, was einige technische Probleme verursacht, auf die wir in dieser Einführung allerdings nicht eingehen können.

Zum Abschluss bemerken wir, dass die Lebensversicherungsmathematik nur eine (wenn auch die traditionell wichtigste) Sparte der Personenversicherungsmathematik ist. Letztere behandelt u. a. auch Ausbildungsversicherungen, Unfallversicherungen und Krankenversicherungen, die alle methodisch mit der Lebensversicherung verwandt sind.

Zu den obigen Themen und Erweiterungen findet man umfangreiche weitere Theorie wieder in [MH99].

2.5 Literaturhinweise

Wir haben in unserem Text die Schätzung von Sterbewahrscheinlichkeiten nur recht knapp behandelt. Viele weiterführende Informationen findet man wieder in [MH99, Kap. 3]. Aktuelle Sterbetafeln (für Deutschland) sind über das statistische Bundesamt unter www.destatis.de online zugänglich. Informationen speziell zu Edmund Halleys Sterbetafeln und Analyse der Breslauer Daten von Caspar Neumann findet man beispielsweise in [Cie08].

Näher an der aktuariellen Praxis, und mit vielen Beispielen versehen, ist die Darstellung von Kahlenberg [Kah18], die viele Aspekte dieses Kapitels konkret illustriert und erweitert. Empfehlenswert ist auch die Einführung in die praktische Lebensversicherungsmathematik von Ortmann [Ort16].

Eine kompakte Darstellung der abstrakten stochastischen Theorie, unter anderem zur Behandlung konkurrierender Risiken im Rahmen von Markov-Modellen und bedingten Erwartungen, findet man in der Monographie von Koller [Kol12]. Markov-Modelle werden neben anderen fortgeschritten Themen auch in [AS20, Kap. V] beschrieben.

Viele weitere Aspekte und umfangreiche Verallgemeinerungen, u. a. der Thieleschen Differential- und Integralgleichung, sowie viele weitere Vertragsarten, werden auch wieder in [MH99, u. a. Kap. 10] behandelt; siehe auch [Ger97].

Der Satz von Hattendorff

3

Definitionsgemäß erfüllt ein Lebensversicherungsvertrag das Äquivalenzprinzip, falls dessen (zufälliger) Barwert B „im Mittel" verschwindet, also wenn

$$\mathbb{E}[B] = 0$$

gilt. In diesem Fall ist die zugehörige Prämie eine Nettoprämie. Es ist nun eine zentrale Frage der Risikotheorie, wie sich die Wahrscheinlichkeiten für Abweichungen von B (nach oben) von diesem Mittel berechnen oder zumindest abschätzen lassen[1]. Eine wichtige Größe in diesem Zusammenhang ist die *Varianz* des Barwerts

$$\mathbb{V}[B] = \mathbb{E}[B^2] - \mathbb{E}[B]^2 = \mathbb{E}[B^2],$$

deren Höhe von der Wahl der Nettoprämie und den weiteren Kenngrößen des Vertrags abhängt, und die wir im folgenden genauer untersuchen werden.

Wie wir gesehen haben, geht die obige Äquivalenz, die sich auf den Vertragsbeginn bezieht, in der Regel im Laufe der Zeit verloren – eine Dynamik, die wiederum „im Mittel" mit Hilfe des Deckungskapitals beschrieben werden kann. Ist man hingegen an dem konkret realisierten *Verlust* L_t des Vertrags zur Zeit $t \geq 0$ interessiert, so betrachtet man die (abgezinste) Differenz der bis t entstandenen Aufwendungen (also geleistete Zahlungen bis und benötigtes Deckungskapital zur Zeit t) und der bis t eingegangenen Prämien. Fasst man den Verlust als stochastischen Prozess $\{L_t\}_{t \geq 0}$ in der Zeit auf, so erhält man ein *Martingal*, wie wir im Folgenden sehen werden. Damit stehen uns einige elegante Werkzeuge aus der

---

[1] Damit beschäftigen wir uns für einzelne oder ganze Portfolios an Verträgen in Kap. 4.

Wahrscheinlichkeitstheorie zu seiner Beschreibung zur Verfügung. Insbesondere interessieren wir uns für den erwarteten Verlust $\mathbb{E}[L_t]$, seine Varianz $\mathbb{V}[L_t]$ und die Korrelationen des Verlusts in disjunkten Zeitintervallen.

Das Hauptresultats dieses Abschnitts, der *Satz von Hattendorff*[2], wird eine explizite Darstellung aller genannten obigen Größen liefern. Bevor wir dieses in Abschn. 3.4 formulieren und mit Martingalmethoden beweisen können, müssen wir jedoch etwas Vorarbeit leisten.

3.1 Die Varianz des Barwerts im Fall der Nettoeinmalprämie

Zunächst bestimmen wir die Varianz des Barwerts im besonders einfachen Fall der Nettoeinmalprämie und zeigen, dass diese die Varianz unter allen Nettoprämien (unter schwachen Zusatzbedingungen) minimiert.

Proposition 3.1 Sei (K, Z_L, Z_P) ein Modell für einen Lebensversicherungsvertrag wie in Definition 2.11. Sei $A(t), t \geq 0$, das zugehörige Auszahlungsspektrum und die Funktion

$$t \mapsto \frac{A(t)}{K(t)}, \quad t \geq 0,$$

monoton fallend. Dann ist unter allen Nettoprämienfunktionen $\Pi(t), t \geq 0$, die Varianz des Barwerts $\mathbb{V}(B)$ am kleinsten, wenn die Prämie konstant ist, also wenn

$$\Pi(t) \equiv \tilde{\Pi}, \quad \text{für alle } t \geq 0$$

gilt, wobei $\tilde{\Pi}$ so gewählt ist, dass das Äquivalenzprinzip gilt. Mit anderen Worten: $\Pi(t), t \geq 0$, entspricht der *Nettoeinmalprämie* $\tilde{\Pi}$ aus Bemerkung 2.21.

▶ **Bemerkung 3.2** Der Spezialfall des konstanten Auszahlungsspektrums $A(t) \equiv A$ ist in dieser Proposition enthalten, da die Kapitalfunktion $K(t)$ in t stets monoton wachsend ist.

Zum Beweis verwenden wir eine elementare Korrelationsungleichung.

Lemma 3.3 Sei X eine reelle Zufallsvariable auf $(\Omega, \mathcal{F}, \mathbb{P})$. Seien $f, g : \mathbb{R} \to \mathbb{R}$ wachsend und integrierbar. Dann gilt

$$\mathbb{E}[f(X)g(X)] \geq \mathbb{E}[f(X)]\mathbb{E}[g(X)].$$

---

[2] KARL FRIEDRICH WILHELM HATTENDORFF, 1834–1882, geboren in Hannover, deutscher Mathematiker, Privatdozent in Göttingen und Professor in Aachen.

Beweis Zunächst gilt aufgrund der Monotonie für alle $y \geq x$

$$\bigl(f(y) - f(x)\bigr)\bigl(g(y) - g(x)\bigr) \geq 0.$$

Genauso gilt diese Ungleichung aber auch für alle $y < x$. Also ist für alle $x, y \in \mathbb{R}$

$$f(y)g(y) + f(x)g(x) \geq f(x)g(y) + f(y)g(x). \tag{3.1}$$

Nun sei X' eine von X unabhängige Zufallsvariable mit derselben Verteilung wie X. Ersetzt man in (3.1) x und y durch X und X', so ist der Erwartungswert der rechten Seite wegen der Unabhängigkeit von X und X' endlich und gleich $2\mathbb{E}[f(X)]\mathbb{E}[g(X)]$. Damit existiert auch der Erwartungswert der linken Seite (ist aber möglicherweise unendlich) und die Behauptung folgt. □

Beweis von Proposition 3.1. Wir definieren zunächst zur Abkürzung

$$\bar{A}(t) := \frac{A(t)}{K(t)}, \quad \bar{\Pi}(t) := \int_{[0,t)} \frac{1}{K(s)} \, d\Pi(s).$$

Wegen $K(0) = 1$ ist $\bar{A}(t) \leq A(0)$ für alle $t \geq 0$ nach Voraussetzung, und damit ist $\bar{A}(Y)$ eine beschränkte Zufallsvariable mit $\mathbb{V}[\bar{A}(Y)] < \infty$. Wir unterscheiden nun zwei Fälle: Entweder ist $\mathbb{V}[\bar{\Pi}(Y)] = \infty$ oder $\mathbb{V}[\bar{\Pi}(Y)] < \infty$. Im ersten Fall gilt

$$\mathbb{V}[B] = \mathbb{V}[\bar{A}(Y) - \bar{\Pi}(Y)] = \infty.$$

Im zweiten Fall gilt mit Definition 2.14 und den üblichen Rechenregeln für die Varianz:

$$\mathbb{V}[B] = \mathbb{V}[\bar{A}(Y) - \bar{\Pi}(Y)]$$
$$= \mathbb{V}[\bar{A}(Y)] + \mathbb{V}[\bar{\Pi}(Y)] - 2\operatorname{Cov}(\bar{A}(Y), \bar{\Pi}(Y)), \tag{3.2}$$

wobei $\operatorname{Cov}(X, Z) := \mathbb{E}[XZ] - \mathbb{E}[X]\mathbb{E}[Z]$ die Kovarianz von zwei Zufallsvariablen X und Z bezeichnet. Gilt nun $\Pi(t) \equiv \tilde{\Pi}$, dann ist auch $\bar{\Pi}(Y) \equiv \tilde{\Pi} = \Pi(0)$ und deterministisch. Somit folgt

$$\mathbb{V}[B] = \mathbb{V}[\bar{A}(Y)].$$

Für nicht konstantes $\Pi(t)$ ist $\bar{\Pi}$ offensichtlich monoton wachsend und mit Lemma 3.3 angewendet auf $-\bar{A}$ (wachsend) und $\bar{\Pi}$ (wachsend) folgt

$$\operatorname{Cov}(\bar{A}(Y), \bar{\Pi}(Y)) = \mathbb{E}[\bar{A}(Y)\bar{\Pi}(Y)] - \mathbb{E}[\bar{A}(Y)]\mathbb{E}[\bar{\Pi}(Y)]$$
$$= \mathbb{E}[-\bar{A}(Y)]\mathbb{E}[\bar{\Pi}(Y)] - \mathbb{E}[-\bar{A}(Y)\bar{\Pi}(Y)] \leq 0.$$

Damit folgt aus (3.2) stets $\mathbb{V}[B] \geq \mathbb{V}[\bar{A}(Y)]$. Da die rechte Seite der Varianz des konstanten Prämienstroms entspricht, ist diese minimal. □

Übungsaufgabe 3.34
Zeigen Sie anhand eines Beispiels, dass der Satz durch Weglassen der Voraussetzung an das Auszahlungsspektrum falsch wird! Hinweis: Betrachten Sie eine reine Erlebensfallversicherung.

3.2 Martingale und der kompensierte Einheitsleistungsstrom

Um den Fall allgemeiner Nettoprämien und die Eigenschaften des Verlusts behandeln zu können, benötigen wir einige Vorbereitungen. Dazu wiederholen wir zunächst den Begriff des Martingals in stetiger Zeit aus der allgemeinen Theorie stochastischer Prozesse und leiten einige Eigenschaften, insbesondere die Unkorreliertheit der Zuwächse, daraus ab. Nach diesem „Einschub" aus der Stochastik betrachten wir dann Zahlungsströme mit nur einer Zahlung der Höhe 1 zu einem zufälligen Zeitpunkt, und wie man diese durch „Kompensation" in Martingale verwandeln kann. Diese Eigenschaft nutzen wir, um eine fundamentale Isometrie für Integrale gegen solche kompensierten Zahlungsströme zu zeigen, die später den Kern des Beweises des Satzes von Hattendorff ausmachen wird.

Wir betrachten wieder einen Wahrscheinlichkeitsraum $(\Omega, \mathcal{F}, \mathbb{P})$.

Definition 3.5 (Filtration)

Eine Familie von σ-Algebren $\{\mathcal{F}_t\}_{t \geq 0}$ auf $(\Omega, \mathcal{F})$ heißt *Filtration*, falls für jedes $t \geq 0$ gilt, dass $\mathcal{F}_t \subset \mathcal{F}$ ist, sowie

$$\mathcal{F}_s \subset \mathcal{F}_t \quad \text{für alle} \quad 0 \leq s < t < \infty.$$

◀

Definition 3.6

Ein (reellwertiger) stochastischer Prozess $\{X_t\}_{t \geq 0}$ auf $(\Omega, \mathcal{F}, \mathbb{P})$ heißt $\{\mathcal{F}_t\}_{t \geq 0}$-*adaptiert*, falls für jedes $t \geq 0$ gilt, dass X_t auch $\mathcal{F}_t$-messbar ist. ◀

▶ **Bemerkung 3.7** Setzt man $\mathcal{F}_t := \sigma\{X_s : 0 \leq s \leq t\}$ für alle $t \geq 0$, so nennt man $\{\mathcal{F}_t\}_{t \geq 0}$ die *kanonische Filtration* des Prozesses $\{X_t\}_{t \geq 0}$. Diese Konstruktion kann man so interpretieren: Jedes $\mathcal{F}_t$ enthält genau diejenigen Informationen über den Prozess $\{X_s\}_{s \geq 0}$, die bis zum Zeitpunkt t erhältlich sind. Genauer enthält $\mathcal{F}_t$ alle Ereignisse bezüglich $\{X_s\}_{s \geq 0}$, von denen wir zum Zeitpunkt t entscheiden können, ob sie eintreten oder nicht.

Nun können wir den Begriff des Martingals einführen. Dabei setzen wir die Theorie der (allgemeinen) bedingten Erwartung aus der Wahrscheinlichkeitstheorie voraus, siehe etwa [KW14, Abschn. 1.4] oder [Wil91] sowie Anhang A.3 für die Definition und die wichtigsten Rechenregeln.

3.2 Martingale und der kompensierte Einheitsleistungsstrom

Definition 3.8 (Martingal)

Ein $\{\mathcal{F}_t\}_{t\geq 0}$-adaptierter stochastischer Prozess $\{X_t\}_{t\geq 0}$ heißt $\{\mathcal{F}_t\}_{t\geq 0}$-*Martingal*, falls $\mathbb{E}[|X_t|] < \infty$ für alle $t \geq 0$ und für alle $0 \leq s < t$

$$\mathbb{E}[X_t \mid \mathcal{F}_s] = X_s \quad \text{fast sicher.}$$

Gilt für alle $0 \leq s < t$ lediglich

$$\mathbb{E}[X_t \mid \mathcal{F}_s] \geq X_s \quad \text{fast sicher,}$$

so heißt $\{X_t\}_{t\geq 0}$ *Submartingal* und im Falle der umgekehrten Ungleichung *Supermartingal*. ◄

Unmittelbar aus der Turmeigenschaft der bedingten Erwartung, Proposition A.3.2(c), ergibt sich das folgende Korollar.

Korollar 3.9 Sei $\{X_t\}_{t\geq 0}$ ein $\{\mathcal{F}_t\}$-Martingal. Dann gilt für alle $t \geq 0$,

$$\mathbb{E}[X_t] = \mathbb{E}[X_0].$$

Ist $X_0 = 0$ fast sicher, so gilt $\mathbb{E}[X_t] = 0$ für jedes $t \geq 0$.

Martingale sind zentral in der Theorie stochastischer Prozesse und insbesondere auch in der Finanzmathematik. Man kann sie als Formalisierung des Begriffs des „fairen Spiels" betrachten.

Beispiel 3.10 (Summe von fairen Münzwürfen)
Angenommen, man spielt folgendes Spiel: Nach einer jeweils unabhängig exponentialverteilten Wartezeit wirft man eine „faire" Münze (d. h. die Wahrscheinlichkeit jeder Seite ist 1/2). Kommt „Kopf", so erhält man einen Euro, kommt „Zahl", so muss man einen Euro bezahlen. Bei einem Startguthaben von $k \in \mathbb{N}$ Euro ist der Prozess des eigenen Guthabens dann durch

$$X_t = \sum_{i=1}^{N(t)} Y_i + k, \quad t \geq 0,$$

gegeben, wobei die $Y_1, Y_2, \ldots$ unabhängig identisch verteilte Zufallsvariablen mit

$$\mathbb{P}(Y_i = -1) = \mathbb{P}(Y_i = 1) = 1/2$$

sind und $N(t)$ die (zufällige) Anzahl der Würfe bis zum Zeitpunkt t bezeichnet. Den Prozess $\{X_t\}_{t\geq 0}$ nennt man auch *einfache, symmetrische Irrfahrt* (in stetiger Zeit). Er ist ein Martingal bezüglich der kanonischen Filtration von $\{X_t\}_{t\geq 0}$, siehe Aufgabe 3.11. Die Martingaleigenschaft besagt nun, dass die „beste Vorhersage" des Guthabens zur Zeit $t > s$ gerade das aktuelle Guthaben zur Zeit s und das Spiel insofern fair ist.

Übungsaufgabe 3.11
Zeigen Sie, dass der Prozess $\{X_t\}_{t\geq 0}$ aus Beispiel 3.10 ein Martingal bezüglich seiner kanonischen Filtration ist.

Eine wichtige Konstruktion von Martingalen aus einer einzelnen Zufallsvariable bei gegebener Filtration ergibt sich direkt aus der Turmeigenschaft:

Beispiel 3.12 (Doobsches[3] Martingal)
Sei X eine Zufallsvariable mit $\mathbb{E}[|X|] < \infty$ und $\{\mathcal{F}_t\}_{t\geq 0}$ eine Filtration. Setze für jedes $t \geq 0$

$$M_t := \mathbb{E}[X \mid \mathcal{F}_t].$$

Aus der Turmeigenschaft (Prop A.3.2(c)) folgt, für $0 \leq s \leq t$, fast sicher,

$$M_s = \mathbb{E}[X \mid \mathcal{F}_s] = \mathbb{E}[\mathbb{E}[X \mid \mathcal{F}_t] \mid \mathcal{F}_s] = \mathbb{E}[M_t \mid \mathcal{F}_s]. \tag{3.3}$$

Außerdem ist nach Jensens Ungleichung (Prop A.3.2(e)) und wieder der Turmeigenschaft

$$\mathbb{E}\big[\big|\mathbb{E}[X \mid \mathcal{F}_s]\big|\big] \leq \mathbb{E}[\mathbb{E}[|X| \mid \mathcal{F}_s]] = \mathbb{E}[|X|],$$

und damit ist $\{M_t\}_{t\geq 0}$ ein $\{\mathcal{F}_t\}_{t\geq 0}$-Martingal. Diese einfache Konstruktion eines Martingals wird uns später noch an prominenter Stelle begegnen, siehe Proposition 3.28.

Lemma 3.13 (Unkorrelierte Zuwächse) Ist $\{M_t\}_{t\geq 0}$ ein $\{\mathcal{F}_t\}_{t\geq 0}$-Martingal in $L^2(\Omega, \mathcal{F}, \mathbb{P})$, d.h. ist $\mathbb{E}[M_t^2] < \infty$ für alle $t \geq 0$, dann gilt für $0 \leq s \leq t \leq u \leq v$

$$\mathrm{Cov}(M_v - M_u, M_t - M_s) = 0 \text{ und } \mathrm{Cov}(M_v - M_u, M_t) = 0,$$

die Zuwächse des Martingals sind also *unkorreliert*.

Beweis Mit Hilfe der Turmeigenschaft, Proposition A.3.2(c), und da wir „Bekanntes herausziehen" können (A.3.2 (b)), erhalten wir

$$\begin{aligned}
\mathbb{E}[(M_t - M_s)(M_v - M_u)] &= \mathbb{E}[\mathbb{E}[(M_t - M_s)(M_v - M_u) \mid \mathcal{F}_u]] \\
&= \mathbb{E}[(M_t - M_s)\mathbb{E}[(M_v - M_u) \mid \mathcal{F}_u]] \\
&= 0,
\end{aligned}$$

---

[3] JOSEPH LEO DOOB, 1910 – 2004, geboren in Cincinnati, Ohio, amerikanischer Mathematiker, Professor an der University of Illinois, viele bedeutende Beiträge zu Analysis und Wahrscheinlichkeitstheorie, insbesondere zu Martingalen und probabilistischer Potentialtheorie.

3.2 Martingale und der kompensierte Einheitsleistungsstrom

wobei wir im letzten Schritt die Martingaleigenschaft ausgenutzt haben. Da die Zuwächse wegen der Martingaleigenschaft zentriert sind, folgt die erste Behauptung, und ebenso die zweite. □

Lemma 3.14 (Pythagoras für Martingale) Sei $\{M_t\}_{t\geq 0}$ ein Martingal in $L^2(\Omega, \mathcal{F}, \mathbb{P})$. Dann gilt für $0 \leq s \leq t$,

$$\mathbb{E}[(M_t - M_s)^2] = \mathbb{E}[M_t^2 - M_s^2].$$

Das Lemma ergibt sich leicht aus den obigen Eigenschaften von Martingalen.

Übungsaufgabe 3.15
Beweisen Sie Lemma 3.14 und erläutern Sie, inwieweit es sich um eine Version des Satzes von Pythagoras handelt.

Wir kehren nun zur Versicherungsmathematik zurück und konstruieren ein konkretes Martingal durch „Kompensation" eines Sprungprozesses, der in 0 startet, und der durch einen einzigen Sprung der Höhe 1 zu einem zufälligen (strikt positiven) Zeitpunkt gegeben ist. Einen solchen Sprungprozess nennen wir auch *Einheitsleistungsstrom*.

Sei dazu wieder T die Restlebensdauer eines Versicherungsnehmers mit Verteilungsfunktion F, und sei $Y = \min\{T, \tau\}$ der Auszahlungszeitpunkt mit Verteilungsfunktion F_Y, wobei $\tau \in [0, t_{\max}]$. Wir definieren einen stochastischen Prozess $\{N_t\}_{t\geq 0}$ mit genau einem Sprung der Höhe 1 zur Zeit Y durch

$$N_t := \mathbf{1}_{[Y,\infty)}(t), \quad t \geq 0. \tag{3.4}$$

Diesen Prozess nennen wir den *Einheitsleistungsstrom mit Zahlungszeit* Y. Sei $\{\mathcal{F}_t\}_{t\geq 0}$ die kanonische Filtration von $\{N_t\}$. Diese hat für $t \geq 0$ die Darstellung

$$\mathcal{F}_t = \sigma\{\mathbf{1}_{[0,s]}(Y), 0 \leq s \leq t\} = \sigma\{Y \wedge s, s \leq t\}.$$

Somit enthält $\mathcal{F}_t$ also genau die Informationen, mit denen man entscheiden kann, ob und gegebenenfalls wann Y bis zur Zeit t eingetreten ist oder nicht.

Um aus diesem Prozess ein Martingal zu konstruieren, erinnern wir zunächst an die Definition der *kumulierten Sterblichkeitsintensität* für Y, die durch

$$\Lambda_Y(t) = \int_{(0,t]} \frac{1}{1 - F_Y(u-)} \, dF_Y(u), \quad t \geq 0, \tag{3.5}$$

gegeben ist, wobei im Fall $t < \tau$ immer $\Lambda_Y(t) < \infty$ gilt.

Übungsaufgabe 3.16
Man zeige, dass $\lim_{t\uparrow\tau} \Lambda_Y(t) = \infty$ genau dann gilt, wenn entweder $\tau = \infty$ oder sowohl $\tau < \infty$ als auch $F_Y(\tau-) = 1$ ist.

▶ **Bemerkung 3.17** (Integration bezüglich $\Lambda_Y(t)$) Die Funktion $t \mapsto \Lambda_Y(t)$ ist monoton wachsend und rechtsstetig, nimmt aber nach der letzten übungsaufgabe (genau) im Fall $\tau < \infty$ und $F(\tau-) = 1$ für gewisse t (nämlich für alle $t \in [\tau, \infty)$) den Wert ∞ an. Das bedeutet, dass in diesem Fall Λ_Y zwar ein eindeutiges Maß auf $[0, \tau)$, nicht aber auf $[0, \infty)$ zugeordnet ist. Es gibt dann viele Maße μ auf $\big([0, \infty), \mathcal{B}([0, \infty))\big)$ mit der Eigenschaft $\Lambda_Y(t) = \mu([0, t])$ für alle $0 \leq t < \infty$. Als Konsequenz daraus dürfen wir in diesem Fall entweder Lebesgue-Stieltjes Integrale bezüglich Λ_Y nur auf $[0, \tau)$ betrachten, oder wir müssen uns auf ein spezielles Maß μ auf $[0, \infty)$ festlegen. Wir werden im folgenden den ersten Weg beschreiten.

Wir verwenden Λ_Y nun, um den Sprung in $\{N_t\}_{t\geq 0}$ zu kompensieren.

Proposition 3.18 (Kompensierter Einheitsleistungsstrom) Sei $\{N_t\}_{t\geq 0}$ definiert wie in (3.4) und sei $\{\mathcal{F}_t\}_{t\geq 0}$ die zugehörige kanonische Filtration. Dann ist der *kompensierte Einheitleistungsstrom* $\{M_t\}_{t\geq 0}$, definiert durch

$$M_t := N_t - \Lambda_Y(t \wedge Y), \quad t \geq 0,$$

ein $\{\mathcal{F}_t\}_{t\geq 0}$-Martingal. Weiter sind die Pfade $t \mapsto M_t$ stets rechtsstetig. Im Fall $\tau < \infty$ ist $t \mapsto M_t$ sogar (fast sicher) stetig in τ. Es gilt $\mathbb{E}[M_t] = 0$ für alle $t \geq 0$.

▶ **Bemerkung 3.19** Die Aussage dieser Proposition lässt sich auf allgemeinere Zählprozesse (also wachsende, stückweise konstante Prozesse, die rechtsstetig und adaptiert sind, und die bei jedem Sprung jeweils genau um eine Einheit nach oben springen) verallgemeinern. Dahinter steckt die Idee, dass man den Aufwärtstrend durch die zufälligen Sprünge durch Subtraktion eines geeigneten „vorhersehbaren" wachsenden Prozesses so kompensieren kann, dass die Differenz beider Prozesse ein Martingal ist. Deshalb nennt man in unserem Fall den Prozess

$$\Lambda_Y(t \wedge Y) := \int_{[0, t \wedge Y]} \frac{1}{1 - F_Y(u-)} \, dF_Y(u), \quad t \geq 0$$

auch den *Kompensator* zu $\{N_t\}_{t\geq 0}$. Für die allgemeine Theorie der Kompensation von Sprungprozessen und den Begriff der „Vorhersehbarkeit" (Prävisibilität) verweisen wir auf [RW00, Kap. VI].

3.2 Martingale und der kompensierte Einheitsleistungsstrom

An der Proposition sieht man nun auch, dass unsere Definition der kumulierten Sterblichkeitsintensität mit $1/(1 - F(u-))$ gerade richtig war.

▶ **Bemerkung 3.20** Nach Bemerkung 2.18 gilt für $Y = T \wedge \tau$

$$F_Y(t) = \begin{cases} F(t) & t < \tau, \\ 1 & t \geq \tau. \end{cases}$$

Deshalb hat im Fall $\tau < \infty$ und $F(\tau-) < 1$ die Funktion F_Y einen Sprung der Höhe $1 - F(\tau-)$ in τ und dF_Y damit in τ ein Atom der Masse $1 - F(\tau-)$. Insbesondere gilt in diesem Fall

$$\Delta\Lambda_Y(\tau) = \lim_{h\downarrow 0} \left(\Lambda_Y(\tau) - \Lambda_Y(\tau - h)\right) = \lim_{h\downarrow 0} \int_{(\tau-h,\tau]} \frac{1}{1 - F_Y(s-)} dF_Y(s)$$
$$= \int_{\{\tau\}} \frac{1}{1 - F_Y(s-)} dF_Y(s) = 1.$$

Im Fall $\tau < \infty$ und $F(\tau-) = 1$ ist $\Delta\Lambda_Y(\tau)$ wegen $\Lambda_Y(\tau-) = \infty = \Lambda_Y(\tau)$ zunächst nicht definiert. Da wir $\Delta\Lambda_Y(t)$ aber bald in Formeln verwenden wollen, vereinbaren wir, dass in diesem Fall $\Delta\Lambda_Y(t)$ für $t \geq \tau$ gleich Null gesetzt wird (wobei sich nichts ändern würde, wenn wir statt Null eine Zahl $c > 0$ wählten).

Zum Beweis von Proposition 3.18 benötigen wir das folgende Hilfsresultat.

Lemma 3.21 Sei A ein Teilintervall von (s, ∞) für ein $s \in [0, \tau)$. Dann gilt unter den Voraussetzungen von Proposition 3.18

$$\mathbb{P}\{Y \in A \mid \mathcal{F}_s\} := \mathbb{E}[\mathbf{1}_{\{Y \in A\}} \mid \mathcal{F}_s] = \frac{\mathbb{P}\{Y \in A\}}{1 - F_Y(s)} \mathbf{1}_{\{Y > s\}}. \tag{3.6}$$

Beweis Wir müssen zeigen, dass der Ausdruck auf der rechten Seite in (3.6) die Definition der bedingten Erwartung erfüllt.

Zunächst stellen wir fest, dass diese Zufallsvariable $\mathcal{F}_s$-messbar und integrierbar ist. Es bleibt zu zeigen, dass für jede Menge $G \in \mathcal{F}_s$ die Integrale von $\mathbf{1}_{\{Y \in A\}}$ und der rechten Seite über G bezüglich $\mathbb{P}$ übereinstimmen. Ist $G \subseteq \{Y \leq s\}$, so sind beide Integrale Null, wir können also $G \subset \{Y > s\}$ und $G \neq \emptyset$ annehmen. Die einzige nicht leere Teilmenge von $\{Y > s\}$ in $\mathcal{F}_s$ ist aber die ganze Menge $\{Y > s\}$, und in diesem Fall sind beide Integrale gleich $\mathbb{P}\{Y \in A\}$, womit das Lemma gezeigt ist. □

Beweis von Proposition 3.18 Wir behandeln zunächst die Pfadeigenschaften. Für $t < \tau$ ist $t \mapsto \Lambda_Y(t)$ rechtsstetig nach dem Satz von der dominierten Konvergenz, da $\Lambda_Y(t) < \infty$ für

$t < \tau$ gilt. Da auch $\{N_t\}_{t\geq 0}$ rechtsstetig ist, folgt damit die Rechtsstetigkeit von $\{M_t\}_{t\geq 0}$ für $t < \tau$. Weiter gilt für $t \geq \tau$, dass $Y \wedge t = Y \wedge \tau$ ist, und damit gilt $M_t = M_\tau$. Die Stetigkeit in τ ist klar wenn $Y < \tau$ gilt, und sonst folgt sie aus Bemerkung 3.20. Man beachte, dass falls $\tau < \infty$ und $F(\tau-) = 1$ folgt, dass $Y < \tau$ fast sicher.

Es bleibt zu zeigen, dass $\{M_t\}_{t\geq 0}$ ein Martingal ist. Die Adaptiertheit ist klar. Wir zeigen nun die Integrierbarkeit. Für $t > 0$ gilt

$$\mathbb{E}\big[|M_t|\big] \leq \mathbb{E}[\mathbf{1}_{[0,t]}(Y)] + \mathbb{E}[\Lambda_Y(Y \wedge t)]$$

$$= F_Y(t) + \mathbb{E}\Big[\int_{(0,t]} \mathbf{1}_{[0,Y]}(u)\, d\Lambda_Y(u)\Big]$$

$$= F_Y(t) + \int_{(0,t]} \mathbb{P}\{Y \geq u\} \frac{1}{1 - F_Y(u-)}\, dF_Y(u) = 2F_Y(t) \leq 2.$$

Für $t \geq \tau$ gilt $M_t = M_\tau$, also ist $\{M_t\}_{t\geq\tau}$ konstant und $\mathcal{F}_\tau$-messbar. Deshalb müssen wir nur für alle $s < t \leq \tau$ überprüfen, dass $\mathbb{E}[M_t \mid \mathcal{F}_s] = M_s$ fast sicher erfüllt ist. Es gilt

$$M_t - M_s = \mathbf{1}_{(s,t]}(Y) - \Lambda_Y(t \wedge Y) + \Lambda_Y(s \wedge Y)$$

$$= \mathbf{1}_{(s,t]}(Y) - \int_{(s,t]} \mathbf{1}_{[0,Y]}(u) \frac{1}{1 - F(u-)}\, dF_Y(u).$$

Wir müssen nun zeigen, dass die rechte Seite Erwartungswert 0 hat, wenn wir auf $\mathcal{F}_s$ bedingen.

Mit dem Satz von Fubini und der Definition der bedingten Erwartung im ersten Schritt und dann Lemma 3.21 und der Definition der kumulierten Sterblichkeitsintensität Λ_Y folgt aber, dass

$$\mathbb{E}\Big[\int_{(s,t]} \mathbf{1}_{(0,Y]}(u) \frac{1}{1 - F(u-)}\, dF_Y(u) \Big| \mathcal{F}_s\Big]$$

$$= \int_{(s,t]} \mathbb{E}[\mathbf{1}_{[u,\infty)}(Y) \mid \mathcal{F}_s] \frac{1}{1 - F(u-)}\, dF_Y(u)$$

$$= \int_{(s,t]} \mathbf{1}_{\{Y>s\}} \frac{\mathbb{P}\{Y \in [u, \infty)\}}{1 - F_Y(s)} \frac{1}{1 - F(u-)}\, dF_Y(u)$$

$$= \mathbf{1}_{\{Y>s\}} \int_{(s,t]} \frac{1 - F_Y(u-)}{1 - F_Y(s)} \frac{1}{1 - F_Y(u-)}\, dF_Y(u)$$

$$= \mathbf{1}_{\{Y>s\}} \frac{\mathbb{P}\{Y \in (s,t]\}}{\mathbb{P}\{Y > s\}} = \mathbb{E}[\mathbf{1}_{(s,t]}(Y) \mid \mathcal{F}_s],$$

wobei wir im letzten Schritt erneut Lemma 3.21 angewandt haben. Damit ist $\{M_t\}_{t\geq 0}$ ein Martingal.

Da für Martingale $\mathbb{E}[M_t] = \mathbb{E}[M_0]$ konstant ist in $t \geq 0$ und $\mathbb{E}[M_0] = 0$ (da $M_0 = 0$), gilt $\mathbb{E}[M_t] = 0$, siehe Korollar 3.9. $\square$

3.2 Martingale und der kompensierte Einheitsleistungsstrom

Beispiel 3.22
Angenommen $\tau = \infty$ und T ist exponentialverteilt zum Parameter 1. Dann ist auch Y exponentialverteilt, und es gilt

$$F(t) = F_Y(t) = 1 - \exp(-t), \quad \lambda_Y(t) = \frac{\exp(-t)}{1-(1-\exp(-t))} = 1.$$

Damit ist

$$M_t = \mathbf{1}_{[Y,\infty)}(t) - \int_{(0,t\wedge Y]} du = \begin{cases} 1-Y & \text{falls } Y \leq t, \\ -t & \text{falls } Y > t. \end{cases}$$

ein Martingal.

Übungsaufgabe 3.23
Ein Kompensator mit Sprüngen. Sei $\{N_t\}_{t\geq 0}$ wieder der Zählprozess mit genau einem Sprung zur Zeit T. Die Verteilung von T habe jeweils ein Atom mit Masse 1/2 zu den Zeiten 1 und 2. Zeigen Sie, dass der Kompensator von $\{N_t\}_{t\geq 0}$ durch den bei T gestoppten wachsenden rechtsstetigen Prozess mit Sprüngen der Höhe 1/2 und 1 zu den Zeiten 1 und 2 gegeben ist.

Der Kern des Beweises des Satzes von Hattendorff besteht, wie wir im weiteren Verlauf sehen werden, in der Charakterisierung der Varianz der (unkorrelierten) Zuwächse des kompensierten Einheitsleistungsstroms $\{M_t\}_{t\geq 0}$. Das folgende Resultat ist daher von zentraler Bedeutung für das gesamte Kapitel.

Proposition 3.24 (Varianz der Zuwächse) Für $\{M_t\}_{t\geq 0}$ wie in Proposition 3.18 gilt $\mathbb{E}[M_t^2] < \infty$ für alle $t \geq 0$, und

$$\mathbb{E}[(M_t - M_s)^2] = \int_{(s,t]} (1 - \Delta\Lambda_Y(u))\,dF_Y(u)$$

für alle $0 \leq s \leq t$, wobei wir

$$\Delta\Lambda_Y(u) := \Lambda_Y(u) - \Lambda_Y(u-)$$

setzen (mit der Konvention $\Delta_Y(u) := 0$ falls $\Lambda_Y(u) = \Lambda_Y(u-) = \infty$).

Beweis Wir betrachten zunächst den Fall $s = 0$ und $t \in [0, \tau)$. Nach Definition ist

$$M_t = \mathbf{1}_{[Y,\infty)}(t) - \Lambda_Y(t \wedge Y).$$

Für den letzten Term auf der rechten Seite gilt

$$\mathbb{E}[(\Lambda_Y(t \wedge Y))^2] = \mathbb{E}\bigg[\bigg(\int_{(0,t]} \mathbf{1}_{(0,Y]}(u)\,d\Lambda_Y(u)\bigg)^2\bigg]$$
$$= \mathbb{E}\bigg[\int_{(0,t]}\int_{(0,t]} \mathbf{1}_{(0,Y]}(u)\mathbf{1}_{(0,Y]}(v)\,d\Lambda_Y(u)\,d\Lambda_Y(v)\bigg]$$
$$= \int_{(0,t]}\int_{(0,t]} \mathbb{E}\bigg[\mathbf{1}_{\{Y \geq \max\{u,v\}\}}\bigg]\,d\Lambda_Y(u)\,d\Lambda_Y(v)$$
$$= \int_{(0,t]}\int_{(0,t]} \mathbb{P}\{Y \geq \max\{u,v\}\}\,d\Lambda_Y(u)\,d\Lambda_Y(v).$$

Weiter folgt wegen der Symmetrie und mit dem Satz von Fubini

$$\int_{(0,t]}\int_{(0,t]} \mathbb{P}\{Y \geq \max\{u,v\}\}\,d\Lambda_Y(u)\,d\Lambda_Y(v)$$
$$= 2\int_{(0,t]}\int_{[u,t]} \mathbb{P}\{Y \geq v\}\,d\Lambda_Y(v)\,d\Lambda_Y(u) - \int_{(0,t]}\int_{\{u\}} \mathbb{P}\{Y \geq v\}\,d\Lambda_Y(v)\,d\Lambda_Y(u),$$

wobei wir jetzt zeigen, dass das erste (und damit auch das zweite) Integral endlich ist. Für das erste Integral gilt nach Einsetzen der Definition von Λ_Y

$$2\int_{(0,t]}\int_{[u,t]} \mathbb{P}\{Y \geq v\}\,d\Lambda_Y(v)\,d\Lambda_Y(u) = 2\int_{(0,t]}\int_{[u,t]} (1 - F_Y(v-))\,d\Lambda_Y(v)\,d\Lambda_Y(u)$$
$$= 2\int_{(0,t]}\int_{[u,t]} dF_Y(v)\,d\Lambda_Y(u)$$
$$= 2\int_{(0,t]} \mathbb{P}\{Y \in [u,t]\}\,d\Lambda_Y(u)$$
$$= 2\int_{(0,t]} \frac{F_Y(t) - F_Y(u-)}{1 - F_Y(u-)}\,dF_Y(u) \leq 2,$$

und, wegen $\Delta\Lambda_Y(u) \leq 1$,

$$\int_{(0,t]}\int_{\{u\}} \mathbb{P}\{Y \geq v\}\,d\Lambda_Y(v)\,d\Lambda_Y(u) = \int_{(0,t]} (1 - F_Y(u-))\Delta\Lambda_Y(u)\,d\Lambda_Y(u)$$
$$= \int_{(0,t]} \Delta\Lambda_Y(u)\,dF_Y(u) \leq 1.$$

Wir haben also gezeigt, dass

$$\mathbb{E}[(\Lambda_Y(t \wedge Y))^2] = 2\int_{(0,t]} \mathbb{P}\{Y \in [u,t]\}\,d\Lambda_Y(u) - \int_{(0,t]} \Delta\Lambda_Y(u)\,dF_Y(u)$$

und beide Integrale auf der rechten Seite endlich sind. Schließlich folgt mit der Cauchy-Schwarz Ungleichung, dass auch $\mathbb{E}[\Lambda_Y(t \wedge Y)] < \infty$ und damit

3.2 Martingale und der kompensierte Einheitsleistungsstrom

$$\mathbb{E}[M_t^2] = \mathbb{E}[(\mathbf{1}_{[Y,\infty)}(t) - \Lambda_Y(t \wedge Y))^2]$$

$$= \mathbb{P}\{Y \le t\} - 2\mathbb{E}\left[\int_{(0,t]} \mathbf{1}_{\{Y \le t\}} \mathbf{1}_{\{u \le Y\}}\, d\Lambda_Y(u)\right] + \mathbb{E}[\Lambda_Y(t \wedge Y)^2]$$

$$= F_Y(t) - 2\int_{(0,t]} \mathbb{P}\{Y \in [u,t]\}\, d\Lambda_Y(u) + \mathbb{E}[\Lambda_Y(t \wedge Y)^2]$$

$$= \int_{(0,t]} \bigl(1 - \Delta\Lambda_Y(u)\bigr)\, dF_Y(u).$$

Dies zeigt die Formel für $s = 0$ und $t \in [0, \tau)$. Ist $\tau < \infty$, so gilt (nach Bemerkung 3.20)

$$\lim_{t \uparrow \tau} \mathbb{E}[M_t^2] = \int_{(0,\tau]} \bigl(1 - \Delta\Lambda_Y(u)\bigr)\, dF_Y(u).$$

Nun folgt einerseits wegen $\lim_{t \uparrow \tau} M_t = M_\tau$ fast sicher und dem Lemma von Fatou

$$\mathbb{E}[M_\tau^2] \le \lim_{t \uparrow \tau} \mathbb{E}[M_t^2]$$

und andererseits wegen Lemma 3.14 (Satz von Pythagoras für Martingale)

$$\mathbb{E}[M_\tau^2] \ge \mathbb{E}[M_t^2]$$

für jedes $t < \tau$. Damit ist die zu beweisende Formel für $s = 0$ und beliebiges $t \ge 0$ gezeigt. Der allgemeine Fall $0 \le s \le t$ folgt ebenfalls direkt aus Lemma 3.14. □

Wir erhalten nun die eingangs erwähnte Isometrie für stochastische Integrale gegen den kompensierten Einheitsleistungsstrom als Folge des vorangegangenen Resultats.

Proposition 3.25 Sei $f \in L^2([0,\infty), \mathcal{B}([0,\infty)), (1-\Delta\Lambda_Y)\, dF_Y)$, also $f: [0,\infty) \to \mathbb{R}$ messbar mit

$$\int_{[0,\infty)} f^2(u)(1 - \Delta\Lambda_Y(u))\, dF_Y(u) < \infty. \tag{3.7}$$

Dann gilt

$$\mathbb{E}\left[\left(\int_{[0,\infty)} f(u)\, dM_u\right)^2\right] = \int_{[0,\infty)} f^2(u)(1 - \Delta\Lambda_Y(u))\, dF_Y(u). \tag{3.8}$$

▶ **Bemerkung 3.26** (Die fundamentale Isometrie) (i) Wir bemerken zunächst, dass das Integral $\int f\, dM$ für f aus $L^2([0,\infty), \mathcal{B}([0,\infty)), (1-\Delta\Lambda_Y)\, dF_Y)$ wohldefiniert ist. Es genügt, dies für $f \ge 0$ zu zeigen. Dann ist nach Definition des Integrals

$$\int f(u)\,dM_u = f(Y) - \int_{(0,Y]} f(u)\,d\Lambda_Y(u)$$
$$= f(Y)(1 - \Delta\Lambda_Y(Y)) - \int_{(0,Y)} f(u)\,d\Lambda_Y(u).$$

Nach Bemerkung 3.20 sind beide Terme auf der rechten Seite für sich wohldefiniert; wir zeigen, dass beide auch endlich sind. Es gilt, da $\Delta_Y(Y) \in [0,1]$,

$$\mathbb{E}\Big[\big(f(Y)(1 - \Delta\Lambda_Y(Y))\big)^2\Big] \leq \mathbb{E}\Big[f(Y)^2(1 - \Delta\Lambda_Y(Y))\Big]$$
$$= \int f^2(1 - \Delta\Lambda_Y)\,dF_Y < \infty,$$

und damit ist $f(Y)(1 - \Delta_Y(Y))$ fast sicher endlich. Weiter gilt nach Fubini

$$\mathbb{E}\Big[\int_{(0,Y)} f\,d\Lambda_Y\Big] = \mathbb{E}\Big[\int f(u)\mathbf{1}_{\{u<Y\}}\,d\Lambda_Y(u)\Big]$$
$$= \int f(u)\frac{1 - F_Y(u)}{1 - F_Y(u-)}\,dF(u)$$
$$= \int f(u)(1 - \Delta\Lambda_Y(u))\,dF(u)$$
$$= \mathbb{E}[f(Y)(1 - \Delta\Lambda_Y(Y))] \leq \mathbb{E}[f(Y)^2(1 - \Delta\Lambda_Y(Y))^2]^{1/2},$$

und dieser Ausdruck ist nach der vorherigen Rechnung ebenfalls endlich. Wir schließen daraus, dass für $f \geq 0$ das Integral $\int f\,dM$ fast sicher endlich ist, und damit gilt dies auch für allgemeine $f \in L^2([0,\infty), \mathcal{B}([0,\infty)), (1 - \Delta\Lambda_Y)\,dF_Y)$.

(ii) Proposition 3.25 besagt mit anderen Worten, dass die Abbildung

$$I_M : L^2([0,\infty), \mathcal{B}([0,\infty)), (1 - \Delta\Lambda_Y)\,dF_Y) \to L^2(\Omega, \mathcal{F}, \mathbb{P}),$$

$$f \mapsto I_M(f) := \int_{[0,\infty)} f(u)\,dM_u,$$

eine lineare Isometrie auf den beteiligten Hilberträumen ist. Ein analoges (aber viel allgemeineres) Resultat spielt in der Theorie der stochastischen Integration eine entscheidende Rolle und ist dort als Itô-Isometrie bekannt, siehe zum Beispiel [Kle20, Satz 25.11].

Beweis Zunächst zeigen wir das Resultat für Treppenfunktionen. Sei also f von der Form

$$f = \sum_{j=1}^{k} e_j \mathbf{1}_{(t_j, t_{j+1}]}, \quad k \in \mathbb{N}, \quad e_1, \ldots, e_k \in \mathbb{R}, \quad 0 \leq t_1 < \cdots < t_{k+1}.$$

Dann gilt

3.2 Martingale und der kompensierte Einheitsleistungsstrom

$$\mathbb{E}\Big[\Big(\int_{[0,\infty)} f(u)\,dM_u\Big)^2\Big] = \mathbb{E}\Big[\Big(\sum_{j=1}^{k} e_j(M_{t_{j+1}} - M_{t_j})\Big)^2\Big]$$

$$= \sum_{j=1}^{k}\sum_{\ell=1}^{k} e_j e_\ell\,\mathbb{E}[(M_{t_{j+1}} - M_{t_j})(M_{t_{\ell+1}} - M_{t_\ell})]$$

$$= \sum_{j=1}^{k} e_j^2\,\mathbb{E}[(M_{t_{j+1}} - M_{t_j})^2]$$

aufgrund der Unkorreliertheit der Zuwächse von Martingalen, siehe Lemma 3.13. Mit Proposition 3.24 folgt nun, dass

$$\sum_{j=1}^{k} e_j^2\,\mathbb{E}[(M_{t_{j+1}} - M_{t_j})^2] = \sum_{j=1}^{k} e_j^2 \int_{(t_j,t_{j+1}]} (1 - \Delta\Lambda_Y(u))\,dF_Y(u)$$

$$= \int_{(0,\infty)} \sum_{j=1}^{k} e_j^2 \mathbf{1}_{(t_j,t_{j+1}]}(u)(1 - \Delta\Lambda_Y(u))\,dF_Y(u)$$

$$= \int_{(0,\infty)} f^2(u)(1 - \Delta\Lambda_Y(u))\,dF_Y(u),$$

und damit gilt die Behauptung für Treppenfunktionen.

Da diese dicht in $L^2([0,\infty), (1 - \Delta\Lambda_Y(u))\,dF_Y(u))$ liegen (siehe z.B. [Els18, Satz VI.2.28b)]), gibt es Treppenfunktionen f_n mit $f_n \to f$ in $L^2([0,\infty), (1-\Delta\Lambda_Y(u))\,dF_Y(u))$, es gilt also

$$\int |f_n(u) - f(u)|^2(1 - \Delta\Lambda_Y(u))\,dF_Y(u) \to 0. \tag{3.9}$$

Als konvergente Folge ist $\{f_n\}_{n\in\mathbb{N}}$ auch eine Cauchyfolge und mit der Isometrieeigenschaft ist $\{\int f_n\,dM\}_{n\in\mathbb{N}}$ eine Cauchyfolge in $L^2(\Omega, \mathcal{F}, \mathbb{P})$. Damit gibt es eine Zufallsvariable $I \in L^2(\Omega, \mathcal{F}, \mathbb{P})$, so dass

$$\int f_n\,dM_u \to I \text{ in } L^2(\Omega, \mathcal{F}, \mathbb{P}).$$

Wir zeigen zum Abschluss noch, dass $I = \int f\,dM$ fast sicher. Wie in Bemerkung 3.26 (i) gilt

$$\Big|\int f\,dM - \int f_n\,dM\Big|$$
$$\leq |f(Y) - f_n(Y)|(1 - \Delta\Lambda_Y(Y)) + \Big|\int_{(0,Y)} (f - f_n)\,d\Lambda_Y\Big|. \tag{3.10}$$

Mit der selben Rechnung wie im zweiten Teil der Bemerkung 3.26(i) (wobei f durch $f - f_n$ ersetzt wird) folgt aus (3.9), dass

$$\mathbb{E}\big[|f(Y) - f_n(Y)|^2 (1 - \Delta\Lambda_Y(Y))^2\big] + \mathbb{E}\Big[\Big|\int_{(0,Y)} (f - f_n)\, d\Lambda_Y\Big|^2\Big] \to 0.$$

Daraus schließen wir, dass beide Terme auf der rechten Seite von (3.10) entlang einer Teilfolge fast sicher gegen Null konvergieren. Wegen der Eindeutigkeit der Grenzwerte ergibt sich, dass $I = \int f\, dM$ fast sicher. □

3.3 Der Verlustprozess eines Lebensversicherungsvertrags

Wie bereits zu Beginn des Kapitels erwähnt, geht die anfängliche (erwartete) Äquivalenz von Leistungs- und Prämienstrom im weiteren zeitlichen Verlauf verloren. Zwar beschreibt das prospektive Nettodeckungskapitel zur Zeit t die Höhe der Rückstellungen, die nötig sind, um bedingt auf das aktuelle Überleben des Versicherungsnehmers die zukünftig *erwarteten* Leistungen erbringen zu können. Es ist aber natürlich auch möglich, dass der Tod des Versicherungsnehmers schon vor Zeit t eingetreten ist und konkrete Leistungen bereits erbracht werden mussten.

Daher betrachtet man auch den *Verlust zur Zeit t,* der die bisherigen Leistungen oder nötigen Rückstellungen des Versicherers abzüglich der geleisteten Prämien bis zu einer Zeit t je nach Eintreten oder Nichteintreten des Todesfalls beschreibt (jeweils abgezinst auf den Zeitpunkt 0). Auch die zeitliche Dynamik des Verlusts, dann aufgefasst als *stochastischer Prozess,* ist für uns von Interesse.

In diesem Abschnitt nehmen wir stets die Gültigkeit des Äquivalenzprinzips an, also $\mathbb{E}[B] = 0$ (und daher gilt insbesondere $\mathbb{E}[|B|] < \infty$).

Definition 3.27 (Verlust, Verlustprozess)

Für einen Lebensversicherungsvertrag definieren wir den *Verlust ("loss")* zur Zeit t durch

$$L_t := \underbrace{\frac{A(Y)}{K(Y)}\mathbf{1}_{\{Y \leq t\}} + \frac{V(t)}{K(t)}\mathbf{1}_{\{Y > t\}}}_{\text{bisherige Leistungen oder Deckungskapital}} - \underbrace{\int_{[0,t\wedge Y)} \frac{1}{K(s)}\, d\Pi(s)}_{\text{bisherige Prämien}}$$

$$= \begin{cases} \frac{A(Y)}{K(Y)} - \int_{[0,Y)} \frac{1}{K(s)}\, d\Pi(s) & \text{falls } Y \leq t, \\ \frac{V(t)}{K(t)} - \int_{[0,t)} \frac{1}{K(s)}\, d\Pi(s) & \text{falls } Y > t. \end{cases}$$

Den zugehörigen stochastischen Prozess – den *Verlustprozess* – definieren wir dann durch $\{L_t\}_{t \geq 0}$. ◂

Unser erstes Resultat zeigt, dass der Verlustprozess ein Martingal ist, und zwar ein Doobsches Martingal im Sinne von Beispiel 3.12 zur Zufallsvariable B.

3.3 Der Verlustprozess eines Lebensversicherungsvertrags

Proposition 3.28 Sei $\{\mathcal{F}_t\}_{t\geq 0}$ die kanonische Filtration des Einheitsleistungsstroms aus (3.4). Dann gilt für alle $t \geq 0$,

$$L_t = \mathbb{E}[B \mid \mathcal{F}_t] \quad \text{fast sicher.}$$

Insbesondere ist der Verlustprozess $\{L_t\}_{t\geq 0}$ ein $\{\mathcal{F}_t\}_{t\geq 0}$-Martingal.

Beweis Nach der „Bekanntes herausziehen"-Regel (Proposition A.3.2(b)) und der Definition der Filtration $\{\mathcal{F}_t\}_{t\geq 0}$ gilt für $t \geq 0$,

$$\mathbb{E}[B \mid \mathcal{F}_t] = \mathbb{E}[\mathbf{1}_{\{Y \leq t\}} B \mid \mathcal{F}_t] + \mathbb{E}[\mathbf{1}_{\{Y > t\}} B \mid \mathcal{F}_t] = B \mathbf{1}_{\{Y \leq t\}} + \mathbb{E}[\mathbf{1}_{\{Y > t\}} B \mid \mathcal{F}_t].$$

Wir müssen also nur noch den bedingten Erwartungswert auf der rechten Seite berechnen. Ist $t \geq \tau$, dann ist dieser gleich Null, so dass wir annehmen können dass $t < \tau$. Es gilt auf dem Ereignis $\{Y > t\}$,

$$\mathbb{E}[B \mid \mathcal{F}_t] = \mathbb{E}\left[\frac{A(Y)}{K(Y)} - \int_{[t,Y)} \frac{1}{K(s)} d\Pi(s) \,\Big|\, \mathcal{F}_t\right] - \int_{[0,t)} \frac{1}{K(s)} d\Pi(s). \tag{3.11}$$

Mit einer analogen Rechnung wie im Beweis von Lemma 3.21 und da $\{Y > t\} = \{T > t\}$ für $t < \tau$, folgt weiter auf dem Ereignis $\{Y > t\}$

$$\mathbb{E}\left[\frac{A(Y)}{K(Y)} - \int_{[t,Y)} \frac{1}{K(s)} d\Pi(s) \,\Big|\, \mathcal{F}_t\right]$$
$$= \frac{1}{1 - F_Y(t)} \mathbb{E}\left[\frac{A(Y)}{K(Y)} - \int_{[t,Y)} \frac{1}{K(s)} d\Pi(s) \mathbf{1}_{\{Y > t\}}\right]$$
$$= \mathbb{E}\left[\frac{A(Y)}{K(Y)} - \int_{[t,Y)} \frac{1}{K(s)} d\Pi(s) \,\Big|\, T > t\right]$$
$$= \frac{V(t)}{K(t)},$$

nach der Definition des Nettodeckungskapitals. Zusammen mit (3.11) erhalten wir damit auch $\mathbb{E}[B \mid \mathcal{F}_t] = L_t$ fast sicher auf dem Ereignis $\{Y > t\}$.

Die Martingaleigenschaft ergibt sich nun wie in Beispiel 3.12. □

Eine andere – ebenfalls elegante – Charakterisierung des Verlusts erhalten wir mit Hilfe des kompensierten Einheitsleistungsstroms $\{M_t\}_{t\geq 0}$:

Proposition 3.29 Unter den obigen Voraussetzungen gilt fast sicher für alle $t \geq 0$

$$L_t = \int_{(0,t]} \frac{A(u) - V(u)}{K(u)} \, dM_u.$$

Insbesondere ist $t \mapsto L_t$ fast sicher rechtsstetig.

Beweis Das Martingal $\{M_t\}_{t \geq 0}$ ist die Differenz von zwei wachsenden rechtsstetigen Prozessen. Das Lebesgue-Stieltjes Integral ist wohldefiniert, und es gilt

$$\int_{(0,t]} \frac{A(u) - V(u)}{K(u)} \, dM_u$$

$$= \frac{A(Y) - V(Y)}{K(Y)} \mathbf{1}_{[Y,\infty)}(t) - \int_{(0,t\wedge Y]} \frac{A(u) - V(u)}{K(u)} \, d\Lambda_Y(u)$$

$$= \begin{cases} \frac{A(Y)}{K(Y)} - \frac{V(Y)}{K(Y)} - \int_{(0,Y]} \frac{A(u)-V(u)}{K(u)} \, d\Lambda_Y(u) & \text{falls } Y \leq t, \\ -\int_{(0,t]} \frac{A(u)-V(u)}{K(u)} \, d\Lambda_Y(u) & \text{falls } Y > t. \end{cases} \quad (3.12)$$

Wir erinnern hier daran, dass falls $Y = \tau = t_{\max}$ ist, wir $V(t_{\max}) = 0$ gesetzt haben. Nach der Thieleschen Integralgleichung, Satz 2,43, gilt für alle $t < \tau$,

$$\frac{V(t)}{K(t)} - \int_{[0,t)} \frac{1}{K(s)} \, d\Pi(s) = -\int_{(0,t]} \frac{A(u) - V(u)}{K(u)} \, d\Lambda_Y(u). \quad (3.13)$$

Gilt also entweder $Y > t$ oder $Y \leq t$ und gleichzeitig $Y < \tau$, dann folgt aus der Definition des Verlusts direkt, dass die rechte Seite von (3.12) gleich L_t ist.

Es verbleibt der Fall $Y = \tau$ und $Y \leq t$. Das Ereignis $\{Y = \tau\}$ hat nur dann positive Wahrscheinlichkeit, wenn $F_Y(\tau-) < 1$ und $\tau < \infty$ gilt. Wir schreiben die rechte Seite von (3.12) als

$$\left(\frac{A(\tau)}{K(\tau)} - \frac{V(\tau)}{K(\tau)}\right)(1 - \Delta\Lambda_Y(\tau)) - \int_{(0,\tau)} \frac{A(u) - V(u)}{K(u)} \, d\Lambda_Y(u)$$

$$= -\int_{(0,\tau)} \frac{A(u) - V(u)}{K(u)} \, d\Lambda_Y(u),$$

wobei wir im letzten Schritt genutzt haben, dass $\Delta\Lambda_Y(\tau) = 1$ nach Bemerkung 3.20. Mit Lemma 2.32 gilt $\lim_{t \uparrow \tau} \frac{V(t)}{K(t)} = \frac{A(\tau)}{K(\tau)}$. Damit ergibt der Grenzübergang $t \uparrow \tau$ in (3.13), dass

$$\frac{A(\tau)}{K(\tau)} - \int_{[0,\tau)} \frac{1}{K(s)} \, d\Pi(s) = -\int_{(0,\tau)} \frac{A(u) - V(u)}{K(u)} \, d\Lambda_Y(u).$$

Wieder ergibt sich aus der Definition des Verlusts direkt die Aussage des Lemmas.

Die Rechtsstetigkeit von $\{L_t\}_{t\geq 0}$ folgt, da für $t \geq Y$ der Verlust konstant ist. Für $t < Y$ folgt sie aus der Definition des Lebesgue-Stieltjes Integrals. □

▶ **Bemerkung 3.30** Wir haben nun drei unterschiedliche Charakterisierungen des Verlusts zur Verfügung. Die erste stimmt mit unserer Intuition überein, aus der zweiten ergibt sich sofort die Martingaleigenschaft, und die dritte wird im Beweis des Satzes von Hattendorff nützlich sein, da sie uns erlaubt, die Isometrie aus Proposition 3.25 direkt auf den Verlustprozess anzuwenden.

Zum Abschluss definieren wir noch den Verlust innerhalb verschiedener Versicherungsperioden. Man kann hier auch mit zufälligen Zeiten arbeiten, siehe etwa [Kol12, Kap. 7], dann benötigt man jedoch den Begriff der Stoppzeit, auf den wir hier nicht weiter eingehen wollen.

Definition 3.31

Seien $0 = t_0 < t_1 < t_2 < \ldots$ Zeitpunkte, die wir jeweils als Beginn oder Ende von Versicherungsperioden interpretieren. Dann setzen wir

$$L^i := L_{t_i} - L_{t_{i-1}}, \quad i = 1, 2, \ldots$$

für den Verlust innerhalb der i-ten Versicherungsperiode. ◀

Im nächsten Abschnitt werden wir auch eine Aussage über die Korrelationen des Verlusts in disjunkten Versicherungsperioden machen.

3.4 Der Satz von Hattendorff

Bevor wir das Hauptresultat dieses Kapitels – den Satz von Hattendorff – formulieren und beweisen, erinnern wir noch einmal an alle beteiligten Objekte und Voraussetzungen. Wie immer sind alle Zufallsvariablen auf einem Wahrscheinlichkeitsraum $(\Omega, \mathcal{F}, \mathbb{P})$ definiert.

Wir betrachten einen Lebensversicherungsvertrag (K, Z_L, Z_P) für ein einzelnes unter einem Risiko stehendes Leben mit

- Leistungszeitpunkt $Y = \min\{T, \tau\}$ und Verteilungsfunktion F_Y,
- kumulierter Sterblichkeitsintensität Λ_Y,
- Auszahlungsspektrum A,
- und Prämienstrom Π,

siehe Definition 2.10 sowie (3.5). Es gelte das Äquivalenzprinzip $\mathbb{E}[B] = 0$ für den zugehörigen Barwert B aus Definition 2.14 (und daher $\mathbb{E}[|B|] < \infty$). Weiter seien

- $\{M_t\}_{t\geq 0}$ der zugehörige kompensierte Einheitsleistungsstrom,
- $\{\mathcal{F}_t\}_{t\geq 0}$ dessen kanonische Filtration (beide wie in Proposition 3.18)
- und $\{L_t\}_{t\geq 0}$ der Verlustprozess des Vertrags aus Definition 3.27.

Für Zeitpunkte $0 = t_0 < t_1 < t_2 < \ldots$ seien $L^i := L_{t_i} - L_{t_{i-1}}, i = 1, 2, \ldots$ die Verluste für die jeweils i-te Versicherungsperiode.

Satz 3.32 (Satz von Hattendorff) In der obigen Situation gilt:

(i) Der Verlust erfüllt

$$\mathbb{E}[L_t] = 0, \quad \mathbb{E}[L^i] = 0 \quad \text{und} \quad \mathbb{E}[L^i | \mathcal{F}_{t_{i-1}}] = 0$$

fast sicher für alle $t \geq 0$ und $i \in \mathbb{N}$.
Falls zudem

$$\int_{[0,t]} \left(\frac{A(u) - V(u)}{K(u)} \right)^2 (1 - \Delta \Lambda_Y(u)) \, dF_Y(u) < \infty \tag{3.14}$$

für alle $t \geq 0$ ist, so gilt weiter:

(ii) Für alle $i < j, k \in \mathbb{N}, j \neq k$, sind L^j und L^k unkorreliert (auch gegeben $\mathcal{F}_{t_i}$).
(iii) Für die Varianz des Verlusts zur Zeit $t \geq 0$ gilt

$$\mathbb{V}[L_t] = \int_{[0,t]} \left(\frac{A(u) - V(u)}{K(u)} \right)^2 (1 - \Delta \Lambda_Y(u)) \, dF_Y(u). \tag{3.15}$$

(iv) Für die Varianz des Barwerts gilt

$$\mathbb{V}[B] = \int_{[0,\infty)} \left(\frac{A(u) - V(u)}{K(u)} \right)^2 (1 - \Delta \Lambda_Y(u)) \, dF_Y(u) \quad \in [0, \infty]. \tag{3.16}$$

Beweis Der Beweis basiert im Wesentlichen auf der Martingaleigenschaft des Verlusts und der Isometrie aus Proposition 3.25.

(i) Nach Proposition 3.28 ist $\{L_t\}_{t\geq 0}$ ein Martingal, und das Äquivalenzprinzip impliziert $L_0 = 0$. Damit folgt aus Korollar 3.9 auch $\mathbb{E}[L_t] = \mathbb{E}[L_0] = 0$ sowie

$$\mathbb{E}[L^i] = \mathbb{E}[L_{t_i} - L_{t_{i-1}}] = 0$$

3.4 Der Satz von Hattendorff

und $\mathbb{E}[L^i|\mathcal{F}_{t_{i-1}}] = 0$, fast sicher.

(ii, iii) Nach Proposition 3.29 gilt

$$L_t = \int_{(0,t]} f(u)\,dM_u \quad \text{wobei} \quad f(u) := \frac{A(u) - V(u)}{K(u)}.$$

Damit folgt aus Proposition 3.25 mit der Voraussetzung (3.14) und $L_0 = 0$,

$$\mathbb{V}[L_t] = \mathbb{E}[L_t^2] - \mathbb{E}[L_t]^2 = \mathbb{E}[L_t^2] = \int_{(0,t]} f(u)^2(1 - \Delta\Lambda_Y(u))\,dF_Y(u),$$

wie behauptet. Insbesondere ist $\{L_t\}_{t\geq 0}$ ein Martingal in $L^2(\Omega, \mathcal{F}, \mathbb{P})$, und damit sind nach Lemma 3.13 die Zuwächse L^j und L^k für $j \neq k$ unkorreliert. Eine analoge Rechnung (wieder mit der Turmeigenschaft) zeigt, dass die Unkorreliertheit auch bedingt auf $\mathcal{F}_{t_i}$ gilt.

(iv) Nach der Definition des Verlusts gilt (da $Y < \infty$ fast sicher), dass L_t für $t \to \infty$ fast sicher gegen B konvergiert.

Wir betrachten zunächst den Fall, dass das Integral auf der rechten Seite von (3.16) endlich ist. Dann gilt nach Fatous Lemma für jedes $t \geq 0$

$$\mathbb{E}[(B - L_t)^2] \leq \lim_{u\to\infty} \mathbb{E}[(L_u - L_t)^2] = \lim_{u\to\infty} \mathbb{E}[L_u^2] - \mathbb{E}[L_t^2]$$
$$= \int_{(t,\infty)} \left(\frac{A(u) - V(u)}{K(u)}\right)^2 (1 - \Delta\Lambda_Y(u))\,dF_Y(u),$$

wobei wir Lemma 3.14 und die Formel (3.15) genutzt haben. Für $t \to \infty$ konvergiert die rechte Seite gegen 0, und damit konvergiert L_t auch in $L^2(\Omega, \mathcal{F}, \mathbb{P})$ gegen B. Insbesondere gilt

$$\mathbb{V}[B] = \lim_{t\to\infty} \mathbb{V}[L_t],$$

so dass (3.16) folgt.

Für den Fall dass das Integral in (3.16) unendlich ist, nehmen wir zum Widerspruch an, dass $\mathbb{V}[B] < \infty$ gilt. Dann können wir mit der Turmeigenschaft (A.3.2 (c)) und Jensens Ungleichung (A.3.2 (e)) folgern, dass

$$\mathbb{V}[B] = \mathbb{E}[B^2] = \mathbb{E}[\mathbb{E}[B^2 \mid \mathcal{F}_t]] \geq \mathbb{E}[(\mathbb{E}[B \mid \mathcal{F}_t])^2] = \mathbb{E}[L_t^2].$$

Nach Annahme und wegen (3.14) konvergiert die rechte Seite für $t \to \infty$ dann aber gegen ∞. Dies führt zum Widerspruch, und damit muss $\mathbb{V}[B] = \infty$ gelten. □

Beispiel 3.33 (Vergleich der Varianz des Barwerts von natürlicher Prämie und Nettoeinmalprämie) In Proposition Fpar1Varianz3.1 haben wir gesehen, dass die Nettoeinmalprämie unter bestimmten Bedingungen die Varianz des Barwerts minimiert. Mit Hilfe des Satzes von Hattendorff können wir den Unterschied zur stetigen natürlichen Prämie nun auch quantifizieren.

Wir nehmen an, dass $A(\tau) = 0$ gilt und dass F eine Dichte f hat. Dann können wir nach Bemerkung 2.39 die stetige natürliche Prämienrate π^{nat} definieren. Insbesondere gilt für das zugehörige Nettodeckungskapital $V^{\text{nat}}(t) \equiv 0$. In diesem Fall besagt Satz 3.32, dass die Varianz des zugehörigen Barwerts B^{nat} durch

$$\mathbb{V}[B^{\text{nat}}] = \int_{[0,\infty)} \frac{A(s)^2}{K(s)^2} \, dF_Y(s) = \mathbb{E}\left[\frac{A(Y)^2}{K(Y)^2}\right]$$

gegeben ist.

Dagegen gilt für den zur Nettoeinmalprämie gehörenden Barwert B^{NEP}, wie auch in Proposition 3.1 direkt berechnet, dass

$$\mathbb{V}[B^{\text{NEP}}] = \mathbb{V}\left[\frac{A(Y)}{K(Y)}\right] = \mathbb{E}\left[\frac{A(Y)^2}{K(Y)^2}\right] - \mathbb{E}\left[\frac{A(Y)}{K(Y)}\right]^2.$$

Damit ist die Differenz der Varianz der Barwerte beider Prämien immer nicht negativ und abgesehen von uninteressanten Spezialfällen sogar strikt positiv.

Beispiel 3.34 (Numerischer Vergleich der Varianz bei verschiedenen Prämien)
Nur in Spezialfällen lässt sich die Varianz explizit bestimmen. Allerdings kann man den Satz von Hattendorff auch dazu benutzen, die Varianz des Verlusts für verschiedene Prämien numerisch zu berechnen.

Für die folgenden Beispiele wählen wir $x = 30$ und gewinnen die Verteilung von $T = T_{30}$ wie in Lemma 2.5 beschrieben aus der Sterbetafel. Insbesondere nehmen wir an, dass T eine stetige Verteilung hat.

Zum Vergleich betrachten wir eine (temporäre) Todesfallversicherung, eine Erlebensfallversicherung und schließlich eine gemischte Versicherung für τ Jahre, $\tau \in \mathbb{N}$, und nehmen an, dass im Auszahlungsfall jeweils ein Betrag der Höhe 1 gezahlt wird. Die Verzinsung geschieht jährlich mit Zinssatz $i = 0,02$. In jedem der drei Fälle vergleichen wir die natürliche mit der konstanten vorschüssigen Prämie.

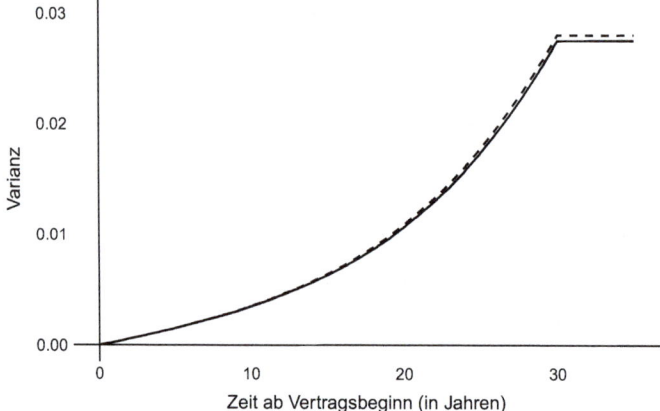

Abb. 3.1 Die Varianz des Verlusts einer temporären Todesfallversicherung für die natürliche Prämie (gestrichelt) und die vorschüssige konstante Prämie (durchgezogene Linie) aus Beispiel 3.34

3.4 Der Satz von Hattendorff

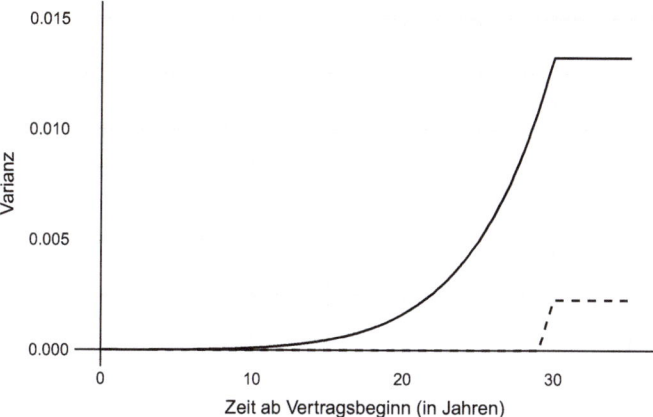

Abb. 3.2 Die Varianz des Verlusts einer Erlebensfallversicherung für die natürliche Prämie (gestrichelt) und die vorschüssige konstante Prämie (durchgezogene Linie) aus Beispiel 3.34

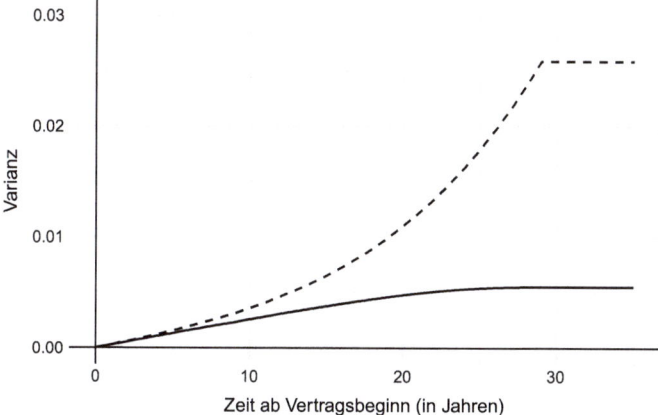

Abb. 3.3 Die Varianz des Verlusts einer gemischten Versicherung für die natürliche Prämie (gestrichelt) und die vorschüssige konstante Prämie (durchgezogene Linie) aus Beispiel 3.34

Wir berechnen die Prämien wie in Proposition 2.27 und Aufgabe 2.28, und das Nettodeckungskapital wie in Aufgaben 2.33 und 2.34. Dabei lässt sich der Fall der gemischten Versicherung additiv durch die anderen beiden Fälle ausdrücken. Insbesondere ist das Nettodeckungskapital innerhalb der Jahre stetig, so dass wir das Integral im Ausdruck für die Varianz numerisch durch eine Riemann-Summe approximieren können. Die Ergebnisse finden sich in den Abbildungen 3.1, 3.2 und 3.3.

3.5 Literaturhinweise

Der Satz von Hattendorff stammt in seiner ursprünglichen Form aus dem Jahr 1868 und stellt zunächst nur die Unkorreliertheit des Verlusts innerhalb verschiedener Versicherungsperioden fest [Hat68]. Ein erster rigoroser Beweis findet sich in [Ste29]. Der Satz hat eine lange Geschichte und wurde vielfach verallgemeinert, wobei natürlich erst deutlich später die in der Rückschau sehr natürlichen Martingalmethoden zum Einsatz gekommen sind (siehe etwa Ramlau-Hansen [RH88] und Norberg [Nor92]). Die von uns präsentierte Version ist ein Spezialfall des allgemeinen Resultats in [MH99]. Dort finden sich auch weitere geschichtliche Hinweise. Eine aktuelle Referenz ist [AS20], in der ebenfalls weitere Literaturhinweise gegeben werdem.

Zur Theorie der Kompensation von Sprungprozessen, die wir hier nur gestreift haben, siehe beispielsweise [RW00] – hier findet sich auch die klassische Itô-Isometrie aus der stochastischen Analysis.

Teil II
Grundlegende Modelle der Schadenversicherungsmathematik

In diesem Kapitel betrachten wir einige grundlegende stochastische Modelle der Schadenversicherung. Letztere umfasst beispielsweise die Zweige der Haftpflicht- und Feuerversicherung. Ein wesentlicher Unterschied zur mathematischen Modellierung von Lebensversicherungen besteht darin, dass hier nicht nur das *Eintreten* eines Schadens (bzw. dessen Eintrittszeitpunkt) unsicher, sondern in der Regel auch die resultierende *Schadenhöhe* unbekannt ist. Dies führt zu neuen mathematischen Herausforderungen, insbesondere wenn sogenannte Großschäden auftreten können.

Neben dieser zusätzlichen Risikoquelle wird man einige weitere methodische Unterschiede zum vorangegangenen Kapitel feststellen: Wir betrachten nicht mehr nur einzelne Verträge, sondern üblicherweise gleich Gesamtheiten von Risiken, in denen ein *Risikoausgleich im Kollektiv* stattfindet (letzterer geschieht natürlich sowohl in der Schaden- als auch in der Lebensversicherung). Dabei interessieren wir uns neben Erwartungswert und Varianz auch für weitere, möglichst effiziente und informative Charakterisierungen der Gesamtschadenverteilung. Hingegen werden wir auf eine explizite Modellierung von Zinseffekten verzichten. Dies kann man zumindest teilweise mit den üblicherweise kürzeren Zeithorizonten in der Schadenversicherung rechtfertigen.

Die von uns betrachteten Risikomodelle kann man in *statische* und *dynamische Modelle* aufteilen: In ersteren werden die genauen Eintrittszeitpunkte der Schäden vernachlässigt und die Schadenhöhen lediglich bis zu einem festen Zeitpunkt, also etwa eine Versicherungsperiode, aufsummiert. Solche Modelle behandeln wir im ersten Teilkapitel.

Bei dynamischen Modellen werden die Schäden entsprechend ihres zeitlichen Eintretens erfasst und mithin durch stochastische Prozesse modelliert. Dies führt uns zu den klassischen Modellen der *Ruintheorie,* die wir im zweiten Teilkapitel behandeln.

Im letzten Teilkapitel beschäftigen wir uns mit Methoden zur Wahl von Prämien für die Risiken eines Bestandes. Dabei geht es um *Prämienprinzipien, Risikomaße, Risikoteilung und Erfahrungstarifierung*. Wir beleuchten zunächst die Frage, wie man eine systematische Prämienwahl anhand bestimmter abstrakter Kriterien vornehmen kann, wenn man voraussetzt, dass man die Verteilungen der zu versichernden Risiken hinreichend kennt. Anschließend besprechen wir einige grundlegende Aspekte der Risikoteilung und speziell der Rückversicherung. Den Abschluss bildet ein Blick auf Modelle und Methodik der Erfahrungstarifierung, die eine Prämienwahl unter expliziter Berücksichtigung der individuellen Schadenhistorien der einzelnen Risiken erlaubt.

Statische Risikomodelle 4

In diesem Abschnitt beschäftigen wir uns mit der Struktur und den Eigenschaften der Gesamtschadenverteilung eines Bestandes (oder Kollektivs) an Risiken in einer einzelnen festen Versicherungsperiode, also mit statischen Modellen.

4.1 Individuelles und kollektives Modell

Je nachdem, ob man die Schäden der einzelnen Policen in einem statischen Modell individuell modelliert oder lediglich die strikt positiven Schäden des Kollektivs aufsummiert, ohne diese den einzelnen Risiken zuzuordnen, unterscheidet man zwischen *individuellen* und *kollektiven Modellen*.

Wir beginnen mit dem individuellen Modell. Sei $(\Omega, \mathcal{F}, \mathbb{P})$ ein Wahrscheinlichkeitsraum. Für $n \in \mathbb{N}$ setzen wir $[n] := \{1, \ldots, n\}$. Wir betrachten ein Portfolio mit $n \in \mathbb{N}$ versicherten Risiken (Versicherungsverträgen) in einer festen Versicherungsperiode. Den Schaden des i-ten Risikos beschreiben wir durch eine nicht negative reelle Zufallsvariable Y_i auf $(\Omega, \mathcal{F}, \mathbb{P})$, wobei $i \in [n]$ ist. Im Fall $Y_i = 0$ ist kein Schaden eingetreten.

Definition 4.1 (Individuelles Modell)

Sei $n \in \mathbb{N}$ und seien $\{Y_i\}_{i \in [n]}$ unabhängige und nicht negative Zufallsvariablen auf $(\Omega, \mathcal{F}, \mathbb{P})$. Dann heißt das Paar

$$\big(n, \{Y_i\}_{i \in [n]}\big)$$

individuelles Modell. Dessen *Gesamtschaden* ist durch

$$S_{\text{ind}} := \sum_{i=1}^{n} Y_i \qquad (4.1)$$

gegeben. Sind die $\{Y_i\}_{i \in [n]}$ zusätzlich identisch verteilt, so heißt das individuelle Modell *homogen*. ◂

Für $i \in [n]$ bezeichnen wir die Verteilungen der Y_i mit P_{Y_i}, und ihre gemeinsame Verteilung mit $P_{(Y_1,\ldots,Y_n)}$. Im homogenen Fall ist diese aufgrund der Unabhängigkeit gerade die n-fache Produktverteilung

$$P_{(Y_1,\ldots,Y_n)} = \left(P_{Y_1}\right)^{\otimes n}$$

von P_{Y_1}. In der Praxis sind die $\{Y_i\}_{i \in [n]}$ jedoch zumeist nicht identisch verteilt (man denke beispielsweise an individuelle Fahrstile der Versicherten in der Kfz-Versicherung) und auch nicht immer unabhängig (etwa bei Schäden durch extreme Wetterereignisse). Um Trivialitäten zu vermeiden, fordern wir von nun an stets, dass $\mathbb{P}\{Y_i > 0\} > 0$ für alle $i \in [n]$ gilt, dass also für jede Police ein Schaden mit echt positiver Wahrscheinlichkeit tatsächlich eintreten kann.

Werden die Schadenhöhen nicht mehr pro individuellem Risiko erfasst, sondern lediglich die (dann zufällige Anzahl von) echt positiven Schäden aufsummiert, so spricht man von einem kollektiven Modell. In diesem ist die Schadenanzahl zufällig, und die einzelnen Schadenhöhen können als identisch verteilt angenommen werden, wie wir im Anschluss an die folgende Definition zeigen werden.

Definition 4.2 (Kollektives Modell)

Sei $\{X_j\}_{j \in \mathbb{N}}$ eine Familie identisch verteilter strikt positiver Zufallsvariablen (mit Verteilung P_X), sowie N eine $\mathbb{N}_0$-wertige Zufallsvariable, jeweils definiert auf $(\Omega, \mathcal{F}, \mathbb{P})$. Dann heißt das Paar

$$\left(N, \{X_j\}_{j \in \mathbb{N}}\right)$$

kollektives Modell. Der Gesamtschaden des Portfolios ist gegeben durch

$$S_{\text{koll}} := \sum_{j=1}^{N} X_j. \qquad (4.2)$$

◂

Wir zeigen nun, dass das „Mischen" der individuellen Schadenhöhen und ein damit einhergehendes „Vergessen" der Zuordnung zu einem Einzelrisiko in natürlicher Weise auf ein kollektives Modell mit identisch verteilten Schadenhöhen führt. Dazu erinnern wir zunächst an den Begriff der (diskreten) Mischung von Wahrscheinlichkeitsmaßen.

4.1 Individuelles und kollektives Modell

Definition 4.3

Seien $\{\mu_i\}_{i\in\mathbb{N}}$ Wahrscheinlichkeitsmaße auf $(\Omega, \mathcal{F})$ und $(p_i)_{i\in\mathbb{N}}$ diskrete Wahrscheinlichkeitsgewichte, also $p_i \in [0,1]$ für alle $i \in \mathbb{N}$ und $\sum_{i\in\mathbb{N}} p_i = 1$. Dann ist

$$\nu := \sum_{i\in\mathbb{N}} p_i \cdot \mu_i$$

ein Wahrscheinlichkeitsmaß auf $(\Omega, \mathcal{F})$ und heißt (diskrete) Mischung der $\{\mu_i\}_{i\in\mathbb{N}}$ mit Gewichten $(p_i)_{i\in\mathbb{N}}$. ◂

Proposition 4.4 Sei $(n, \{Y_i\}_{i\in[n]})$ ein individuelles Modell. Für $i \in [n]$ sei $P_{Y_i^*}$ die Verteilung von Y_i bedingt auf $\{Y_i > 0\}$. Dann existiert ein kollektives Modell $(N(n), \{X_j\}_{j\in\mathbb{N}})$, so dass

$$S_{\text{koll}} = \sum_{j=1}^{N(n)} X_j \stackrel{d}{=} \sum_{i=1}^{n} Y_i = S_{\text{ind}} \qquad (4.3)$$

gilt, wobei $N(n)$ wie die Anzahl der strikt positiven Schäden im individuellen Modell verteilt ist. Ferner entspricht die Verteilung P_X der Schadenhöhe im kollektiven Modell der Mischung der bedingten Verteilungen $\{P_{Y_i^*}\}_{i\in[n]}$ mit Gewichten $(p_i^*)_{i\in[n]}$, also

$$p_i^* := \frac{\mathbb{P}\{Y_i > 0\}}{\sum_{k=1}^{n} \mathbb{P}\{Y_k > 0\}}, \quad i \in [n]. \qquad (4.4)$$

Beweis Gegeben sei das individuelle Modell $(n, \{Y_i\}_{i\in[n]})$. Zuerst lösen wir die Zuordnung der Schäden auf einzelne Policen auf. Dazu sei σ eine von den $\{Y_i\}_{i\in[n]}$ unabhängige zufällige Permutation von $[n]$. Wir setzen

$$\xi_i := Y_{\sigma(i)} \quad \text{für alle } i \in [n].$$

Dann gilt

$$\mathbb{P}\{\xi_i \leq t\} = \sum_{j=1}^{n} \mathbb{P}\{Y_j \leq t, \sigma(i) = j\} = \frac{1}{n}\sum_{j=1}^{n} \mathbb{P}\{Y_j \leq t\}, \quad t \geq 0. \qquad (4.5)$$

Damit ist die Folge $\{\xi_i\}_{i\in[n]}$ identisch verteilt (aber im Allgemeinen nicht unabhängig). Für das kollektive Modell müssen wir uns noch auf die echt positiven Schäden beschränken. Zunächst erweitern wir die Folge $\{\xi_i\}_{i\in[n]}$ zu einer Folge $\{\xi_i\}_{i\in\mathbb{N}}$, indem wir unabhängige Zufallsvariablen $\{\xi_i\}_{i\geq n+1}$ mit Verteilung (4.5) hinzufügen. Dann definieren wir

$$N(n) := \sum_{i=1}^{n} \mathbb{1}_{\{\xi_i > 0\}} = \sum_{i=1}^{n} \mathbb{1}_{\{Y_i > 0\}},$$

als die (zufällige) Anzahl der strikt positiven Schadenhöhen. Offensichtlich ist $N(n) \leq n$. Außerdem definieren wir $\nu_0 := 0$ und erhalten eine Aufzählung der Indizes der strikt positiven Zufallsvariablen durch

$$\nu_j := \inf\{i \in \mathbb{N} : \nu_{j-1} < i, \xi_i > 0\}, \quad \text{für alle } j \geq 1.$$

Wir setzen nun $X_j := \xi_{\nu_j}$. Diese strikt positiven Schadenhöhen sind ebenfalls identisch verteilt, und wir erhalten das kollektive Modell

$$\left(N(n), \{X_j\}_{j \in \mathbb{N}}\right). \tag{4.6}$$

Außerdem gilt nach Konstruktion für den Gesamtschaden

$$S_{\text{koll}} = \sum_{j=1}^{N(n)} X_j \stackrel{d}{=} \sum_{i=1}^{n} Y_i = S_{\text{ind}}.$$

Weiter gilt für alle $t \geq 0$ und $j \in \mathbb{N}$

$$\mathbb{P}\{X_j \leq t\} = \mathbb{P}\{X_1 \leq t\} = \mathbb{P}\{\xi_{\nu_1} \leq t\}$$
$$= \mathbb{P}\{\xi_1 \leq t \mid \xi_1 > 0\}$$
$$= \sum_{i=1}^{n} \frac{\mathbb{P}\{Y_i > 0\}}{\sum_{k=1}^{n} \mathbb{P}\{Y_k > 0\}} \mathbb{P}\{Y_i \leq t \mid Y_i > 0\},$$

wobei wir im letzten Schritt zweimal das Argument aus (4.5) verwendet haben. Setzen wir

$$p_i^* := \frac{\mathbb{P}\{Y_i > 0\}}{\sum_{k=1}^{n} \mathbb{P}\{Y_k > 0\}}, \quad i \in [n], \tag{4.7}$$

und $P_{Y_i^*}$ für die Verteilung von Y_i bedingt auf $\{Y_i > 0\}$, so erhalten wir

$$P_X = \sum_{i=1}^{n} p_i^* \cdot P_{Y_i^*},$$

wie behauptet. □

Die Verteilung der Schadenhöhe P_X im kollektiven Modell ist also die diskrete Mischung der bedingten Verteilungen der Schadenhöhen $P_{Y_i^*}$ im individuellen Modell mit den Gewichten p_i^* aus (4.4).

▶ **Bemerkung 4.5** (Binomialmodell) Im Fall eines *homogenen* individuellen Modells gilt $p_i^* \equiv p$, und damit ist $N(n)$ binomialverteilt mit Parametern n und p. Zudem sind die

4.1 Individuelles und kollektives Modell

Schadenhöhen $\{X_j\}$ im zugehörigen kollektiven Modell dann sogar unabhängig und unabhängig von $N(n)$. Dieses Modell ist auch als Binomialmodell bekannt – für Details siehe etwa [Sch09, Abschn. 6.3].

▶ **Bemerkung 4.6** Natürlich gibt es nicht nur diskrete Mischungen. Ist etwa I ein Intervall in $\mathbb{R}$ und $\{\mu_x\}_{x \in I}$ eine Familie von Wahrscheinlichkeitsmaßen mit Indexmenge I, so kann man – für ein gegebenes Wahrscheinlichkeitsmaß $m(dx)$ auf $(I, \mathcal{B}(I))$ – ein Wahrscheinlichkeitsmaß ν durch

$$\nu(B) = \int_I \mu_x(B)\, m(dx), \quad B \in \mathcal{B}(I), \tag{4.8}$$

erhalten. Um sicherzustellen, dass die Funktion $x \mapsto \mu_x(B)$ messbar ist, fordert man, dass μ ein Markov-Kern ist, siehe dazu etwa [Kle20, Definition 8.25].

Das Maß ν ist die Mischung der $\{\mu_x\}_{x \in I}$ bezüglich des Mischungsmaßes $m(dx)$. Man kann dies auch als zweistufiges Zufallsexperiment interpretieren: Um eine Realisierung unter ν zu erhalten, wählt man erst ein x gemäß m und zieht dann gemäß μ_x.

Das Standardmodell der kollektiven Risikotheorie Oft nimmt man die Schadenhöhen $\{X_j\}_{j \in \mathbb{N}}$ eines kollektiven Modells zusätzlich als unabhängig an (untereinander und von N), was viele theoretische Vorteile hat und für das Binomialmodell automatisch erfüllt ist. Dies führt auf das *Standardmodell der kollektiven Risikotheorie*. In der Praxis ist jeweils zu überprüfen, ob die Annahmen (wenigstens näherungsweise für große Portfolios) gelten.

Definition 4.7 (Standardmodell)

Sei $(N, \{X_j\}_{j \in \mathbb{N}})$ ein kollektives Modell und seien die $\{X_j\}_{j \in \mathbb{N}}$ unabhängig (untereinander und von N). Dann heißt $(N, \{X_j\}_{j \in \mathbb{N}})$ *Standardmodell der kollektiven Risikotheorie*. Sein Gesamtschaden ist gegeben durch

$$\bar{S}_{\text{koll}} := \sum_{j=1}^{N} X_j.$$

◀

Im Folgenden werden wir uns mit der Gesamtschadenverteilung in unseren Risikomodellen genauer beschäftigen, wobei das Hauptaugenmerk auf dem Standardmodell liegen wird.

4.2 Schadenhöhen- und Schadenanzahlverteilungen

Der Gesamtschaden in statischen Risikomodellen wird durch die Zahl der strikt positiven Schäden sowie deren jeweilige Schadenhöhen bestimmt. Eine natürliche Schadenanzahlverteilung in homogenen Beständen, die Binomialverteilung, haben wir bereits in Bemer-

Tab. 4.1 Schadenhöhenverteilungen

Verteilung	Dichte f / VF F / $\mathbb{E}, \mathbb{V}$	Parameter	Bemerkungen
Exponential Exp_λ	$f(x) = \lambda e^{-\lambda x}, x \geq 0$ $F(x) = 1 - e^{-\lambda x}$ $\mathbb{E}[X] = \frac{1}{\lambda}, \mathbb{V}[X] = \frac{1}{\lambda^2}$	$\lambda > 0$	gedächtnislos
Gamma $\Gamma_{\alpha,\beta}$	$f(x) = \frac{\beta^\alpha}{\Gamma(\alpha)} x^{\alpha-1} e^{-\beta x}, x \geq 0$ wobei $\Gamma(\alpha) := \int_0^\infty t^{\alpha-1} e^{-t}\, dt$ $\mathbb{E}[X] = \frac{\alpha}{\beta}, \mathbb{V}[X] = \frac{\alpha}{\beta^2}$	$\alpha, \beta > 0$	$\Gamma_{1,\beta} = \text{Exp}_\beta$
Pareto $P_{\kappa,\alpha}$	$f(x) = \frac{\alpha \kappa^\alpha}{x^{\alpha+1}}, x \geq \kappa$ $F(x) = 1 - \frac{\kappa^\alpha}{x^\alpha}$ $\mathbb{E}[X] = \frac{\alpha\kappa}{\alpha-1}$ für $\alpha > 1$ $\mathbb{V}[X] = \frac{\alpha}{\alpha-2}\left(\frac{\kappa}{\alpha-1}\right)^2$ für $\alpha > 2$	$\alpha, \kappa > 0$	in $\mathcal{K}$ $X \sim P_{1,\alpha}$ dann $\log X \sim \text{Exp}_\alpha$
verschoben Pareto (Lomax) $P^*_{\kappa,\alpha}$	$f(x) = \frac{\alpha \kappa^\alpha}{(x+\kappa)^{\alpha+1}}, x \geq 0$ $F(x) = 1 - \left(1 + \frac{x}{\kappa}\right)^{-\alpha}$ $\mathbb{E}[X] = \frac{\kappa}{\alpha-1}$ für $\alpha > 1$ $\mathbb{V}[X] = \frac{\alpha}{\alpha-2}\left(\frac{\kappa}{\alpha-1}\right)^2$ für $\alpha > 2$	$\alpha, \kappa > 0$	in $\mathcal{K}$ $X \sim P_{\kappa,\alpha}$ dann $(X-\kappa) \sim P^*_{\kappa,\alpha}$
Weibull $W_{\lambda,\alpha}$	$f(x) = \lambda\alpha(\lambda x)^{\alpha-1} e^{-(\lambda x)^\alpha}, x \geq 0$ $F(x) = 1 - e^{-(\lambda x)^\alpha}$ $\mathbb{E}[X] = \frac{\Gamma(1+\frac{1}{\alpha})}{\lambda}$ $\mathbb{V}[X] = \frac{\Gamma(1+\frac{2}{\alpha})}{\lambda^2} + \frac{\Gamma^2(1+\frac{1}{\alpha})}{\lambda^2}$	$\lambda, \alpha > 0$	in $\mathcal{K}$ für $\alpha < 1$ $W_{\lambda,1} = \text{Exp}_\lambda$
log-Gamma $\mathcal{L}\Gamma_{\alpha,\beta}$	$f(x) = \frac{\beta^\alpha}{\Gamma(\alpha)} x^{-(\beta+1)}(\log x)^{\alpha-1}$, $x \geq 1, \Gamma(\alpha) := \int_0^\infty t^{\alpha-1} e^{-t}\, dt$ $\mathbb{E}[X] = \left(1 - \frac{1}{\beta}\right)^{-\alpha}$ $\mathbb{V}[X] = \left(1 - \frac{2}{\beta}\right)^{-\alpha} - \left(1 - \frac{1}{\beta}\right)^{-2\alpha}$	$\alpha, \beta > 0$	in $\mathcal{K}$ $\mathcal{L}\Gamma_{1,\gamma} = P_{1,\gamma}$, $X \sim \mathcal{L}\Gamma_{\alpha,\beta}$, so $\log X \sim \Gamma_{\alpha,\beta}$
log-Normal $\mathcal{LN}_{\mu,\sigma^2}$	$f(x) = \frac{1}{\sqrt{2\pi}\sigma x} \exp\left(-\frac{(\log x - \mu)^2}{2\sigma^2}\right)$ $F(x) = \Phi(\frac{\log x - \mu}{\sigma}), x > 0$ $\mathbb{E}[X] = e^{\mu + \frac{\sigma^2}{2}}$ $\mathbb{V}[X] = e^{2\mu + \sigma^2}(e^{\sigma^2} - 1)$	$\mu \in \mathbb{R}$ $\sigma > 0$	in $\mathcal{K}$ $X \sim \mathcal{LN}_{\mu,\sigma^2}$, dann $\log X \sim \mathcal{N}_{\mu,\sigma^2}$

kung 4.5 kennengelernt, aber es gibt noch weitere wichtige Schadenanzahlverteilungen. Die Schadenhöhenverteilungen können sowohl diskret als auch kontinuierlich sein. Eine wichtige Rolle spielt ihr *Abklingverhalten,* womit grob gesagt gemeint ist, wie schnell die Wahrscheinlichkeit für immer größere Schäden gegen 0 abfällt.

Schadenhöhenverteilungen und ihr Abklingverhalten Wir setzen ein individuelles oder kollektives Modell mit Schadenhöhenverteilungen $\{P_{Y_i}\}_{i \in [n]}$ bzw. P_X voraus. Betrachtet man statt P_{Y_i} die bedingten Verteilungen $P_{Y_i^*}$ (wie in Proposition 4.4), so kann man sich gleich auf strikt positive Schadenhöhenverteilungen beschränken. In Tab. 4.1 sind einige wichtige Verteilungsfamilien zusammengefasst, die in der Schadenversicherung zum Einsatz kommen.

4.2 Schadenhöhen- und Schadenanzahlverteilungen

Die Frage nach der Häufigkeit von Großschäden, die den Gesamtschaden selbst großer Portfolios dominieren können – etwa bei Feuerschäden oder Naturkatastrophen – ist von grundlegender Bedeutung. In diesem Zusammenhang hat sich die folgende qualitative Unterscheidung für das Abklingverhalten von Schadenhöhenverteilungen als essenziell erwiesen.

> **Definition 4.8 (Abklingverhalten: light oder heavy tailed)**
> Sei Z eine reelle nicht negative Zufallsvariable auf $(\Omega, \mathcal{F}, \mathbb{P})$ mit Verteilung P_Z und Verteilungsfunktion F. Wir setzen
> $$\bar{F} := 1 - F$$
> für den *tail* von F. Dann heißt Z (und analog P_Z, F und $\bar{F}$) *light tailed*, wenn ein $\lambda > 0$ existiert, so dass
> $$\mathbb{E}\big[e^{\lambda Z}\big] < \infty$$
> gilt, und ansonsten *heavy tailed*. Die Klasse aller *heavy tailed* Verteilungen[1] bezeichnen wir mit $\mathcal{K}$. ◂

Salopp gesprochen ist das Abklingverhalten einer Verteilungsfunktion F *heavy tailed*, wenn ihr *tail* $\bar{F}(x) = 1 - F(x)$ für $x \to \infty$ „langsamer als exponentiell" gegen 0 fällt, und andernfalls *light tailed*. Verteilungen $F \in \mathcal{K}$ mit *heavy tails* dienen oft zur Modellierung von Situationen mit vergleichsweise häufigen Großschäden. In der Ruintheorie, siehe Abschn. 5, werden wir die Klasse $\mathcal{K}$ weiter untersuchen.

▶ **Bemerkung 4.9** Offensichtlich ist jede exponentialverteilte und allgemeiner jede gammaverteilte Zufallsvariable *light tailed*. Verteilungen mit *heavy tails* sind in Tab. 4.1 durch den Vermerk „in $\mathcal{K}$" ausgewiesen.

> **Proposition 4.10** Die folgenden drei Aussagen sind für die Verteilungsfunktion F einer nicht negativen Zufallsvariable äquivalent:
> i) F ist *light tailed*.
> ii) Es existiert ein $\lambda > 0$, so dass $\lim_{x \to \infty} e^{\lambda x}(1 - F(x)) = 0$.
> iii) Es existiert ein $\lambda > 0$, so dass $\limsup_{x \to \infty} e^{\lambda x}(1 - F(x)) < \infty$.

Beweis Sei Z eine nicht negative Zufallsvariable mit Verteilungsfunktion F. Wir argumentieren per Ringschluss.

---

[1] Im Deutschen verwendet man auch den Begriff der *endlastigen Verteilungen*, der sich allerdings nicht allgemein durchgesetzt zu haben scheint.

i)$\Rightarrow$ ii): Angenommen F ist *light tailed*. Dann existiert ein $\lambda > 0$ mit $\mathbb{E}[e^{\lambda Z}] < \infty$. Mit der Markov-Ungleichung folgt für jedes $x \geq 0$

$$1 - F(x) = \mathbb{P}\{Z > x\} \leq e^{-\lambda x} \mathbb{E}[e^{\lambda Z}],$$

und somit $\sup_{x \geq 0} e^{\lambda x}(1 - F(x)) < \infty$. Daher ist für $0 < \lambda' < \lambda$,

$$\lim_{x \to \infty} e^{\lambda' x}(1 - F(x)) = 0,$$

so dass ii) folgt.

ii)$\Rightarrow$ iii) ist klar.

iii)$\Rightarrow$ i): Angenommen, es existiert ein $\lambda > 0$ mit

$$\limsup_{x \to \infty} e^{\lambda x}(1 - F(x)) < \infty,$$

dann existiert ein C mit $1 - F(x) \leq C e^{-\lambda x}$ für alle $x \geq 0$ und es gilt nach dem Fubini-trick (A.1.6),

$$\mathbb{E}[e^{\frac{\lambda}{2} Z}] = \int_0^\infty \mathbb{P}\{e^{\frac{\lambda}{2} Z} \geq x\} \, dx = \int_0^\infty \mathbb{P}\left\{Z \geq \frac{2}{\lambda} \log x\right\} dx$$
$$\leq \int_0^\infty \min\{C e^{-2 \log x}, 1\} \, dx < \infty,$$

also folgt i). $\square$

Übungsaufgabe 4.11
Finden Sie eine Verteilungsfunktionen F einer positiven Zufallsvariable, für die sowohl

$$\liminf_{x \to \infty} \frac{1 - F(x)}{e^{-\lambda x}} = 0$$

als auch

$$\limsup_{x \to \infty} \frac{1 - F(x)}{e^{-\lambda x}} = \infty$$

für alle $\lambda > 0$ gilt. N.B.: Ein solches F ist *heavy tailed*.

Übungsaufgabe 4.12
Sei Z eine reelle nicht negative Zufallsvariable. Zeigen Sie: Gilt $\mathbb{E}[Z^n] = \infty$ für ein $n \in \mathbb{N}$, so ist Z *heavy tailed*.

4.2 Schadenhöhen- und Schadenanzahlverteilungen

Tab. 4.2 Schadenanzahlverteilungen

Verteilung	Wahrscheinlichkeitsgewichte	Parameter	Bemerkungen
Bernoulli $\mathcal{B}_{1,\theta}$	$\mathbb{P}\{N=1\} = \theta = 1 - \mathbb{P}\{N=0\}$	$\theta \in (0,1)$	
Binomial $\mathcal{B}_{n,\theta}$	$\mathbb{P}\{N=k\} = \binom{n}{k}\theta^k(1-\theta)^{n-k}$, $k \in \{0, 1, \ldots, n\}$	$\theta \in (0,1)$ $n \in \mathbb{N}$	
Poisson $\mathcal{P}_\lambda$	$\mathbb{P}\{N=k\} = \frac{\lambda^k}{k!}e^{-\lambda}$, $k \in \mathbb{N}_0$	$\lambda > 0$	Faltungsstabil
geometrisch geo_θ	$\mathbb{P}\{N=k\} = \theta(1-\theta)^k$, $k \in \mathbb{N}_0$	$\theta \in (0,1)$	
negativ Binomial $\mathcal{B}^-_{(\beta,\theta)}$	$\mathbb{P}\{N=k\} = \binom{\beta+k-1}{k}\theta^\beta(1-\theta)^k$, $k \in \mathbb{N}_0$	$\beta > 0$ $\theta \in (0,1)$	$\mathcal{B}^-_{(1,\theta)} = \text{geo}_\theta$

Übungsaufgabe 4.13
Zeigen Sie, dass die Pareto-, die verschobene Pareto-, die log-Gamma- und die log-Normalverteilung *heavy tailed* sind. Zeigen Sie, dass die Weibull-Verteilung genau dann *heavy tailed* ist, wenn $\alpha < 1$ gilt.

Modelle für die Schadenanzahlverteilung Für die Schadenanzahl N im kollektiven Modell (oder die Anzahl der strikt positiven Schäden im individuellen Modell) kommen nur diskrete Verteilungen auf $\mathbb{N}_0$ (bzw. $[n]$) in Frage. Einige gängige Beispiele für Schadenanzahlverteilungen finden sich in Tab. 4.2. Wir diskutieren kurz die wichtigsten Modellfamilien.

- Die Bernoulli-Verteilung $\mathcal{B}_{1,\theta}$ ist nur für den Spezialfall eines Portfolios mit genau einem Risiko relevant.
- Die Binomialverteilung $\mathcal{B}_{n,\theta}$ lässt sich aus der Beziehung zwischen individuellem und kollektivem Modell motivieren und tritt insbesondere im homogenen Fall auf, wie wir in Bemerkung 4.5 gesehen haben. Für große Portfolios (d. h. für große n) kann sie aber schnell unpraktisch werden.
- Die Poisson-Verteilung $\mathcal{P}_\lambda$ ist eine gute Approximation an die Schadenanzahlverteilung für große Portfolios mit n Risiken, wenn die Schadeneintrittswahrscheinlichkeit klein ist. Nach dem **Poissonschen Grenzwertsatz** gilt: Falls (θ_n) eine Folge positiver Zahlen in $[0, 1]$ ist mit $n \cdot \theta_n \to \lambda > 0$ für $n \to \infty$, dann gilt

$$\mathcal{B}_{n,\theta_n} \xrightarrow{d} \mathcal{P}_\lambda,$$

siehe beispielsweise [KW10, Abschn. II.5]. Die Poisson-Verteilung hat viele gute theoretische Eigenschaften, unter anderem ist sie faltungsstabil (siehe Satz 4.32), was wir später noch ausnutzen werden.

- Mischungen von Poisson-Verteilungen von der Form

$$\mathbb{P}\{N = k\} = \int_0^\infty \mathcal{P}_\lambda(k)\, dm(\lambda),$$

wobei m ein geeignetes Mischungsmaß ist, können zur Beschreibung von Portfolios dienen, bei denen die Schadeneintrittswahrscheinlichkeit von verschiedenen Szenarien abhängig ist (etwa schneereicher vs. schneearmer Winter). Im Rahmen der *Erfahrungstarifierung* (Abschn. 6.4) werden wir auf solche Mischungen zurückkommen.

- Die negative Binomialverteilung $\mathcal{B}^-_{(\beta,\theta)}$ mit Parametern $\beta > 0$ und $\theta \in (0,1)$ hat die Wahrscheinlichkeitsgewichte

$$\mathbb{P}\{N = k\} = \binom{\beta + k - 1}{k} \theta^\beta (1-\theta)^k, \quad k \in \mathbb{N}_0,$$

wobei der verallgemeinerte Binomialkoeffizient durch

$$\binom{\beta + k - 1}{k} := \frac{(\beta + k - 1)(\beta + k - 2) \cdots \beta}{k!} \tag{4.9}$$

definiert ist. Man kann sie als Mischung einer Poisson-Verteilung mit einer Gammaverteilung erhalten: Für $\alpha, \beta > 0$ wähle $m(d\lambda) := \Gamma_{\alpha,\beta}(d\lambda)$ in (4.8). Dann gilt

$$\mathcal{B}^-_{(\alpha, \beta/(\beta+1))}(k) = \int_0^\infty \mathcal{P}_\lambda(k)\, \Gamma_{\alpha,\beta}(d\lambda). \tag{4.10}$$

Die negative Binomialverteilung hat ebenfalls gute theoretische Eigenschaften. Für $\beta \in \mathbb{N}$ kann man sie wie folgt interpretieren: Betrachte eine Folge von unabhängigen Bernoulli-Versuchen mit Erfolgswahrscheinlichkeit θ. Dann ist die Anzahl der Misserfolge bis zum β-ten Erfolg gerade $\mathcal{B}^-_{(\beta,\theta)}$-verteilt[2].

Übungsaufgabe 4.14
Seien $\alpha, \beta > 0$. Zeigen Sie (4.10), also dass $\mathcal{B}^-_{(\alpha, \beta/(\beta+1))}$ die Mischung der Familie der Poisson-Verteilungen $\{\mathcal{P}_\lambda\}_{\lambda \in (0,\infty)}$ mit der Gammaverteilung $\Gamma_{\alpha,\beta}$ als Mischungsmaß auf $(0, \infty)$ ist.

4.3 Charakterisierung der Gesamtschadenverteilung

Sobald die Verteilungen für die Schadenhöhen und die Schadenanzahl gewählt sind, interessiert man sich für die Verteilung des Gesamtschadens eines Portfolios. In einem Standardmodell $(N, \{X_j\}_{j \in \mathbb{N}})$ aus Definition 4.7 ist der Gesamtschaden $\bar{S}_{\text{koll}}$ etwa durch

---

[2] Man beachte, dass die Notation in der Literatur teils uneinheitlich ist. So wird manchmal θ durch $1-\theta$ ersetzt und/oder die Anzahl der Versuche (inklusive der Erfolge) bis zum β-ten Erfolg betrachtet.

4.3 Charakterisierung der Gesamtschadenverteilung

$$\bar{S}_{\text{koll}} = \sum_{i=1}^{N} X_i$$

gegeben, wobei die Einzelschäden $\{X_j\}_{j \in \mathbb{N}}$ untereinander und von N unabhängig sind. Wir beschäftigen uns daher jetzt mit Charakterisierungen der Verteilung von (zufälligen) Summen unabhängiger reeller Zufallsvariablen. Dabei werden die Begriffe der *Faltung* sowie der *erzeugenden Funktionen* von Verteilungen eine wichtige Rolle spielen.

Definition 4.15 (Faltung)

Seien F und G Verteilungsfunktionen. Dann heißt die Funktion

$$(F * G)(x) = \int_{\mathbb{R}} F(x - t) \, dG(t), \quad x \in \mathbb{R}$$

Faltung von F und G. Die rechte Seite ist dabei als Lebesgue-Stieltjes Integral im Sinne von Definition A.1.3 aufzufassen. ◂

Proposition 4.16 Seien F und G Verteilungsfunktionen. Dann ist $F * G$ wieder eine Verteilungsfunktion und es gilt:

i) Die Faltungsoperation ist symmetrisch, d. h.

$$F * G = G * F.$$

ii) Hat F die Wahrscheinlichkeitsdichte f, so hat $F * G$ die Wahrscheinlichkeitsdichte

$$h(x) = \int_{\mathbb{R}} f(x - t) \, dG(t),$$

iii) Hat zusätzlich G die Wahrscheinlichkeitsdichte g, so gilt

$$h(x) = \int_{\mathbb{R}} f(x - t) \, g(t) \, dt.$$

Für einen Beweis dieser und der folgenden Proposition sowie weitere Eigenschaften der Faltung verweisen wir auf die Literatur, siehe beispielsweise [Els18, Abschn. V.3] für den Fall mit Dichten und [Kle20, Abschn. 14.2] für den allgemeinen Fall.

Proposition 4.17 Seien X, Y unabhängige Zufallsvariablen mit Verteilungsfunktionen F_X, F_Y. Dann gilt: Die Verteilungsfunktion von $X + Y$ ist durch $F_X * F_Y$ gegeben, d. h.
$$F_{X+Y} = F_X * F_Y.$$

Bei $n \in \mathbb{N}$ unabhängig identisch verteilten Zufallsvariablen $\{X_i\}_{i \in [n]}$ mit Verteilungsfunktion F setzen wir für die n-fache Faltung
$$F^{*n} := F_{\sum_{i=1}^n X_i} = \underbrace{F * \cdots * F}_{n-\text{mal}}, \quad \text{sowie} \quad F^{*0} := \mathbb{1}_{[0,\infty)}.$$

Eine analoge Notation verwenden wir für Wahrscheinlichkeitsmaße P_{X_i}, $i \in [n]$; insbesondere setzen wir $(P_{X_i})^{*0} := \delta_0$.

Für den Gesamtschaden im individuellen Modell $(n, \{Y_i\}_{i \in [n]})$ erhält man sofort
$$F_{S_{\text{ind}}}(x) = \mathbb{P}\{S_{\text{ind}} \leq x\} = F_{Y_1} * \cdots * F_{Y_n}(x).$$

Im Standardmodell muss man zusätzlich noch die Zufälligkeit der Schadenanzahl berücksichtigen.

Proposition 4.18 Sei $(N, \{X_j\}_{j \in \mathbb{N}})$ ein Standardmodell der kollektiven Risikotheorie. Sei F die Verteilungsfunktion der $\{X_j\}$. Dann gilt für die Verteilungsfunktion $F_{\bar{S}_{\text{koll}}}$ des Gesamtschadens $\bar{S}_{\text{koll}}$:
$$F_{\bar{S}_{\text{koll}}}(x) = \mathbb{P}\{\bar{S}_{\text{koll}} \leq x\} = \sum_{n=0}^{\infty} F^{*n}(x) \mathbb{P}\{N = n\}. \tag{4.11}$$

Beweis Zerlegen gemäß der möglichen Werte von N und Unabhängigkeit liefern
$$\mathbb{P}\{\bar{S}_{\text{koll}} \leq x\} = \sum_{n=0}^{\infty} \mathbb{P}\left\{\sum_{i=1}^n X_i \leq x, N = n\right\}$$
$$= \sum_{n=0}^{\infty} \mathbb{P}\left\{\sum_{i=1}^n X_i \leq x\right\} \mathbb{P}\{N = n\} = \sum_{n=0}^{\infty} F^{*n}(x) \mathbb{P}\{N = n\}.$$

$\square$

4.3 Charakterisierung der Gesamtschadenverteilung

▶ **Bemerkung 4.19** (Zusammengesetzte Verteilung) Die Verteilung von $\bar{S}_{\text{koll}}$ wird auch als *zusammengesetzte Verteilung* von X_1 über N bezeichnet. Ist N Poisson-verteilt, so heißt eine solche Mischung auch *zusammengesetzte Poisson-Verteilung*.

Die Darstellung (4.11) wird besonders einfach, wenn man die n-fachen Faltungen der Schadenhöhenverteilungen explizit ausrechnen kann. Dies ist insbesondere bei der Gammaverteilung der Fall, die (im Sinne der folgenden Aussage) *faltungsstabil* ist.

Proposition 4.20 (Faltungsstabilität der Gammaverteilung). Seien $\alpha, \bar{\alpha}, \beta > 0$. Dann gilt:
$$\Gamma_{\alpha,\beta} * \Gamma_{\bar{\alpha},\beta} = \Gamma_{\alpha+\bar{\alpha},\beta}.$$
Insbesondere ist $(\Gamma_{\alpha,\beta})^{*n} = \Gamma_{n\alpha,\beta}, n \geq 1$, und für $\alpha = 1$ gilt $(\text{Exp}_{\beta})^{*n} = \Gamma_{n,\beta}$.

Beweis Sei $f := \gamma_{\alpha,\beta}$ die Dichte von $\Gamma_{\alpha,\beta}$ und $g := \gamma_{\bar{\alpha},\beta}$ diejenige von $\Gamma_{\bar{\alpha},\beta}$. Dann hat $\Gamma_{\alpha,\beta} * \Gamma_{\bar{\alpha},\beta}$ nach Proposition 4.16 die Wahrscheinlichkeitsdichte

$$(f * g)(x) = \int_0^\infty \gamma_{\alpha,\beta}(x-t)\gamma_{\bar{\alpha},\beta}(t)\,dt$$

$$= \frac{\beta^{\alpha+\bar{\alpha}}}{\Gamma(\alpha)\Gamma(\bar{\alpha})} \int_0^x (x-t)^{\alpha-1} t^{\bar{\alpha}-1} e^{-\beta x}\,dt$$

$$= \frac{\int_0^1 (1-u)^{\alpha-1} u^{\bar{\alpha}-1}\,du}{\Gamma(\alpha)\Gamma(\bar{\alpha})} \beta^{\alpha+\bar{\alpha}} x^{\alpha+\bar{\alpha}-1} e^{-\beta x},$$

mit der Substitution $t = ux$. Die rechte Seite ist notwendigerweise ebenfalls eine Wahrscheinlichkeitsdichte und stimmt bis auf den Vorfaktor mit der Dichte der $\Gamma_{\alpha+\bar{\alpha},\beta}$-Verteilung überein. Daher gilt automatisch, dass

$$\int_0^1 (1-u)^{\alpha-1} u^{\bar{\alpha}-1}\,du = \frac{\Gamma(\alpha)\Gamma(\bar{\alpha})}{\Gamma(\alpha+\bar{\alpha})}, \tag{4.12}$$

und wir haben den ersten Teil der Proposition gezeigt (man könnte das obige Integral der *Beta-Funktion* (4.12) zur Übung auch direkt nachrechnen). Der Fall $n \geq 3$ folgt leicht per Induktion. □

Ist $F = \Gamma_{\alpha,\beta}, \alpha, \beta > 0$ die Verteilungsfunktion der Schadenhöhen $\{X_j\}$ im Standardmodell, so erhalten wir

$$\mathbb{P}\{\bar{S}_{koll} \leq x\} = \sum_{n=0}^{\infty} \Gamma_{n\alpha,\beta}(x)\mathbb{P}\{N = n\}, \tag{4.13}$$

wobei wir $\Gamma_{0,\beta} := \delta_0$ setzen. Die Gesamtschadenverteilung ist hier also eine diskrete Mischung von Gammaverteilungen über die Verteilung von N.

Eine Darstellung vom Typ (4.13) ist allerdings nur für spezielle (faltungsstabile) Verteilungen erhältlich und involviert auch dann noch eine unendliche Summe. Eine weitere Möglichkeit, Informationen über die Gesamtschadenverteilung zu erhalten, ist die Verwendung von *erzeugenden Funktionen*.

Definition 4.21 (Erzeugende Funktionen)

Sei ξ eine Zufallsvariable mit Verteilungsfunktion F_ξ. Dann definieren wir

i) die *momentenerzeugende Funktion* ψ_ξ von ξ (bzw. F_ξ) durch

$$\psi_\xi(t) := \mathbb{E}[e^{t\xi}] = \int e^{tx}\, dF_\xi(x)$$

auf $\mathcal{D}_\xi := \{t \in \mathbb{R} : \mathbb{E}[e^{t\xi}] < \infty\}$,

ii) die *wahrscheinlichkeitserzeugende Funktion* ϕ_ξ von ξ (bzw. F_ξ) für $\xi \geq 0$ durch

$$\phi_\xi(t) := \mathbb{E}[t^\xi] = \int t^x\, dF_\xi(x)$$

auf $\mathcal{D}_\xi^p := \{t \geq 0 : \mathbb{E}[t^\xi] < \infty\}$,

iii) und die *charakteristische Funktion* $\chi_\xi : \mathbb{R} \to \mathbb{C}$ durch

$$\chi_\xi(t) := \mathbb{E}[e^{it\xi}] = \int e^{itx}\, dF_\xi(x).$$

◂

▶ **Bemerkung 4.22** Durch die Wahl $\mathcal{L}_\xi(t) := \psi_\xi(-t)$ erhält man aus der momentenerzeugenden Funktion ψ_ξ die *Laplace-Transformierte* $\mathcal{L}_\xi$ von ξ. Auf ebensolche Weise liefert die Vorschrift $\mathcal{F}_\xi(t) := \chi_\xi(-t)$ aus der charakteristischen Funktion χ_ξ die Fourier-Transformierte $\mathcal{F}_\xi$ von ξ.

Beispiel 4.23

Sei ξ eine Exp_λ verteilte Zufallsvariable mit $\lambda > 0$. Dann gilt: $\mathcal{D}_\xi = (-\infty, \lambda)$, und für $t < \lambda$ erhalten wir

$$\psi_\xi(t) = \mathbb{E}[e^{t\xi}] = \int_0^\infty e^{tx}\lambda e^{-\lambda x}\, dx = \frac{\lambda}{\lambda - t}.$$

4.3 Charakterisierung der Gesamtschadenverteilung

Beispiel 4.24
Sei ξ eine Poisson-verteilte Zufallsvariable mit $\lambda > 0$. Dann gilt: $\mathcal{D}_\xi = \mathbb{R}$, und

$$\psi_\xi(t) = \mathbb{E}[e^{t\xi}] = \sum_{n=0}^{\infty} e^{nt} e^{-\lambda} \frac{\lambda^n}{n!} = e^{\lambda(e^t-1)}, \quad t \in \mathbb{R}.$$

▶ **Bemerkung 4.25** Ist ξ positiv und *heavy tailed* im Sinne von Definition 4.8, so ist $\mathcal{D}_\xi = (-\infty, 0]$ und enthält insbesondere keine strikt positiven Werte (was hingegen der Fall ist, wenn ξ *light tailed* ist). Ist ξ reell und sind sowohl $\xi \mathbb{1}_{\{\xi \in [0,\infty)\}}$ als auch $-\xi \mathbb{1}_{\{-\xi \in [0,\infty)\}}$ *heavy tailed*, so gilt $\mathcal{D}_\xi = \{0\}$. Dies ist beispielsweise bei der Cauchy-Verteilung, deren Dichte durch

$$f(x) = \frac{1}{\pi(1+x^2)}, \quad x \in \mathbb{R},$$

gegeben ist, der Fall.

▶ **Bemerkung 4.26** Zwischen ψ_ξ und ϕ_ξ gilt die Beziehung

$$\phi_\xi(t) = \psi_\xi(\log t), \quad \text{für alle } t \in \mathcal{D}_\xi^p = \{s : s = e^t, t \in \mathcal{D}_\xi\}. \tag{4.14}$$

Insbesondere ist $\psi_\xi(0) = 1 = \phi_\xi(1)$.

Satz 4.27 (Eigenschaften erzeugender Funktionen) Sei ξ eine reelle Zufallsvariable. Dann gilt:

i) Nimmt ξ nur Werte in $\mathbb{N}_0$ an, so ist

$$\mathbb{P}\{\xi = n\} = \frac{\phi_\xi^{(n)}(0+)}{n!} \quad \forall n \in \mathbb{N}_0.$$

Insbesondere ist F_ξ durch ϕ_ξ eindeutig bestimmt.

ii) Ist 0 innerer Punkt von $\mathcal{D}_\xi$, so ist F_ξ durch ψ_ξ eindeutig bestimmt. Weiter ist ψ_ξ in 0 beliebig oft differenzierbar, und es gilt

$$\psi_\xi^{(n)}(0) = \mathbb{E}[\xi^n], \quad \forall n \in \mathbb{N}_0.$$

iii) Die charakteristische Funktion χ_ξ ist auf ganz $\mathbb{R}$ definiert und bestimmt F_ξ stets eindeutig. Insbesondere gilt für beliebige $a, b \in \mathbb{R}$, an denen F_ξ keine Sprünge hat, die Inversionsformel

$$F_\xi(b) - F_\xi(a) = \lim_{T \to \infty} \frac{1}{2\pi} \int_{-T}^{T} \frac{e^{-ita} - e^{-itb}}{it} \chi_\xi(t) \, dt. \tag{4.15}$$

Beweis Für den Beweis von iii) verweisen wir auf die Monographie von Billingsley [Bil95, Theorem 26.2], der wir auch für den Beweis von ii) folgen, siehe [Bil95, Section 21].

Zu i): Nimmt ξ nur Werte in $\mathbb{N}_0$ an, dann gilt

$$\phi_\xi(t) = \sum_{k=0}^{\infty} t^k \mathbb{P}\{\xi = k\}.$$

Dies ist eine Potenzreihe mit Konvergenzradius größer oder gleich 1. Da diese für $t \in (0, 1)$ beliebig oft differenzierbar ist, wobei

$$\phi_\xi^{(n)}(t) = \sum_{k=n}^{\infty} k(k-1)\ldots(k-n+1)\, t^{k-n} \mathbb{P}\{\xi = n\},$$

ergibt sich im Limes $t \downarrow 0$, dass $\phi_\xi^{(n)}(0+) = n!\, \mathbb{P}\{\xi = n\}$.

Zu ii): Angenommen 0 ist innerer Punkt. Dann existiert ein $s_0 > 0$, so dass $[-s_0, s_0] \subseteq \mathcal{D}_\xi$. Für alle $u \in [-s_0, s_0]$ gilt dann

$$\int e^{|ux|}\, dF_\xi(x) < \infty.$$

Damit existieren insbesondere alle Momente von ξ. Darüber hinaus sind die Partialsummen der Exponentialreihe

$$\sum_{k=0}^{n} \frac{(ux)^k}{k!}, \quad n \in \mathbb{N},$$

gleichmässig durch $e^{|ux|}$ beschränkt, und dies ist wie eben gesehen für alle $u \in [-s_0, s_0]$ eine F_ξ-integrierbare Funktion. Nach dem Satz von der majorisierten Konvergenz folgt dann für alle u mit $|u| < s_0$,

$$\psi_\xi(u) = \mathbb{E}\left[\lim_{n\to\infty} \sum_{k=0}^{n} \frac{u^k \xi^k}{k!}\right] = \lim_{n\to\infty} \sum_{k=0}^{n} \frac{x^k}{k!} \mathbb{E}[\xi^k] = \sum_{k=0}^{\infty} \frac{u^k}{k!} \int x^k\, dF_\xi(x).$$

Damit hat ψ_ξ eine Darstellung als Potenzreihe um 0 mit positivem Konvergenzradius und ist durch diese eindeutig festgelegt, und zwar auch für alle anderen $u \in \mathcal{D}_\xi$. Zudem darf man gliedweise differenzieren, und es gilt für die n-te Ableitung $\psi_\xi^{(n)}$ von ψ_ξ an der Stelle 0:

$$\psi_\xi^{(n)}(0) = \mathbb{E}[\xi^n] = \int x^n\, dF_\xi(x),$$

wie gewünscht. Damit bestimmt ψ_ξ die Momente von F_ξ und legt dessen Verteilung eindeutig fest – für letzteres siehe beispielsweise [Kle20, Korollar 15.33]. □

Leider kann man die Verteilung von $\bar{S}_{\text{koll}}$ zumeist nicht analytisch aus $\psi_{\bar{S}_{\text{koll}}}$, $\phi_{\bar{S}_{\text{koll}}}$ oder $\chi_{\bar{S}_{\text{koll}}}$ zurückgewinnen. Trotzdem liefern die diversen erzeugenden Funktionen viele wich-

4.3 Charakterisierung der Gesamtschadenverteilung

tige Informationen, beispielsweise über die Momente und Struktur der Gesamtschadenverteilung. Ihre Nützlichkeit basiert insbesondere auf der folgenden elementaren Eigenschaft.

Satz 4.28 Sei $n \in \mathbb{N}$, seien $X_1, X_2, \ldots, X_n$ unabhängige Zufallsvariable und sei $S_n := \sum_{i=1}^{n} X_i$. Dann gilt

i)
$$\psi_{S_n}(t) = \prod_{i=1}^{n} \psi_{X_i}(t), \quad \text{für alle } t \in \mathcal{D}_{S_n} := \bigcap_{i=1}^{n} \mathcal{D}_{X_i},$$

ii)
$$\phi_{S_n}(t) = \prod_{i=1}^{n} \phi_{X_i}(t), \quad \text{für alle } t \in \mathcal{D}_{S_n}^p := \bigcap_{i=1}^{n} \mathcal{D}_{X_i}^p,$$

iii)
$$\chi_{S_n}(t) = \prod_{i=1}^{n} \chi_{X_i}(t), \quad \text{für alle } t \in \mathbb{R}.$$

Beweis Wir zeigen nur Teil i), die anderen Teile folgen analog. Aus der Unabhängigkeit der $\{X_i\}$ erhält man

$$\psi_{S_n}(t) = \mathbb{E}[e^{tS_n}] = \mathbb{E}\left[\prod_{i=1}^{n} e^{tX_i}\right] = \prod_{i=1}^{n} \mathbb{E}[e^{tX_i}] = \prod_{i=1}^{n} \psi_{X_i}(t)$$

für alle $t \in \mathcal{D}_{S_n}$. □

Proposition 4.29 Sei $(N, \{X_j\}_{n \in \mathbb{N}})$ ein Standardmodell der kollektiven Risikotheorie und sei $\bar{S}_{\text{koll}}$ sein Gesamtschaden. Setze

$$\mathcal{D}_{\bar{S}_{\text{koll}}} := \{s \in \mathbb{R} \mid s \in \mathcal{D}_{X_1}, \psi_{X_1}(s) \in \mathcal{D}_N^p\}.$$

Dann gilt
$$\psi_{\bar{S}_{\text{koll}}}(t) = \phi_N(\psi_{X_1}(t)),$$

für alle $t \in \mathcal{D}_{\bar{S}_{\text{koll}}}$.

Beweis Für alle $t \in \mathcal{D}_{\bar{S}_{\text{koll}}}$ und mit $S_n := \sum_{i=1}^{n} X_i$ gilt:

$$\psi_{\bar{S}_{\text{koll}}}(t) = \mathbb{E}\left[e^{t\bar{S}_{\text{koll}}}\right] = \sum_{n=0}^{\infty} \mathbb{E}\left[e^{tS_n}\mathbb{1}_{\{N=n\}}\right] = \sum_{n=0}^{\infty} \psi_{S_n}(t)\mathbb{P}\{N=n\}$$

$$= \sum_{n=0}^{\infty} \left(\psi_{X_1}(t)\right)^n \mathbb{P}\{N=n\} = \phi_N(\psi_{X_1}(t)),$$

wie gewünscht. □

Übungsaufgabe 4.30
Zeigen Sie, dass unter den Voraussetzungen von Proposition 4.29 ebenfalls gilt:

$$\phi_{\bar{S}_{\text{koll}}}(t) = \phi_N(\phi_{X_1}(t)) \quad \text{sowie} \quad \chi_{\bar{S}_{\text{koll}}}(t) = \phi_N(\chi_{X_1}(t)),$$

und identifizieren Sie die maximalen Definitionsbereiche.

Wir geben nun noch die wahrscheinlichkeitserzeugenden Funktionen ϕ_N für die wichtigsten Schadenanzahlverteilungen an.

Proposition 4.31 Sei N eine Schadenanzahlverteilung auf $\mathbb{N}_0$. Dann gilt für ihre wahrscheinlichkeitserzeugende Funktion ϕ_N:

- Ist P_N die Binomialverteilung $\mathcal{B}_{(n,\theta)}$ mit $\theta \in (0,1)$, $n \in \mathbb{N}$, dann ist

$$\phi_N(t) = (1 - \theta + \theta t)^n, \quad t \in (0, \infty).$$

- Ist P_N die Poisson-Verteilung $\mathcal{P}_\lambda$ mit $\lambda > 0$, dann ist

$$\phi_N(t) = e^{-\lambda(1-t)}, \quad t \in (0, \infty).$$

- Ist P_N die negative Binomialverteilung $\mathcal{B}^-_{(\beta,\theta)}$ mit $\theta \in (0,1)$, $\beta > 0$, dann ist

$$\phi_N(t) = \left(\frac{1-(1-\theta)t}{\theta}\right)^{-\beta}, \quad t \in \left(0, \frac{1}{1-\theta}\right).$$

Beweis Sei etwa $P_N = \mathcal{P}_\lambda$ für ein $\lambda > 0$. Dann ist für $t > 0$,

$$\phi_N(t) = \sum_{k=0}^{\infty} \frac{t^k \lambda^k}{k!} e^{-\lambda} = e^{-\lambda} e^{t\lambda} = e^{-\lambda(1-t)}.$$

Die anderen Fälle sind eine **Übungsaufgabe.** □

Die wichtigsten Schadenanzahlverteilungen sind (für geeignete Parameter) faltungsstabil, wie man mit Hilfe der erzeugenden Funktionen leicht nachweisen kann:

4.3 Charakterisierung der Gesamtschadenverteilung

Proposition 4.32 (Faltungsstabilität von Schadenanzahlverteilungen).
- Seien $n, \bar{n} \in \mathbb{N}$ und $\theta \in (0, 1)$. Dann gilt für je zwei Binomialverteilungen $\mathcal{B}_{(n,\theta)}$, $\mathcal{B}_{(\bar{n},\theta)}$:

$$\mathcal{B}_{(n,\theta)} * \mathcal{B}_{(\bar{n},\theta)} = \mathcal{B}_{(n+\bar{n},\theta)}.$$

- Seien $\lambda, \bar{\lambda} > 0$. Dann gilt für je zwei Poisson-Verteilungen $\mathcal{P}_\lambda, \mathcal{P}_{\bar{\lambda}}$:

$$\mathcal{P}_\lambda * \mathcal{P}_{\bar{\lambda}} = \mathcal{P}_{\lambda+\bar{\lambda}}.$$

- Seien $\beta, \bar{\beta} > 0$ und $\theta \in (0, 1)$. Dann gilt für je zwei negative Binomialverteilungen $\mathcal{B}^-_{(\beta,\theta)}, \mathcal{B}^-_{(\bar{\beta},\theta)}$:

$$\mathcal{B}^-_{(\beta,\theta)} * \mathcal{B}^-_{(\bar{\beta},\theta)} = \mathcal{B}^-_{(\beta+\bar{\beta},\theta)}.$$

Beweis Dies folgt beispielsweise mit Hilfe von wahrscheinlichkeitserzeugenden Funktionen und Satz 4.28: Seien etwa $N, \bar{N}$ unabhängige Zufallsvariablen mit Poisson-Verteilungen $\mathcal{P}_\lambda, \mathcal{P}_{\bar{\lambda}}$. Dann gilt

$$\phi_{N+\bar{N}}(t) = \phi_N(t) \cdot \phi_{\bar{N}}(t) = e^{-\lambda(1-t)} e^{-\bar{\lambda}(1-t)} = e^{-(\lambda+\bar{\lambda})(1-t)},$$

und die rechte Seite ist die wahrscheinlichkeitserzeugende Funktion von $\mathcal{P}_{\lambda+\bar{\lambda}}$. Mit der Eindeutigkeit aus Satz 4.27 i) folgt das Resultat. □

Wir beenden diesen Abschnitt mit einer Übungsaufgabe, die zeigt, dass auch zusammengesetzte Poisson-Verteilungen in einem gewissen Sinne faltungsstabil sind.

Übungsaufgabe 4.33 (Zusammengefasste Portfolios)
Betrachte $k \in \mathbb{N}$ unabhängige Standardmodelle $(N^i, \{X^i_j\}_{j \in \mathbb{N}})_{i \in [k]}$, deren Schadenanzahlen N^i jeweils Poisson-verteilt mit Parametern λ_i seien. Setze

$$S_i := \sum_{\ell=1}^{N^i} X^i_\ell, \quad i \in [k],$$

für die zugehörigen Gesamtschäden pro Portfolio, und sei $S = \sum_{i=1}^k S_i$ der Gesamtschaden aller k Portfolios.
Zeigen Sie: Der Gesamtschaden aller k Portfolios stimmt in Verteilung mit dem Gesamtschaden eines Standardmodells überein, dessen Schadenanzahl Poisson-verteilt ist mit Parameter $\lambda := \lambda_1 + \cdots + \lambda_k$, und dessen Schadenhöhen gemäß F_X verteilt sind, wobei

$$F_X(x) = \sum_{i=1}^k \frac{\lambda_i}{\lambda} F_{X^i_1}(x), \quad x \in \mathbb{R}.$$

4.4 Abweichungen des Gesamtschadens vom Erwartungswert

Für ein Versicherungsunternehmen können größere Abweichungen des realisierten Gesamtschadens vom Mittelwert problematisch werden, etwa wenn die Abweichung das Eigenkapital überschreitet. Die Wahrscheinlichkeit einer solchen zufälligen Fluktuation kann durch die (möglichst realitätsnah gewählte) Gesamtschadenverteilung beschrieben werden und sollte hinreichend klein sein. Wenn man die Verteilung des Gesamtschadens nicht explizit kennt, sondern beispielsweise nur einige Momente, so kann man versuchen, zumindest möglichst gute Abschätzungen für diese Wahrscheinlichkeiten zu finden – zu grobe Abschätzungen führen dazu, das Risiko zu konservativ zu behandeln und letztlich zu hohe Prämien zu verlangen.

Wir beginnen mit einigen klassischen Resultaten, die nur die ersten beiden Momente der Gesamtschadenverteilung benötigen, wobei wir auf möglichst schwache Voraussetzungen achten. Im weiteren Verlauf diskutieren wir auch Abschätzungen, die die Existenz exponentieller Momente erfordern, und insbesondere den berühmten Satz von Cramér über große Abweichungen, der die exakte exponentielle Abklingrate des *tails* der Gesamtschadenverteilung liefert.

Martingale und die Waldschen Gleichungen[3]   Einfache, aber dafür recht universelle Abschätzungen basieren auf den ersten beiden Momenten des Gesamtschadens im individuellen oder kollektiven Modell. Wir geben daher möglichst allgemeine Formen der sogenannten Waldschen Gleichungen an, mit deren Hilfe man Erwartungswert und Varianz für zusammengesetzte Verteilungen bestimmen kann.

Satz 4.34 (Erste Waldsche Gleichung)   Seien $X_1, X_2, \ldots$ u.i.v. Zufallsvariablen mit $\mathbb{E}[|X_i|] < \infty$ und N eine $\mathbb{N}_0$-wertige Zufallsvariable mit $\mathbb{E}[N] < \infty$, so dass für alle $n \in \mathbb{N}_0$ die Zufallsvariablen $\mathbb{1}_{\{N=n\}}$ und $X_{n+1}, X_{n+2}, \ldots$ unabhängig sind. Dann gilt

$$\mathbb{E}\left[\sum_{k=1}^{N} X_k\right] = \mathbb{E}[X_1]\mathbb{E}[N].$$

Beweis Zuerst überzeugen wir uns davon, dass für jedes $k \in \mathbb{N}$ die Zufallsvariablen X_k und $\mathbb{1}_{\{N \geq k\}}$ unabhängig sind. Es gilt nämlich für alle Borelmengen A:

---

[3] ABRAHAM WALD, 1902–1950, geboren in Kolozsvár (Siebenbürgen, heute Cluj), ungarisch-amerikanischer Mathematiker, Statistiker, Wirtschaftswissenschaftler; Professor an der Columbia University New York.

4.4 Abweichungen des Gesamtschadens vom Erwartungswert

$$\mathbb{P}\{X_k \in A, \ N < k\} = \sum_{m=0}^{k-1} \mathbb{P}\{X_k \in A, \ N = m\}$$

$$= \sum_{m=0}^{k-1} \mathbb{P}\{X_k \in A\}\mathbb{P}\{N = m\}$$

$$= \mathbb{P}\{X_k \in A\}\mathbb{P}\{N < k\},$$

woraus die Behauptung folgt. Wir zeigen nun zunächst, dass der Erwartungswert der linken Seite der Formel im Satz endlich ist. Es gilt

$$\mathbb{E}\Big[\sum_{k=1}^{N} |X_k|\Big] = \mathbb{E}\Big[\sum_{k=1}^{\infty} |X_k|\mathbb{1}_{\{N \ge k\}}\Big] = \sum_{k=1}^{\infty} \mathbb{E}\big[|X_k|\mathbb{1}_{\{N \ge k\}}\big]$$

$$= \mathbb{E}\big[|X_1|\big] \sum_{k=1}^{\infty} \mathbb{P}\{N \ge k\} = \mathbb{E}\big[|X_1|\big]\mathbb{E}[N] < \infty, \quad (4.16)$$

wobei wir obige Unabhängigkeit bei der vorletzten Gleichheit benutzen und im letzten Schritt die diskrete Version von (A.1.6). Nun erhalten wir dieselbe Gleichungskette für X_k und X_1 statt $|X_k|$ und $|X_1|$:

$$\mathbb{E}\Big[\sum_{k=1}^{N} X_k\Big] = \mathbb{E}\Big[\sum_{k=1}^{\infty} X_k \mathbb{1}_{\{N \ge k\}}\Big] = \sum_{k=1}^{\infty} \mathbb{E}\big[X_k \mathbb{1}_{\{N \ge k\}}\big]$$

$$= \mathbb{E}[X_1] \sum_{k=1}^{\infty} \mathbb{P}\{N \ge k\} = \mathbb{E}[X_1]\mathbb{E}[N] < \infty,$$

wobei die zweite Gleichung aus (4.16) und dem Satz von Fubini folgt. □

Für den Beweis der zweiten Waldschen Gleichung, die wir unter sehr allgemeinen Voraussetzungen zeigen, verwenden wir etwas Theorie für *Martingale in diskreter Zeit*. Da wir diese bislang nur in stetiger Zeit betrachtet haben (siehe Definition 4.36), wiederholen wir die grundlegenden Definitionen hier noch einmal – für die weiterführende Theorie verweisen wir auf [Kle20] oder [KW14]. Wir arbeiten wie immer auf eine m Wahrscheinlichkeitsraum $(\Omega, \mathcal{F}, \mathbb{P})$.

Definition 4.35 (Filtration)

Eine Familie von σ-Algebren $\{\mathcal{F}_n\}_{n \in \mathbb{N}_0}$ auf $(\Omega, \mathcal{F})$ heißt *Filtration* (in diskreter Zeit), falls für jedes $n \ge 0$ gilt, dass $\mathcal{F}_n \subset \mathcal{F}$ ist sowie

$$\mathcal{F}_n \subset \mathcal{F}_{n+1} \quad \text{für alle} \quad n \in \mathbb{N}_0.$$

◀

Analog zum stetigen Fall heißt ein stochastischer Prozess (also eine Familie von Zufallsvariablen) $\{X_n\}_{n\in\mathbb{N}_0}$ auf $(\Omega, \mathcal{F}, \mathbb{P})$ *adaptiert an* $\{\mathcal{F}_n\}_{n\in\mathbb{N}_0}$, falls für jedes $n \in \mathbb{N}_0$ die Zufallsvariable X_n messbar ist bezüglich $\mathcal{F}_n$. Setzt man

$$\mathcal{F}_n := \sigma\{X_k : 0 \leq k \leq n\}$$

für alle $n \in N_0$, so erhält man die *kanonische Filtration* $\{\mathcal{F}_n\}_{n\in N_0}$ des Prozesses $\{X_n\}_{n\in N_0}$.

Definition 4.36 (Martingal in diskreter Zeit)

Ein $\{\mathcal{F}_n\}_{n\in\mathbb{N}_0}$-adaptierter stochastischer Prozess $\{X_n\}_{n\in\mathbb{N}_0}$ heißt $\{\mathcal{F}_n\}_{n\in\mathbb{N}_0}$-*Martingal*, falls für alle $n \in \mathbb{N}_0$ gilt: $\mathbb{E}[|X_n|] < \infty$ sowie für alle $n \geq 1$

$$\mathbb{E}[X_n | \mathcal{F}_{n-1}] = X_{n-1} \quad \text{fast sicher.} \tag{4.17}$$

Gilt für alle $n \in \mathbb{N}_0$ lediglich

$$\mathbb{E}[X_{n+1} | \mathcal{F}_n] \geq X_n \quad \text{fast sicher,}$$

so heißt $\{X_n\}_{t\geq 0}$ *Submartingal* und im Falle der umgekehrten Ungleichung *Supermartingal*. ◂

Sei nun $\{X_n\}$ ein zeit-diskretes Martingal in $L^2(\Omega, \mathcal{F}, \mathbb{P})$. Analog zum stetigen Fall gilt eine diskrete Version des Satzes von Pythagoras (Lemma 3.14) für Martingale, hier in der Form

$$\mathbb{E}\big[(X_n - X_m)^2\big] + \mathbb{E}[X_m^2] = \mathbb{E}[X_n^2], \quad n \geq m \geq 0. \tag{4.18}$$

Dies folgt wie zuvor aus der Unkorreliertheit der Zuwächse und kann zur Übung noch einmal bewiesen werden. Aus der Turmeigenschaft der bedingten Erwartung (A.3.2) erhalten wir zudem die zeitliche Konstanz des Erwartungswerts

$$\mathbb{E}[X_n] = \mathbb{E}[X_0] \quad \text{für alle } n \in \mathbb{N}_0.$$

Satz 4.37 (Zweite Waldsche Gleichung) Zusätzlich zu den Voraussetzungen von Satz 4.34 gelte $\mathbb{E}\big[X_1^2\big] < \infty$. Sei $S_N := \sum_{k=1}^N X_k$. Dann folgt mit $\mu := \mathbb{E}[X_1]$ und $\sigma^2 := \mathbb{V}[X_1]$, dass

$$\mathbb{E}\big[(S_N - \mu N)^2\big] = \sigma^2 \mathbb{E}[N].$$

Man beachte, dass wir im obigen Satz nicht die Existenz des zweiten Moments von N, also $\mathbb{E}[N^2] < \infty$, vorausgesetzt haben.

4.4 Abweichungen des Gesamtschadens vom Erwartungswert

Beweis Wir zeigen die Aussage mit Martingalmethoden. Seien

$$\mathcal{F}_n := \sigma\{X_1, \ldots, X_n, \mathbb{1}_{\{N=0\}}, \ldots, \mathbb{1}_{\{N=n\}}\}, \quad n \in \mathbb{N}_0,$$

und

$$M_n := \sum_{i=1}^{n} \left((X_i - \mu)\mathbb{1}_{\{N \geq i\}}\right), \quad n \in \mathbb{N}_0.$$

Dann ist $\{\mathcal{F}_n\}_{n \in \mathbb{N}_0}$ eine Filtration auf $(\Omega, \mathcal{F})$ und $\{M_n\}_{n \in \mathbb{N}_0}$ ein $\{\mathcal{F}_n\}$-Martingal: Die Adaptiertheit und die Integrierbarkeit sieht man sofort, und es gilt für $i \in \mathbb{N}$,

$$\mathbb{E}[(X_i - \mu)\mathbb{1}_{\{N \geq i\}}|\mathcal{F}_{i-1}] = \mathbb{1}_{\{N \geq i\}}\mathbb{E}[X_i - \mu|\mathcal{F}_{i-1}] = 0,$$

da

$$\mathbb{1}_{\{N \geq i\}} = 1 - \mathbb{1}_{\{N < i\}}$$

per Definition $\mathcal{F}_{i-1}$-messbar und X_i unabhängig von $\mathcal{F}_{i-1}$ ist. Also gilt nach Summation über alle $i \leq n$ die Martingaleigenschaft

$$\mathbb{E}[M_n|\mathcal{F}_{n-1}] = M_{n-1}, \quad \text{fast sicher},$$

für alle $n \geq 1$. Wir überprüfen nun die $L^2(\Omega, \mathcal{F}, \mathbb{P})$-Beschränktheit des Martingals. Mit dem Satz von Pythagoras für Martingale, siehe (4.18), gilt

$$\mathbb{E}[M_n^2] = \sum_{i=1}^{n} \mathbb{E}\left[(X_i - \mu)^2 \mathbb{1}_{\{N \geq i\}}\right]$$

$$= \sum_{i=1}^{n} \sigma^2 \mathbb{P}\{N \geq i\}$$

$$= \sigma^2 \sum_{i=1}^{n} \sum_{k=i}^{\infty} \mathbb{P}\{N = k\}$$

$$= \sigma^2 \sum_{k=1}^{\infty} \sum_{i=1}^{\min\{k,n\}} \mathbb{P}\{N = k\}$$

$$= \sigma^2 \mathbb{E}[\min\{N, n\}] \to \sigma^2 \mathbb{E}[N] \quad \text{mit } n \to \infty.$$

Der Satz von Pythagoras für Martingale impliziert, dass $\mathbb{E}[(M_n - M_m)^2] = \mathbb{E}[M_n^2] - \mathbb{E}[M_m^2]$ für $n \geq m \geq 0$ gilt und damit, dass $\{M_n\}_{n \in \mathbb{N}_0}$ eine Cauchyfolge in $L^2(\Omega, \mathcal{F}, \mathbb{P})$ ist. Daher konvergiert[4] $\{M_n\}_{n \in \mathbb{N}_0}$ in $L^2(\Omega, \mathcal{F}, \mathbb{P})$ gegen

---

[4] Dies kann man alternativ auch aus dem Martingalkonvergenzsatz in L^2 folgern, siehe etwa [Kle20, Satz 11.10].

$$M_\infty := \sum_{i=1}^{\infty} \bigl((X_i - \mu)\mathbb{1}_{\{N \geq i\}}\bigr).$$

Es folgt, dass
$$\mathbb{E}\bigl[(S_N - \mu N)^2\bigr] = \mathbb{E}\bigl[M_\infty^2\bigr] = \sigma^2 \mathbb{E}[N]. \qquad \square$$

Es gibt noch die folgende Variante der zweiten Waldschen Gleichung, die allerdings etwas stärkere Voraussetzungen benötigt.

Satz 4.38 (Zweite Waldsche Gleichung; Variante) Zusätzlich zu den Voraussetzungen von Satz 4.37 sei $\mathbb{E}[N^2] < \infty$ und es seien N, X_1, X_2, ... unabhängig. Dann gilt
$$\mathbb{V}[S_N] = \sigma^2 \mathbb{E}[N] + \mathbb{V}[N]\mu^2.$$

Beweis Aus Satz 4.34 und Satz 4.37 folgt
$$\begin{aligned}
\mathbb{V}[S_N] &= \mathbb{E}\bigl[(S_N - N\mu + N\mu)^2\bigr] - \mathbb{E}[S_N]^2 \\
&= \sigma^2 \mathbb{E}[N] + \mu^2 \mathbb{E}[N^2] + 2\mu \mathbb{E}\bigl[(S_N - N\mu)N\bigr] - \mu^2 (\mathbb{E}[N])^2 \\
&= \sigma^2 \mathbb{E}[N] + \mathbb{V}[N]\mu^2 + 2\mu \mathbb{E}\bigl[(S_N - N\mu)N\bigr].
\end{aligned}$$

Bislang haben wir nur die Voraussetzungen von Satz 4.37 benutzt. Nun berechnen wir den letzten Summanden und verwenden dabei die Unabhängigkeitsvoraussetzung. Es gilt

$$\mathbb{E}\bigl[(S_N - N\mu)N\bigr] = \mathbb{E}\left[\left(\sum_{j=1}^{\infty} \bigl(\mathbb{1}_{\{N \geq j\}}(X_j - \mu)\bigr)\right)\left(\sum_{i=1}^{\infty} \mathbb{1}_{\{N \geq i\}}\right)\right] \qquad (4.19)$$
$$= \sum_{i=1}^{\infty} \sum_{j=1}^{\infty} \mathbb{E}\bigl[(X_j - \mu)\mathbb{1}_{\{N \geq i\}} \mathbb{1}_{\{N \geq j\}}\bigr] = 0,$$

wobei man sich zunächst davon überzeugen muss, dass beim zweiten Gleichheitszeichen der Satz von Fubini wirklich anwendbar ist, indem man zuerst $X_j - \mu$ durch $|X_j - \mu|$ ersetzt. Wir setzen nun diesen Ausdruck oben ein und erhalten wie gewünscht
$$\mathbb{V}[S_N] = \sigma^2 \mathbb{E}[N] + \mu^2 \mathbb{V}[N]. \qquad \square$$

4.4 Abweichungen des Gesamtschadens vom Erwartungswert

▶ **Bemerkung 4.39** Satz 4.38 gilt nicht unter den schwächeren Voraussetzungen von Satz 4.37. Als Beispiel wählen wir unabhängig identisch verteilte Zufallsvariablen $X_1, X_2, \ldots$ mit

$$\mathbb{P}\{X_1 = 1\} = 1 - \mathbb{P}\{X_1 = -1\} = \frac{1}{2}.$$

Angenommen N nimmt den Wert 1 genau im Falle $X_1 = -1$ an, andernfalls sei $N = 2$. Offenbar sind die Voraussetzungen von Satz 4.37 erfüllt, die von Satz 4.38 aber nicht. Es gilt

$$\mathbb{E}[N(S_N - N\mu)] = \mathbb{E}[NS_N] = \frac{1}{2} \neq 0,$$

womit unsere Behauptung gezeigt ist.

Die Ungleichung von Cantelli[5] Mit Hilfe der beiden ersten Momente ist es nun möglich, Schranken für die Wahrscheinlichkeit anzugeben, dass der Gesamtschaden eines Portfolios die erwartete Schadenhöhe um einen bestimmten Betrag überschreitet. Wir erinnern zunächst an bekannte Abschätzungen aus der elementaren Stochastik.

Proposition 4.40 (Markov-Ungleichung[6], allgemeine Form). Sei X eine reelle Zufallsvariable und $h : [0, \infty) \to \mathbb{R}$ eine monoton wachsende nicht negative Funktion. Dann gilt für alle $c > 0$ mit $h(c) > 0$ die Ungleichung

$$\mathbb{P}\{|X| \geq c\} \leq \frac{\mathbb{E}[h(|X|)]}{h(c)}.$$

Beweis Es gilt

$$\mathbb{E}[h(|X|)] \geq \mathbb{E}\left[h(|X|)\mathbb{1}_{\{h(|X|) \geq h(c)\}}\right] \geq \mathbb{E}\left[h(c)\mathbb{1}_{\{h(|X|) \geq h(c)\}}\right] \geq h(c)\mathbb{P}\{|X| \geq c\}. \quad \square$$

Oft verwendet man die Markov-Ungleichung in der speziellen Form

$$\mathbb{P}\{|X| \geq c\} \leq \frac{\mathbb{E}[|X|]}{c}, \tag{4.20}$$

---

[5] FRANCESCO PAOLO CANTELLI, 1875–1966, geboren in Palermo, italienischer Mathematiker und Aktuar, Gründer der italienischen Aktuarvereinigung, Professor für Versicherungsmathematik in Catania, Neapel und Rom.

[6] ANDREJ ANDREJEWITSCH MARKOV, 1856–1922, geboren in Rjasan, russischer Mathematiker, Studium u. a. bei Tschebyschov, außerordentlicher Professor an der Universität Sankt Petersburg. Untersuchte abhängige Zufallsvariable und insbesondere die später nach ihm benannten Markovketten.

was der Wahl $h(|x|) = |x|$ entspricht. Andere nützliche Wahlen sind $h(x) = e^{sx}$ für $s > 0$, wie wir später noch sehen werden, oder $h(x) = x^2$, was zusammen mit $Y := X - \mathbb{E}[X]$ auf die folgende bekannte Ungleichung führt.

Korollar 4.41 (Tschebyschov-Ungleichung[7]). Sei X eine reelle Zufallsvariable mit $\mathbb{E}[X^2] < \infty$. Dann gilt für alle $c > 0$

$$\mathbb{P}\{|X - \mathbb{E}[X]| \geq c\} \leq \frac{\mathbb{V}[X]}{c^2}.$$

Die obige Ungleichung bietet eine Abschätzung für Abweichungen vom Erwartungswert sowohl nach oben als auch nach unten. Die nun folgende Cantelli-Ungleichung ist eine „einseitige" Variante der Tschebyschovschen Ungleichung, die auf den Fall von Abweichungen nach oben (die uns ja besonders interessieren) optimiert ist.

Proposition 4.42 (Cantelli-Ungleichung). Sei X eine reelle Zufallsvariable mit $\mathbb{V}[X] < \infty$. Dann gilt für alle $c > 0$,

$$\mathbb{P}\{X - \mathbb{E}[X] \geq c\} \leq \frac{\mathbb{V}[X]}{c^2 + \mathbb{V}[X]}.$$

Beweis Betrachte zunächst $Y := X - \mathbb{E}[X]$. Dann ist $\mathbb{E}[Y] = 0$ und $\mathbb{V}[Y] = \mathbb{V}[X]$. Aus der Markov-Ungleichung (Proposition 4.40) mit $h(x) = x^2$ folgt für alle $x \in (-c, \infty)$

$$\begin{aligned}
\mathbb{P}\{X \geq \mathbb{E}[X] + c\} &= \mathbb{P}\{Y \geq c\} = \mathbb{P}\{Y + x \geq c + x\} \\
&\leq \mathbb{P}\{|Y + x| \geq c + x\} \\
&\leq \frac{\mathbb{E}[(Y + x)^2]}{(c + x)^2} = \frac{\mathbb{E}[Y^2] + x^2}{(c + x)^2} \\
&= \frac{\mathbb{V}[Y] + x^2}{(c + x)^2} = \frac{\mathbb{V}[X] + x^2}{(c + x)^2}.
\end{aligned}$$

Setze nun $x := \mathbb{V}[X]/c$. Damit gilt

$$\mathbb{P}\{X \geq \mathbb{E}[X] + c\} \leq \frac{\mathbb{V}[X] + \left(\frac{\mathbb{V}[X]}{c}\right)^2}{\left(c + \frac{\mathbb{V}[X]}{c}\right)^2} = \frac{\mathbb{V}[X]}{c^2 + \mathbb{V}[X]}.$$

□

---

[7] PAFNUTI LWOWITSCH TSCHEBYSCHOV, 1821–1894, geboren in Okatowo, russischer Mathematiker, Professor in Sankt Petersburg, begründete eine einflussreiche mathematische (und insbesondere wahrscheinlichkeitstheoretische) Schule.

4.4 Abweichungen des Gesamtschadens vom Erwartungswert

Übungsaufgabe 4.43
Zeigen Sie, dass die Wahl von $x = \mathbb{V}[X]/c$ im obigen Beweis optimal ist, d. h. die rechte Seite der Abschätzung minimiert.

Beispiel 4.44
Es gibt Situationen, in denen die Ungleichung von Cantelli scharf ist: Wähle dazu $c > 0$ und betrachte die Zufallsvariable X gegeben durch

$$\mathbb{P}\{X = c\} = \frac{1}{1+c^2} \quad \text{und} \quad \mathbb{P}\{X = -1/c\} = \frac{c^2}{1+c^2}.$$

Dann gilt $\mathbb{E}[X] = 0$ und

$$\mathbb{V}[X] = \mathbb{E}[X^2] - \mathbb{E}[X]^2 = \frac{c^2}{1+c^2} + \frac{1}{1+c^2} = 1.$$

Die Ungleichung von Cantelli liefert dann die beste obere Schranke

$$\mathbb{P}\{X \geq \mathbb{E}[X] + c\} \leq \frac{1}{c^2+1}$$

für das gewählte c. Dieses Beispiel zeigt auch, dass die Ungleichung von Cantelli im Allgemeinen nicht gilt, wenn man $X - \mathbb{E}[X]$ durch $|X - \mathbb{E}[X]|$ ersetzt (wähle dazu $c \leq 1$).

▶ **Bemerkung 4.45**

(i) Die Cantelli-Ungleichung ist für Abweichungen nach oben gleichmäßig besser als die Tschebyschov-Ungleichung. Beide sind für $c \to \infty$ asymptotisch äquivalent.
(ii) Im Fall der Existenz eines (höheren) n-ten Moments von X liefert die Markov-Ungleichung eine Abschätzung an das Abklingverhalten von X, die wie die Inverse der n-ten Potenz fällt.
(iii) Einseitige Abschätzungen höherer Ordnung werden in der Literatur vereinzelt ebenfalls untersucht, siehe zum Beispiel [Bha87].

Korollar 4.46 (Cantelli-Ungleichung für das individuelle Modell) Sei $(n, \{Y_i\}_{i \in [n]})$ ein individuelles Modell mit der zusätzlichen Annahme, dass $\mathbb{E}[Y_i^2] < \infty$ für alle $i \in [n]$. Dann gilt für alle $c > 0$,

$$\mathbb{P}\{S_{\text{ind}} \geq \mathbb{E}[S_{\text{ind}}] + c\} = \mathbb{P}\left\{S_{\text{ind}} \geq \sum_{i=1}^{n} \mathbb{E}[Y_i] + c\right\} \leq \frac{\sum_{i=1}^{n} \mathbb{V}[Y_i]}{c^2 + \sum_{i=1}^{n} \mathbb{V}[Y_i]}.$$

Beweis Dies folgt sofort aus der Ungleichung von Cantelli. □

Korollar 4.47 (Cantelli-Ungleichung für das Standardmodell) Sei $(N, \{X_j\}_{j \in \mathbb{N}})$ ein Standardmodell der kollektiven Risikotheorie. Unter den Voraussetzungen von Satz 4.38 (d. h. mit $\mathbb{E}[X_1^2], \mathbb{E}[N^2] < \infty$) gilt für alle $c > 0$,

$$\mathbb{P}\{\bar{S}_{\text{koll}} \geq \mathbb{E}[\bar{S}_{\text{koll}}] + c\} = \mathbb{P}\{\bar{S}_{\text{koll}} \geq \mathbb{E}[N]\mathbb{E}[X_1] + c\}$$
$$\leq \frac{\mathbb{E}[N]\mathbb{V}[X_1] + \mathbb{V}[N]\mathbb{E}[X_1]^2}{c^2 + \mathbb{E}[N]\mathbb{V}[X_1] + \mathbb{V}[N]\mathbb{E}[X_1]^2}.$$

Beweis Dies folgt sofort aus der Ungleichung von Cantelli und den Waldschen Gleichungen. □

Der Satz von Cramér[8] Wenn man nicht nur die ersten Momente der Schadenhöhen kennt, sondern auch die momentenerzeugende Funktion, und diese in einer Umgebung der 0 existiert, kann man die Ungleichung in Korollar 4.46 wesentlich verbessern. So liefert etwa der Satz von Cramér [Cra38] die exakte exponentielle Rate des Abklingverhaltens für Summen von u. i. v. Zufallsvariablen, deren momentenerzeugende Funktion diese Bedingung erfüllt.

Definition 4.48 (Ratenfunktion)

Die *logarithmische momentenerzeugende Funktion* einer reellen Zufallsvariable X ist für $s \in \mathbb{R}$ definiert durch

$$\Lambda_X(s) := \begin{cases} \log \mathbb{E}[e^{sX}] & \text{falls } \mathbb{E}[e^{sX}] < \infty, \\ \infty & \text{sonst.} \end{cases}$$

Die zugehörige *Ratenfunktion* ist definiert als die *Legendre-Fenchel Transformierte* von Λ_X, d. h.

$$I_X(b) := \sup_{s \geq 0} \{sb - \Lambda_X(s)\}, \quad b \in \mathbb{R}.$$

◀

▶ **Bemerkung 4.49** Wir betonen, dass in der Literatur die Ratenfunktion meist als obiges Supremum über *alle* $s \in \mathbb{R}$ definiert wird. Da wir aber nur an oberen Abschätzungen von $\mathbb{P}\{X \geq b\}$ interessiert sind, ist unsere Definition von $I_X(b)$ hier geeigneter.

---

[8] HARALD CRAMÉR, 1893–1985, geboren in Stockholm, schwedischer Mathematiker und Aktuar, Professor und Rektor der Universität Stockholm. Pionier der Theorie der großen Abweichungen und der Risikotheorie.

4.4 Abweichungen des Gesamtschadens vom Erwartungswert

▶ **Bemerkung 4.50** (Kumulanten) Die logarithmische momentenerzeugende Funktion von X heißt auch *kumulantenerzeugende Funktion* von X. Die n-te Kumulante von X erhält man per Definition als n-te Ableitung von Λ_X an der Stelle 0 (wenn Λ_X in einer Umgebung der 0 endlich ist). Beispielsweise gilt für die ersten beiden Ableitungen

$$(\Lambda_X)' = \frac{(\psi_X)'}{\psi_X} \quad \text{und} \quad (\Lambda_X)'' = \frac{\psi_X(\psi_X)'' - ((\psi_X)')^2}{(\psi_X)^2},$$

so dass

$$(\Lambda_X)'(0) = \mathbb{E}[X] < \infty, \quad \text{und} \quad (\Lambda_X)''(0) = \mathbb{V}[X] < \infty.$$

Übungsaufgabe 4.51
Zeigen Sie: Gilt $\Lambda_X < \infty$ auf ganz $(0, \infty)$, dann ist Λ_X unendlich oft differenzierbar auf $(0, \infty)$ mit $\lim_{s \to \infty} (\Lambda_X)'(s) = \text{ess sup } X$.

▶ **Bemerkung 4.52** Die Ratenfunktion

$$I_X(b) = \sup_{s \geq 0} \{sb - \Lambda_X(s)\}, \quad b \in \mathbb{R},$$

ist stets nicht negativ (man erhält immer eine untere Schranke, indem man $s = 0$ setzt) und nicht fallend. Allerdings kann es sein, dass I_X die Werte 0 oder ∞ annimmt: Existiert $\mathbb{E}[X] = M \in \mathbb{R}$, dann gilt $I_X(M) = 0$ nach der folgenden Übungsaufgabe 4.53. Ist $\mathbb{P}\{X \geq x\} = 0$ für ein $x \in \mathbb{R}$, so ist $I_X(x) = \infty$.

Übungsaufgabe 4.53
Zeigen Sie: $\mathbb{E}[X] = M \in \mathbb{R}$ impliziert $I_X(M) = 0$. Hinweis: Wenden sie die Jensensche Ungleichung auf die konvexe Funktion $x \mapsto e^{sx}, s \geq 0$ an.

Übungsaufgabe 4.54
Zeigen Sie: Sowohl Λ_X als auch I_X sind konvex auf $\mathbb{R}$, d. h. für alle $u, v \in \mathbb{R}$ und $\alpha \in [0, 1]$ gilt

$$\Lambda_X(\alpha u + (1 - \alpha)v) \leq \alpha \Lambda_X(u) + (1 - \alpha)\Lambda_X(v)$$

sowie

$$I_X(\alpha u + (1 - \alpha)v) \leq \alpha I_X(u) + (1 - \alpha) I_X(v).$$

Hinweis: Verwenden Sie die Hölder-Ungleichung.

Bei nicht trivialer Ratenfunktion I_X erhalten wir eine exponentiell fallende obere Schranke für die Wahrscheinlichkeit großer Abweichungen vom Erwartungswert (nach oben). Falls $I_X \equiv 0$, so erhalten wir nur eine triviale Schranke.

Proposition 4.55 Sei $n \in \mathbb{N}$ und seien $\{X_i\}_{i \in [n]}$ u.i.v. Zufallsvariablen mit logarithmischer momentenerzeugender Funktion Λ_{X_1} und Ratenfunktion I_{X_1}. Sei $S_n := X_1 + \cdots + X_n$. Dann ist für $b \in \mathbb{R}$,

$$\mathbb{P}\{S_n \geq bn\} = \mathbb{P}\Big\{\sum_{i=1}^{n} X_i \geq bn\Big\} \leq e^{-n I_{X_1}(b)}.$$

Beweis Für jedes $s \geq 0$ gilt mit der Markov-Ungleichung (Proposition 4.40)

$$\mathbb{P}\Big\{\sum_{i=1}^{n} X_i \geq bn\Big\} \leq \mathbb{P}\{e^{s \sum_{i=1}^{n} X_i} \geq e^{sbn}\} \leq e^{-sbn} \mathbb{E}[e^{s \sum_{i=1}^{n} X_i}]$$

$$= e^{-sbn} \mathbb{E}\Big[\prod_{i=1}^{n} e^{s X_i}\Big] = e^{-sbn} \mathbb{E}[e^{s X_1}]^n$$

$$= e^{-n(sb - \log \mathbb{E}[e^{s X_1}])} = e^{-n(sb - \Lambda_{X_1}(s))},$$

wobei wir den Fall $\mathbb{E}[e^{s X_i}] = \infty$ mit den üblichen Konventionen explizit zulassen. Da $s \geq 0$ beliebig ist, folgt

$$\mathbb{P}\{S_n \geq bn\} \leq e^{-n I_{X_1}(b)}$$

wie behauptet mit $I_{X_1}(b) = \sup_{s \geq 0}\{sb - \Lambda_{X_1}(s)\}$. □

Korollar 4.56 Ist $(n, \{Y_i\}_{i \in [n]})$ ein homogenes individuelles Modell, so gilt

$$\mathbb{P}\{S_{\text{ind}} \geq a\} \leq e^{-n I_{Y_1}(\frac{a}{n})}.$$

Korollar 4.57 Ist $(N, \{X_j\}_{j \in \mathbb{N}})$ ein Standardmodell der kollektiven Risikotheorie, so gilt

$$\mathbb{P}\{\bar{S}_{\text{koll}} \geq a\} \leq \sum_{n=0}^{\infty} e^{-n I_{X_1}(\frac{a}{n})} \mathbb{P}\{N = n\}.$$

4.4 Abweichungen des Gesamtschadens vom Erwartungswert

Falls ψ_{X_1} in einer Umgebung von 0 existiert (und damit I_{X_1} nicht trivial ist), dann ist Proposition 4.55 ein Spezialfall des folgenden Resultats, das die exakte exponentielle Asymptotik der großen Abweichungen (nach oben) von S_n bestimmt.

Satz 4.58 (Satz von Cramér, 1938) Seien $X_1, X_2, \ldots$ u.i.v. Zufallsvariablen. Die logarithmische momentenerzeugende Funktion Λ_{X_1} erfülle $\Lambda_{X_1}(t) < \infty$ in einer Umgebung rechts der 0. Sei I_{X_1} die zugehörige Ratenfunktion. Dann gilt $M := \mathbb{E}[X_1] \in [-\infty, \infty)$ und

$$\lim_{n\to\infty} \frac{1}{n} \log \mathbb{P}\{S_n \geq bn\} = -I_{X_1}(b), \tag{4.21}$$

für jedes $b \geq M$.

Beweis Für diesen Beweis folgen wir [Kal21, Thm. 24.3], siehe auch [Kle20].

Schritt i): Proposition 4.55 liefert die obere Schranke an den Limes, da sie nach Logarithmieren und Division durch n

$$\frac{1}{n} \log \mathbb{P}\{S_n \geq bn\} \leq -I_{X_1}(b)$$

für alle $n \in \mathbb{N}$ impliziert.

Schritt ii): Wir verlangen zunächst, dass $\Lambda_{X_1}(t) < \infty$ für alle $t > 0$ gilt. Da Λ_{X_1} dann auf ganz $(0, \infty)$ glatt ist mit $\Lambda'_{X_1}(0) =: M$ und

$$\lim_{s\to\infty} (\Lambda_{X_1})'(s) = \operatorname{ess\,sup} X_1 =: c$$

(nach Aufgabe 4.51), existiert für $b \in (M, c)$ ein $u > 0$ mit $(\Lambda_{X_1})'(u) = b$, welches wir nun fixieren. Wir betrachten jetzt einen Maßwechsel: Ist $\mu := P^{X_1}$ die Verteilung von X_1, so gehen wir über zur *Cramér-Transformierten*

$$\nu(dx) := \frac{1}{e^{\Lambda_{X_1}(u)}} e^{ux} \mu(dx), \quad x \in \mathbb{R}.$$

Per Definition von Λ_{X_1} ist ν wieder ein Wahrscheinlichkeitsmaß. Intuitiv macht es „unwahrscheinliches Verhalten" (d.h. große Werte von X_1) „wahrscheinlicher". Seien nun $Y_1, Y_2, \ldots$ u.i.v. Zufallsvariablen mit Verteilung $P^{Y_1} = \nu$. Für deren momentenerzeugende Funktion gilt

$$\psi_{Y_1}(t) = \frac{1}{e^{\Lambda_{X_1}(u)}} \int e^{tx} e^{ux} \mu(dx) = \frac{1}{e^{\Lambda_{X_1}(u)}} \psi_{X_1}(t+u)$$

und damit

$$\Lambda_{Y_1}(t) = \log \psi_{Y_1}(t) = \Lambda_{X_1}(t+u) - \Lambda_{X_1}(u).$$

Also gilt
$$\mathbb{E}[Y_1] = \Lambda'_{Y_1}(0) = \Lambda'_{X_1}(u) = b.$$

Sei $T_n := Y_1 + \cdots + Y_n$. Wir erhalten für jedes $\varepsilon > 0$ die Abschätzung

$$\mathbb{P}\left\{\left|\frac{S_n}{n} - b\right| < \varepsilon\right\} = e^{n\Lambda_{X_1}(u)} \mathbb{E}\left[e^{-nuT_n/n} \mathbb{1}_{\{|\frac{T_n}{n} - b| < \varepsilon\}}\right]$$

$$\geq e^{n\Lambda_{X_1}(u) - nu(b+\varepsilon)} \mathbb{P}\left\{\left|\frac{T_n}{n} - b\right| < \varepsilon\right\}.$$

Die Wahrscheinlichkeit auf der rechten Seite der letzten Zeile strebt nach dem Gesetz der großen Zahlen gegen 1, und somit folgt

$$\liminf_{n \to \infty} \frac{1}{n} \log \mathbb{P}\left\{\left|\frac{S_n}{n} - b\right| < \varepsilon\right\} \geq \Lambda_{X_1}(u) - u(b + \varepsilon)$$

$$\geq -I_{X_1}(b + \varepsilon).$$

Für jedes $x \in (M, c)$ mit $b = x + \varepsilon$ erhalten wir, für ε klein genug,

$$\liminf_{n \to \infty} \frac{1}{n} \log \mathbb{P}\left\{\frac{S_n}{n} \geq x\right\} \geq -I_{X_1}(x + 2\varepsilon).$$

Da I_{X_1} konvex und damit stetig ist auf (M, c), folgt das Resultat mit $\varepsilon \to 0$ im Fall $b \in (M, c)$.

Die anderen Fälle für b sind nun leicht: Für $b > c$ sind beide Seiten in (4.21) gleich $-\infty$ und das Resultat gilt. Für den Fall $b = c < \infty$ stimmen beide Seiten in (4.21) mit $\log \mathbb{P}\{X_1 = b\}$ überein, wie man nach kurzer Rechnung sieht. Für $b = M > -\infty$ ist das Resultat sofort klar, falls $X_1 = M$ fast sicher. Daher können wir $c > M$ annehmen. Dann ist für jedes $y \in (M, c)$,

$$0 \geq \frac{1}{n} \log \mathbb{P}\left\{\frac{S_n}{n} \geq M\right\} \geq \frac{1}{n} \log \mathbb{P}\left\{\frac{S_n}{n} \geq y\right\} \to -I_{X_1}(y) > -\infty.$$

Da $I_{X_1}(y) \to I_{X_1}(M)$ aufgrund der Stetigkeit, gilt (4.21) mit $x = M$. Damit ist das Resultat für $\Lambda_{X_1} < \infty$ vollständig gezeigt.

Schritt iii): Für den Fall dass $\Lambda_{X_1}(t) = \infty$ für ein $t > 0$ gilt, verwenden wir ein Abschneideargument. Für jedes $r > M$ setzen wir

$$X_k^r := \min\{X_k, r\}, \quad \text{sowie} \quad S_n^r := \sum_{k=1}^n X_k^r, \quad \text{für alle} \quad k, n \in \mathbb{N}.$$

Dann erhalten wir nach Schritt ii) für $b \geq M \geq \mathbb{E}[X_1^r]$,

$$\frac{1}{n} \log \mathbb{P}\left\{\frac{S_n}{n} \geq b\right\} \geq \frac{1}{n} \log \mathbb{P}\left\{\frac{S_n^r}{n} \geq b\right\} \to -I_{X_1^r}(b). \quad (4.22)$$

4.4 Abweichungen des Gesamtschadens vom Erwartungswert

Nun gilt $\Lambda_{X_1^r}(u) \uparrow \Lambda_{X_1}(u)$ mit $r \to \infty$ wegen monotoner Konvergenz. Die Konvergenz ist gleichmäßig auf jedem kompakten Teilintervall von

$$\mathcal{D}_0 = \{s \geq 0 : \Lambda_{X_1}(s) < \infty\},$$

nach dem Satz von Dini, siehe etwa [Wer07, Satz VI.4.6]. Da in diesem Fall notwendigerweise ess sup $X_1 = \infty$ gilt, folgt dass Λ'_{X_1} auf $\mathcal{D}_0$ unbeschränkt ist. Es sei $u \geq 0$ wieder so, dass $\Lambda'_{X_1}(u) = b$. Dann gibt es ein $t \geq 0$, so dass $\Lambda'_{X_1}(t) \geq b + 1/2$. Aus der Konvergenz von $\Lambda'_{X_1^r}(t) \to \Lambda'_{X_1}(t)$ und der Konvexität folgt, für r hinreichend groß, dass für alle $s \geq t$,

$$\Lambda_{X_1^r}(s) - \Lambda_{X_1^r}(t) \geq \Lambda'_{X_1^r}(t)(s-t) \geq (\Lambda'_{X_1}(t) - \frac{1}{2})(s-t) \geq b(s-t).$$

Daraus schließen wir, dass

$$I_{X_1^r}(b) = \sup_{s \geq 0} \{bs - \Lambda_{X_1^r}(s)\} = \sup_{s \in [0,t]} \{bs - \Lambda_{X_1^r}(s)\}$$
$$\to \sup_{s \in [0,t]} \{bs - \Lambda_{X_1}(s)\} \leq I_{X_1}(b),$$

für $r \to \infty$, wobei die Konvergenz aus der gleichmäßigen Konvergenz von $\Lambda_{X_1^r}$ folgt. Zusammen mit der Abschätzung (4.22) ergibt dies die gewünschte untere Schranke. □

Beispiel 4.59 (Ratenfunktionen für verschiedene Verteilungen von X)

- Ist X exponentialverteilt mit Parameter $\lambda > 0$, dann ist

$$I(b) = \lambda b - 1 - \log(\lambda b)$$

  für $b \geq \mathbb{E}[X] = \frac{1}{\lambda}$ und 0 sonst.
- Ist X Poisson-verteilt mit Parameter $\lambda > 0$, so gilt

$$I(b) = -b + \lambda + b \log \frac{b}{\lambda},$$

  für $b \geq \lambda$ und 0 sonst.
- Ist X Bernoulli-verteilt mit Parameter $\theta \in (0,1)$, so ist

$$I(b) = b \log \frac{b}{\theta} + (1-b) \log \frac{1-b}{1-\theta},$$

  für $\theta \leq b \leq 1$, sowie $I(b) = 0$ für $b < \theta$ und $I(b) = \infty$ für $b > 1$.
- Ist X Pareto-verteilt mit beliebigem Parameter $\alpha > 0$, so ist

$$I(b) \equiv 0.$$

Übungsaufgabe 4.60
Leiten Sie die Ratenfunktionen in Beispiel 4.59 aus der Definition her und berechnen Sie zusätzlich die logarithmische momentenerzeugende Funktion und die Ratenfunktion für die Gammaverteilung.

Die Tatsache, dass die Ratenfunktion für die Pareto-Verteilung trivial ist, lässt sich im Rahmen der Klassifikation in *heavy* und *light tails* verstehen.

Proposition 4.61 Sei I die Ratenfunktion einer nicht negativen Zufallsvariable X. Wenn X *heavy tailed* ist, dann gilt $I(x) = 0$ für alle $x \in \mathbb{R}$, andernfalls existiert ein $x \in \mathbb{R}$ mit $I(x) > 0$.

Beweis Sei X nicht negativ und *light tailed,* und sei $\lambda > 0$ derart, dass $\mathbb{E}[e^{\lambda X}] < \infty$. Nun wähle x so groß, dass $\lambda x - \log \mathbb{E}[e^{\lambda X}] > 0$ ist. Dann folgt

$$I(x) \geq \lambda x - \log \mathbb{E}[e^{\lambda X}] > 0,$$

wie behauptet. Ist andererseits X *heavy tailed*, so folgt sofort $I(x) = 0$ für alle $x \in \mathbb{R}$. □

In der Ruintheorie werden wir weitere qualitative Unterschiede im Verhalten von *heavy* und *light tailed* Verteilungen beschreiben.

4.5 Approximative Berechnung der Gesamtschadenverteilung

Zur approximativen Berechnung des Gesamtschadens in einem Standardmodell (N, $\{X_j\}_{j \in \mathbb{N}}$) nehmen wir die Verteilung der Schadenhöhen in diesem Abschnitt als ganzzahlig an. Dazu kann man eine der bekannten Schadenhöhenverteilungen aus Tab. 4.1 diskretisieren oder gleich mit empirischen Schadenhöhenverteilungen arbeiten, da sich die beobachteten Schäden ohnehin in Euro (oder einer anderen Geldeinheit) bemessen. Wir setzen also ab jetzt voraus, dass die $\{X_j\}_{j \in \mathbb{N}}$ nur Werte in $\mathbb{N}_0$ annehmen, wobei wir $\mathbb{P}(X_j = 0) > 0$ nun explizit zulassen. Der Gesamtschaden $\bar{S}_{\text{koll}}$ ist damit also ebenfalls diskret. Unser Ziel ist die effiziente Berechnung der Wahrscheinlichkeitsgewichte

$$\mathbb{P}\{\bar{S}_{\text{koll}} = n\}, \quad n \in \mathbb{N}_0.$$

Eine Möglichkeit bietet ein rekursiver Zugang von Panjer[9], der für eine wichtige Klasse von Schadenanzahlverteilungen geeignet ist.

---

[9] HARRY H. PANJER, geboren 1946, kanadischer Statistiker, Professor an der University of Waterloo, ehem. Präsident der Society of Actuaries (USA) und des Canadian Institute of Actuaries.

4.5 Approximative Berechnung der Gesamtschadenverteilung

Die Rekursionen von Panjer. Zunächst betrachten wir rekursive Darstellungen für die Verteilungsgewichte
$$p_n := \mathbb{P}\{N = n\}, \quad n \geq 0,$$
der Schadenanzahlverteilungen[10] P_N aus Tab. 4.2.

Proposition 4.62 (Panjer, 1981).
- Ist N binomialverteilt mit den Parametern $m \in \mathbb{N}$ und $\theta \in (0,1)$, so gilt für alle $n \geq 1$,
$$p_n = \left(\frac{m+1}{n} - 1\right)\frac{\theta}{1-\theta}p_{n-1}, \quad \text{sowie} \quad p_0 = (1-\theta)^m.$$
- Ist N Poisson-verteilt mit Parameter λ, so gilt für alle $n \geq 1$,
$$p_n = \frac{\lambda}{n}p_{n-1}, \quad \text{sowie} \quad p_0 = e^{-\lambda}.$$
- Ist N negativ binomialverteilt mit den Parametern $\beta > 0$ und $\theta \in (0,1)$, so gilt für alle $n \geq 1$,
$$p_n = \left(\frac{\beta-1}{n} + 1\right)(1-\theta)p_{n-1}, \quad \text{sowie} \quad p_0 = \theta^\beta.$$

Beweis Diese Darstellungen erhält man leicht durch direktes Nachrechnen. Für die Poisson-Verteilung gilt etwa für $n \geq 1$
$$p_n = e^{-\lambda}\frac{\lambda^n}{n!} = \frac{\lambda}{n}e^{-\lambda}\frac{\lambda^{n-1}}{(n-1)!} = \frac{\lambda}{n}p_{n-1}.$$
$\square$

Übungsaufgabe 4.63
Zeigen Sie die übrigen Aussagen von Proposition 4.62.

Definition 4.64 (Panjer-Klasse)

Sei P_N eine diskrete Verteilung auf $\mathbb{N}_0$, deren Wahrscheinlichkeitsgewichte p_n, $n \in \mathbb{N}_0$, die Rekursion
$$p_n = \left(a + \frac{b}{n}\right)p_{n-1}, \quad n \in \mathbb{N}, \tag{4.23}$$

---

[10] Da der Index n somit bereits vergeben ist, verwenden wir für den ersten Parameter der Binomialverteilung im Folgenden den Buchstaben m.

mit $p_0 > 0$ für reelle Parameter a, b mit $a + b > 0$ erfüllen. Dann ist P_N eine Verteilung der *Panjer-Klasse*. ◀

Korollar 4.65 Die Binomial-, Poisson- und die negative Binomialverteilung sind Verteilungen der Panjer-Klasse.

Die geometrische Verteilung gehört als Spezialfall der negativen Binomialverteilung ebenfalls zur Panjer-Klasse. Wir werden später sehen, dass dies auch schon alle Schadenanzahlverteilungen der Panjer-Klasse sind.

Beweis Das Korollar folgt sofort aus Proposition 4.62 mit $a = -\frac{\theta}{1-\theta}$ und $b = (m+1)\frac{\theta}{1-\theta}$ für die Binomialverteilung, $a = 0, b = \lambda$ für die Poisson-Verteilung, und $a = 1 - \theta$ und $b = (\beta - 1)(1 - \theta)$ für die negative Binomialverteilung. □

▶ **Bemerkung 4.66** Damit überhaupt eine Wahrscheinlichkeitsverteilung P_N mit Gewichten (p_n) auf $\mathbb{N}_0$ existieren kann, die (4.23) erfüllt, muss $p_0 > 0$ sein und $a + b \geq 0$ gelten (andernfalls wäre $p_1 < 0$). Im Fall $a + b = 0$ folgt $p_1 = 0$ und somit $p_i = 0$ für alle $i \geq 1$. Dies ist nur möglich, wenn $p_0 = 1$ ist. Um diesen trivialen Fall auszuschließen, betrachten wir nur den Fall $a + b > 0$.

Die Verteilungen der Panjer-Klasse lassen sich auch mittels Differentialgleichungen für ihre wahrscheinlichkeitserzeugenden Funktionen charakterisieren. Dabei werden wir ab jetzt für $\mathbb{N}_0$-wertige Zufallsvariable N mit $p_n := \mathbb{P}\{N = n\}$, $n \in \mathbb{N}_0$, die zugehörige wahrscheinlichkeitserzeugende Funktion

$$\phi_N(t) := \sum_{n=0}^{\infty} p_n t^n$$

nicht mehr nur für $t \geq 0$, sondern für alle $t \in \mathbb{R}$ im Konvergenzbereich der Reihe definieren. Dieser umfasst stets das Intervall $[-1, 1]$.

Satz 4.67 Sei N eine $\mathbb{N}_0$-wertige Zufallsvariable mit $p_n := \mathbb{P}\{N = n\}$, $n \in \mathbb{N}_0$. Sei ϕ_N die wahrscheinlichkeitserzeugende Funktion von N, und für $n \geq 1$ sei $\phi^{(n)}$ ihre n-te Ableitung. Weiter seien $a, b \in \mathbb{R}$ mit $a + b > 0$. Dann sind die folgenden Aussagen äquivalent:

a) Für alle $n \in \mathbb{N}$ gilt

4.5 Approximative Berechnung der Gesamtschadenverteilung

$$p_n = \left(a + \frac{b}{n}\right) p_{n-1}.$$

b) Für alle $t \in (-1, 1)$ gilt

$$(1 - at)\phi_N^{(1)}(t) = (a + b)\phi_N(t).$$

c) Für alle $n \in \mathbb{N}$ und alle $t \in (-1, 1)$ gilt

$$(1 - at)\phi_N^{(n)}(t) = (na + b)\phi_N^{(n-1)}(t).$$

Zusätzlich impliziert a) (und damit jede Aussage), dass $a < 1$.

Beweis Es gelte Aussage a). Wir wissen bereits, dass $p_1 > 0$ gilt. Angenommen es gelte $a \geq 1$, dann folgt für $n \geq 1$

$$p_n = \left(a + \frac{b}{n}\right) p_{n-1} = \frac{(n-1)a + (a+b)}{n} p_{n-1} \geq \frac{n-1}{n} a p_{n-1} \geq \frac{n-1}{n} p_{n-1},$$

und somit rekursiv $np_n \geq p_1$, also $p_n \geq p_1/n$, was im Widerspruch dazu steht, dass die Summe über alle p_n endlich ist. Also muss $a < 1$ gelten.
Nun zeigen wir die Äquivalenz der Aussagen.
a)$\Rightarrow$b): Wir erinnern uns, dass

$$\phi_N(t) = \sum_{n=0}^{\infty} p_n t^n.$$

Für $t \in (-1, 1)$ (und damit innerhalb des Konvergenzradius der obigen Reihe) gilt

$$\begin{aligned}
\phi_N^{(1)}(t) &= \sum_{n=1}^{\infty} n p_n t^{n-1} \\
&= \sum_{n=1}^{\infty} n\left(a + \frac{b}{n}\right) p_{n-1} t^{n-1} \\
&= at \sum_{n=2}^{\infty} p_{n-1}(n-1) t^{n-2} + (a+b) \sum_{n=1}^{\infty} p_{n-1} t^{n-1} \\
&= at \sum_{k=1}^{\infty} k p_k t^{k-1} + (a+b) \sum_{k=0}^{\infty} p_k t^k \\
&= at \phi_N^{(1)}(t) + (a+b)\phi_N(t),
\end{aligned}$$

also

$$(1 - at)\phi_N^{(1)}(t) = (a + b)\phi_N(t).$$

b)⇒c): Diese Folgerung erhält man durch fortgesetztes Differenzieren.

c)⇒a): Setzen wir in Aussage c) $t = 0$, so erhalten wir für $n \geq 1$

$$\phi_N^{(n)}(0) = (na + b)\phi_N^{(n-1)}(0).$$

Die linke Seite ist $n!p_n$, während die rechte Seite durch $(na + b)p_{n-1}(n-1)!$ gegeben ist, woraus sofort a) folgt. □

Satz 4.68 (Sundt und Jewell, 1981) Für eine Verteilung P_N auf $\mathbb{N}_0$ sind die folgenden Aussagen äquivalent:

a) Es gibt reelle Parameter a, b mit $a + b > 0$, so dass gilt:

$$p_n = \left(a + \frac{b}{n}\right)p_{n-1}, \quad n \in \mathbb{N}.$$

b) Die Verteilung P_N ist eine Binomial-, Poisson- oder negative Binomialverteilung.

Beweis Die Richtung b)⇒a) ist Korollar 4.65. Die Umkehrung folgt aus der Differentialgleichung für die wahrscheinlichkeitserzeugende Funktion[11]. Alternativ kann man wie folgt vorgehen: Man identifiziert zuerst die Menge $\mathcal{A}$ aller Paare (a, b), die bei den drei betrachteten Verteilungsklassen auftreten, sowie die Menge $\mathcal{B}$ aller (a, b) mit den Eigenschaften $a + b > 0$ und $a < 1$, von denen wir sahen, dass sie notwendig sind. Also ist $\mathcal{B}$ eine Obermenge von $\mathcal{A}$. Nun muss man nur noch zeigen, dass es zu $(a, b) \in \mathcal{B}\setminus\mathcal{A}$ keine zugehörige Verteilung auf $\mathbb{N}_0$ geben kann. Die Differenzmenge besteht genau aus den Paaren, bei denen $a < 0$ und b nicht von der Form $b = -na$ für ein $n \in \mathbb{N}$, $n \geq 2$ ist. Solche Paare (a, b) sind aber nicht zulässig, da dann p_n für gewisse n negativ wäre. □

Wir betrachten nun ein Standardmodell $(N, \{X_j\}_{j\in\mathbb{N}})$, bei dem X_1 – wie eingangs gefordert – eine $\mathbb{N}_0$-wertige Zufallsvariable ist. Damit ist auch die Verteilung von $\bar{S}_{\text{koll}}$ diskret.

Proposition 4.69 Sei $(N, \{X_j\}_{j\in\mathbb{N}})$ ein Standardmodell der kollektiven Risikotheorie, wobei N zusätzlich aus der Panjerklasse sei. Dann gilt für alle $n \geq 1$ und $t \in [0, 1)$:

$$(1 - a\phi_{X_1}(t))\phi_{\bar{S}_{\text{koll}}}^{(n)}(t) = \sum_{k=1}^{n}\binom{n}{k}\left(a + b\frac{k}{n}\right)\phi_{\bar{S}_{\text{koll}}}^{(n-k)}(t)\phi_{X_1}^{(k)}(t).$$

---

[11] Details findet man in [Sch09, Kap. 7].

4.5 Approximative Berechnung der Gesamtschadenverteilung

Beweis Die Aussage folgt für $n = 1$ mit Übungsaufgabe 4.30 und Teil b) von Satz 4.67 und für $n \geq 2$ per Induktion. □

Für die nächste Rekursion, die das Hauptergebnis dieses Abschnitts ist, setzen wir

$$f_n := \mathbb{P}\{X_1 = n\} \quad \text{sowie} \quad g_n := \mathbb{P}\{\bar{S}_{\text{koll}} = n\}, \tag{4.24}$$

für $n \in \mathbb{N}_0$.

Satz 4.70 (Rekursion von Panjer, 1981) Ist die Verteilung von N aus der Panjer-Klasse, und nimmt X_1 nur Werte aus $\mathbb{N}_0$ an, so gilt

$$g_0 = \begin{cases} \left(1 - \theta + \theta f_0\right)^m & \text{für } N \sim \mathcal{B}_{(m,\theta)}, \\ \exp(-\lambda(1 - f_0)) & \text{für } N \sim \mathcal{P}_\lambda, \\ \left(\frac{1-(1-\theta)f_0}{\theta}\right)^{-\beta} & \text{für } N \sim \mathcal{B}^-_{(\beta,\theta)}. \end{cases}$$

Für alle $n \in \mathbb{N}$ gilt

$$g_n = \frac{1}{1 - af_0} \sum_{k=1}^{n} \left(a + b\frac{k}{n}\right) g_{n-k} f_k.$$

Ist $f_0 = 0$, so gilt $g_0 = p_0$.

Beweis Wir wissen bereits aus dem vorangegangenen Abschnitt, dass

$$g_0 = \phi_{\bar{S}_{\text{koll}}}(0) = \phi_N(\phi_{X_1}(0)) = \phi_N(f_0).$$

Damit folgt die Aussage für g_0 durch direktes Nachrechnen. Aus Proposition 4.69 erhalten wir

$$(1 - af_0)g_n = (1 - a\phi_{X_1}(0)) \frac{\phi_{\bar{S}_{\text{koll}}}^{(n)}(0)}{n!}$$

$$= \frac{1}{n!} \sum_{k=1}^{n} \binom{n}{k} \left(a + b\frac{k}{n}\right) \phi_{\bar{S}_{\text{koll}}}^{(n-k)}(0) \phi_{X_1}^{(k)}(0)$$

$$= \sum_{k=1}^{n} \left(a + b\frac{k}{n}\right) \frac{\phi_{\bar{S}_{\text{koll}}}^{(n-k)}(0)}{(n-k)!} \frac{\phi_{X_1}^{(k)}(0)}{k!}$$

$$= \sum_{k=1}^{n} \left(a + b\frac{k}{n}\right) g_{n-k} f_k.$$

□

Die Panjer-Rekursion (und Varianten oder Verbesserungen davon) sind numerisch effizient und werden in der Praxis verwendet. Zu Fragen der numerischen Stabilität und Diskretisierung verweisen wir auf die weiterführende Literatur, siehe etwa [GSW10] oder [EF09].

4.6 Literaturhinweise

Die Inhalte dieses Kapitels gehören größtenteils zum Standardrepertoire und finden sich in vielen Lehrbüchern. An einigen Stellen, insbesondere hinsichtlich der Systematik von statischen und dynamischen sowie individuellen und kollektiven Modellen wurde unsere Darstellung von Vorlesungsnotizen von Drees [Dre05] inspiriert, an anderen Stellen, insbesondere im Umfeld der Panjer-Rekursion, orientierten wir uns an Schmidt [Sch09]. Zu beiden Themen siehe auch [Mik09] sowie die darin gegebenen Literaturhinweise. In [Sch09] und [GHM+16] findet man eine Reihe weiterer relevanter Betrachtungen und Beispiele zu individuellen und kollektiven Modellen. Ausdrücklich sei hier auch die umfassende Monographie von Mack [Mac02] genannt.

Zur allgemeinen Theorie der erzeugenden Funktionen verweisen wir auf [Bil95]. Details zu Methoden zur Wahl einer Schadenhöhenverteilung oder der Schätzung ihrer Parameter findet man zum Beispiel in dem Buch von Embrechts, Klüppelberg und Mikosch [EKM97], wo insbesondere *heavy tailed* Verteilungen für Großschäden betrachtet werden. Für weitere Informationen zu *heavy tailed* Verteilungen siehe auch [AS20] sowie die umfangreiche und detaillierte Behandlung dieses Themas in [FKZ13].

Die Waldschen Gleichungen gehen zurück auf die Originalarbeiten [Wal44, Wal45]. Für eine alternative Formulierung mit Hilfe von Optionszeiten siehe etwa [Kal21]. Die Ungleichung von Cantelli scheint zum ersten Mal in [Can28] publiziert worden zu sein. Der bahnbrechende Satz von Cramér über große Abweichungen wurde in [Cra38] formuliert und hat eine ganze Teildisziplin innerhalb der Wahrscheinlichkeitstheorie begründet, siehe zum Beispiel [DS89] und [den00] für Abhandlungen zur mathematischen Theorie großer Abweichungen.

Die Rekursion von Panjer wurde zuerst in [Pan81] publiziert. Die Charakterisierung der Panjer-Klasse erfolgte parallel in [SJ81]. Für weitere Aspekte und Theorie und verwandte Themen siehe wieder [Sch09] sowie [AS20]. Einen Vergleich von Panjer-Rekursionsmethoden und Fouriermethoden, sowie eine Diskussion praktischer Aspekte findet man in Embrechts und Frei [EF09].

Dynamische Risikomodelle und Ruintheorie 5

Im Unterschied zum statischen Fall modellieren wir bei dynamischen Risikomodellen die auftretenden Schäden in ihrer präzisen zeitlichen Abfolge mit Hilfe eines stochastischen Prozesses in stetiger Zeit. Neben den eintretenden Schäden, die einem zufälligen Leistungsstrom entsprechen, betrachten wir zudem eine kontinuierlich gezählte Prämie. Um einen möglichen „Ruin" – also das Eintreten eines Schadens, dessen Höhe das aktuelle Eigenkapital übertrifft – möglichst zu vermeiden, übersteigt diese pro Zeiteinheit die erwarteten Schadenhöhen in der Regel um einen strikt positiven Sicherheitszuschlag. Die zentrale Frage dieses Kapitels ist die nach dem Verhalten der *Ruinfunktion,* also der Wahrscheinlichkeit für das Eintreten des Ruins als Funktion der Höhe des Startkapitals.

Dazu definieren wir im ersten Abschnitt zunächst die grundlegenden Bestandteile eines dynamischen Risikomodells. Die Schadeneintrittszeitpunkte werden durch *Erneuerungsprozesse* modelliert, deren theoretische Grundlagen wir im zweiten Abschnitt behandeln. In den letzten beiden Abschnitten betrachten wir die Eigenschaften der Ruinfunktion der Risikomodelle. Dazu leiten wir die bekannte Lundberg-Ungleichung für die Ruinwahrscheinlichkeit im Cramér-Lundberg Modell her, ebenso wie asymptotische Aussagen über die Ruinfunktion für großes Startkapital. Hier wird die Unterscheidung der Schadenhöhenverteilungen nach *light* und *heavy tails* wieder eine wichtige Rolle spielen.

5.1 Dynamische Modelle der kollektiven Risikotheorie

Sei $(\Omega, \mathcal{F}, \mathbb{P})$ wieder unser zugrundeliegender Wahrscheinlichkeitsraum. Wir definieren zunächst eine Klasse von stochastischen Prozessen, die die genauen Eintrittszeitpunkte der Schäden modellieren.

Definition 5.1 (Schadeneintrittsprozess)

Ein $\mathbb{N}_0$-wertiger stochastischer Prozess $\{N_t\}_{t\geq 0}$ auf $(\Omega, \mathcal{F}, \mathbb{P})$, der in $N_0 := 0$ startet, stückweise konstant und rechtsstetig ist, und nur Sprünge der Höhe 1 macht, heißt *Schadeneintrittsprozess*. ◂

▶ **Bemerkung 5.2** Bei Schadeneintrittsprozessen handelt es sich also um Sprungprozesse mit konstanter (Einheits-)Sprunghöhe. Der Einheitsleistungsstrom (3.4) aus der Lebensversicherungsmathematik ist dafür ein einfaches Beispiel. Die Sprungstellen von $\{N_t\}_{t\geq 0}$ fassen wir als die Eintrittszeitpunkte von Schäden in unserem Versicherungsportfolio auf, wobei zum Zeitpunkt 0 noch kein Sprung eingetreten ist.

Wir definieren als nächstes ein dynamisches Analogon zum Standardmodell der kollektiven Risikotheorie aus Definition 4.7 mit zugehörigem Gesamtschaden- und Risikoprozess.

Definition 5.3 (Dynamisches Modell der kollektiven Risikotheorie)

Sei $\{N_t\}_{t\geq 0}$ ein Schadeneintrittsprozess und sei $\{X_i\}_{i\in\mathbb{N}}$ eine von $\{N_t\}_{t\geq 0}$ unabhängige Folge unabhängig und gemäß einer Verteilungsfunktion F identisch verteilter strikt positiver Zufallsvariablen auf $(\Omega, \mathcal{F}, \mathbb{P})$. Sei $\{\Pi_t\}_{t\geq 0}$ eine Prämienfunktion mit $\Pi_0 := 0$. Dann heißt das Tripel

$$\left(\{N_t\}_{t\geq 0}, \{X_i\}_{i\in\mathbb{N}}, \{\Pi_t\}_{t\geq 0}\right) \tag{5.1}$$

dynamisches kollektives Risikomodell. Der stochastische Prozess $\{S_t\}_{t\geq 0}$, definiert durch

$$S_t := \sum_{n=1}^{N_t} X_n, \quad t \geq 0, \tag{5.2}$$

heißt *Gesamtschadenprozess*. Für $U_0 := u \geq 0$ heißt der zufällige Zahlungsstrom $\{U_t\}_{t\geq 0}$, gegeben durch

$$U_t := U_0 - S_t + \Pi_t = u - \sum_{n=1}^{N_t} X_n + \Pi_t, \quad t \geq 0, \tag{5.3}$$

Risikoprozess[1] zum kollektiven Risikomodell (5.1). ◂

Wir interpretieren in diesem Modell die Sprungzeitpunkte von $\{N_t\}_{t\geq 0}$ als Schadeneintrittszeitpunkte, $\{X_i\}_{i\in\mathbb{N}}$ als die jeweiligen Schadenhöhen, u_0 als das Startkapital des Versicherers, und $\{\Pi_t\}_{t\geq 0}$ als kumulierte Prämienzahlungen. Der Gesamtschadenprozess $\{S_t\}_{t\geq 0}$ wird auch kurz als Schadenprozess bezeichnet.

---

[1] Auch die Bezeichnung als *Risikoreserveprozess* ist üblich.

5.1 Dynamische Modelle der kollektiven Risikotheorie

Aus mathematischer Sicht erscheint es natürlich (und wünschenswert), die Zeitpunkte zwischen den Schadenereignissen als unabhängig und identisch verteilt anzunehmen, auch wenn dies in der Realität nicht immer der Fall ist. Diese Annahme führt auf eine wichtige Teilklasse von Schadeneintrittsprozessen, die sogenannten *Erneuerungsprozesse*.

Definition 5.4 (Erneuerungsprozess)

Es seien $\lambda \geq 0$ und $\{W_i\}_{i \in \mathbb{N}}$ eine Folge unabhängig identisch verteilter, strikt positiver Zufallsvariablen auf $(\Omega, \mathcal{F}, \mathbb{P})$ mit Verteilungsfunktion G und Erwartungswert[2] $\mathbb{E}[W_1] = 1/\lambda \leq \infty$. Für diese definieren wir eine Folge $\{T_n\}_{n \in \mathbb{N}_0}$ von zufälligen Zeitpunkten durch

$$T_0 := 0, \quad T_n := \sum_{i=1}^{n} W_i, \quad n \geq 1.$$

Dann heißt der stochastische Prozess $\{N_t\}_{t \geq 0}$, gegeben durch

$$N_t := \sup\{n : T_n \leq t\}, \quad t \geq 0,$$

Erneuerungsprozess mit *Intensität* λ. Die $\{W_i\}_{i \in \mathbb{N}}$ interpretieren wir als *Wartezeiten*, die $\{T_n\}_{n \in \mathbb{N}_0}$ als *Sprungzeiten* von $\{N_t\}_{t \geq 0}$. ◀

Offensichtlich gilt für Erneuerungsprozesse $N_0 = 0$ sowie für $t > 0$ und $k \in \mathbb{N}_0$

$$\{N_t \geq k\} \iff \{T_k \leq t\}. \tag{5.4}$$

Wir überzeugen uns zunächst davon, dass für jedes $t \geq 0$ die Zufallsvariable N_t fast sicher endlich ist. Sei dazu $\varepsilon > 0$ so gewählt, dass $\mathbb{P}\{W_1 \geq \varepsilon\} > 0$ gilt. Dann folgt wegen

$$T_k = \sum_{i=1}^{k} W_i \geq \varepsilon \sum_{i=1}^{k} \mathbf{1}_{\{W_i \geq \varepsilon\}},$$

(5.4) und dem Gesetz der großen Zahlen, dass

$$\mathbb{P}\{N_t = \infty\} = \lim_{k \to \infty} \mathbb{P}\{N_t \geq k\} = \lim_{k \to \infty} \mathbb{P}\{T_k \leq t\}$$

$$\leq \lim_{k \to \infty} \mathbb{P}\left\{\sum_{i=1}^{k} \mathbf{1}_{\{W_i \geq \varepsilon\}} \leq \frac{t}{\varepsilon}\right\} = 0,$$

wie behauptet.

Die Sprünge von $\{N_t\}_{t \geq 0}$ zu den Sprungzeitpunkten $\{T_n\}_{n \in \mathbb{N}_0}$ haben jeweils Höhe 1, ansonsten ist der Prozess konstant, rechtsstetig und $\mathbb{N}_0$-wertig. Damit ist $\{N_t\}_{t \geq 0}$ also tat-

---

[2] Wir verwenden hier die Konvention „$1/0 = \infty$".

sächlich ein Beispiel für einen Schadeneintrittsprozess im Sinne von Definition 5.1. Für eine Illustration siehe Abb. 5.1.

Unser erstes Resultat beschäftigt sich mit der „mittleren Wachstumsrate" von $\{N_t\}_{t\geq 0}$ über lange Zeiträume.

Proposition 5.5 (Starkes Gesetz der großen Zahlen für Erneuerungsprozesse) Sei $\{N_t\}_{t\geq 0}$ ein Erneuerungsprozess mit Intensität $\lambda \geq 0$. Dann gilt

$$\lim_{t\to\infty} \frac{N_t}{t} = \lambda, \quad \text{fast sicher.}$$

Beweis Wir zeigen zuerst, dass $\lim_{t\to\infty} N_t = \infty$ fast sicher gilt. Wir haben

$$\mathbb{P}\left\{\lim_{t\to\infty} N_t < \infty\right\} = \lim_{m\to\infty} \mathbb{P}\left\{\lim_{t\to\infty} N_t < m\right\} = \lim_{m\to\infty} \lim_{t\to\infty} \mathbb{P}\left\{N_t < m\right\}$$
$$= \lim_{m\to\infty} \lim_{t\to\infty} \mathbb{P}\{T_m > t\} = 0,$$

da T_m fast sicher endlich ist. Mit dem starken Gesetz der großen Zahlen erhalten wir daher

$$\lim_{t\to\infty} \frac{T_{N_t}}{N_t} = \frac{1}{\lambda}, \quad \text{fast sicher.}$$

Wähle nun ein $t > 0$. Dann gilt nach Definition

$$T_{N_t} \leq t < T_{N_t+1}$$

und somit

$$\frac{T_{N_t}}{N_t} \leq \frac{t}{N_t} < \frac{T_{N_t+1}}{N_t+1} \frac{N_t+1}{N_t}.$$

Das Resultat folgt jetzt mit $t \to \infty$. □

Abb. 5.1 Beispiel für einen Pfad eines Erneuerungsprozesses

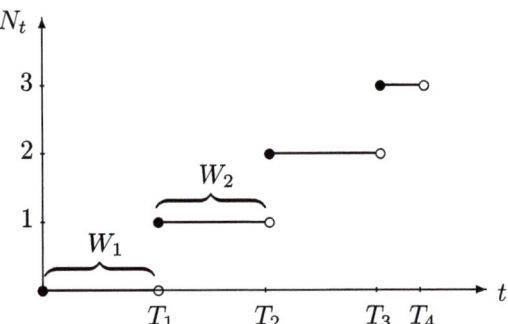

5.1 Dynamische Modelle der kollektiven Risikotheorie

Besonders wichtig ist der Spezialfall unabhängig exponentialverteilter $\{W_i\}_{i\in\mathbb{N}}$, da dann die Wartezeiten zwischen den Schadenereignissen gedächtnislos sind.

Definition 5.6 (Poisson-Prozess)

Sei $\lambda > 0$ und sei $\{W_i\}_{i\in\mathbb{N}}$ eine Folge unabhängiger exponentialverteilter Zufallsvariablen mit Parameter λ. Dann heißt der zugehörige Erneuerungsprozess (mit Intensität λ) *Poisson-Prozess* (mit Intensität oder Rate λ). ◂

Proposition 5.7 (Eigenschaften des Poisson-Prozesses) Sei $\{N_t\}_{t\geq 0}$ ein Poisson-Prozess mit Rate $\lambda > 0$. Dann gilt
1) $N_0 = 0$ fast sicher,
2) $\{N_t\}_{t\geq 0}$ hat unabhängige Zuwächse, d.h. für alle $n \in \mathbb{N}$ und $0 \leq t_0 \leq \cdots \leq t_n$ sind die Zuwächse $N_{t_i} - N_{t_{i-1}}$, $i \in [n]$, unabhängig,
3) für alle $s, t \geq 0$ sind die Zuwächse $N_{t+s} - N_t$ Poisson-verteilt mit Parameter λs, also insbesondere *stationär*, d.h. ihre Verteilung ist unabhängig von t,
4) $\{N_t\}_{t\geq 0}$ hat *càdlàg* Pfade.

▶ **Bemerkung 5.8** Durch die obigen Eigenschaften ist die Verteilung des Poisson-Prozesses $\{N_t\}_{t\geq 0}$ bereits eindeutig festgelegt.

Beweis von Proposition 5.7 Die erste und die letzte Eigenschaft folgen sofort aus der Definition. Für die zweite Eigenschaft zeigen wir ein stärkeres Resultat, nämlich dass für jedes feste $u \geq 0$ die Zuwächse

$$\bar{N}_t := N_{u+t} - N_u, \quad t \geq 0, \tag{5.5}$$

selbst wieder einen Poisson-Prozess $\{\bar{N}_t\}_{t\geq 0}$ mit Rate λ definieren, der unabhängig von der Vergangenheit bis zur Zeit u ist, also von

$$\mathcal{F}_u := \sigma\{N_s, 0 \leq s \leq u\}.$$

Dazu erinnern wir zunächst an die Gedächtnislosigkeit der exponentialverteilten Wartezeit W_1, nämlich

$$\mathbb{P}\{W_1 > t + s \mid W_1 > s\} = \mathbb{P}\{W_1 > t\} = e^{-\lambda t}, \quad t, s \geq 0.$$

Wir fixieren nun ein $s > 0$ und $n \in \mathbb{N}_0$. Dann gilt für das Ereignis, dass zur Zeit s genau n Sprünge stattgefunden haben, dass

$$\{N_s = n\} = \{T_n \leq s < T_{n+1}\} = \{T_n \leq s\} \cap \{W_{n+1} > s - T_n\}.$$

Bedingt auf $\{N_s = n\}$ sind die Sprungzeiten $\bar{T}_n$ von $\bar{N}$ (definiert in (5.5) mit $u = s$) also gegeben durch
$$\bar{T}_1 = W_{n+1} - (s - T_n) = T_{n+1} - s,$$
sowie
$$\bar{T}_m = T_{n+m} - s, \quad \text{für} \quad m \geq 2.$$
Offensichtlich sind die Wartezeiten $W_{n+1}, W_{n+2}, \ldots$ unabhängig von $T_1, \ldots, T_n$, und aufgrund der Gedächtnislosigkeit von W_{n+1} gilt

$$\begin{aligned}
\mathbb{P}\{\bar{T}_1 > t, N_s = n\} &= \mathbb{P}\{W_{n+1} > t + (s - T_n), W_{n+1} > s - T_n, T_n \leq s\} \\
&= \mathbb{E}\Big[\mathbf{1}_{\{T_n \leq s\}} \mathbb{P}\{W_{n+1} > t + (s - T_n), W_{n+1} > s - T_n | W_1, \ldots, W_n\}\Big] \\
&= \mathbb{E}\Big[\mathbf{1}_{\{T_n \leq s\}} e^{-\lambda t} \mathbb{P}\{W_{n+1} > s - T_n | W_1, \ldots, W_n\}\Big] \\
&= e^{-\lambda t} \mathbb{P}\{W_{n+1} > s - T_n, T_n \leq s\} \\
&= e^{-\lambda t} \mathbb{P}\{N_s = n\},
\end{aligned}$$

so dass bedingt auf $\{N_s = n\}$ die Wartezeiten
$$\bar{W}_1 := \bar{T}_1, \bar{W}_2 := W_{n+2} = \bar{T}_2 - \bar{T}_1, \ldots$$
unabhängig und $\mathrm{Exp}(\lambda)$ verteilt sind. Damit gilt (5.5) auf $\{N_s = n\}$, und da n und s beliebig waren, folgt die Behauptung.

Für die dritte Eigenschaft erinnern wir uns an die Faltungseigenschaft der Gammaverteilung (Proposition 4.20). Es gilt $\mathrm{Exp}(\lambda) = \Gamma_{1,\lambda}$ und
$$(\Gamma_{1,\lambda})^{*n} = \Gamma_{n,\lambda}.$$
Damit hat die Verteilung von $T_n = W_1 + \cdots + W_n$ also die Dichte
$$\frac{\lambda^n}{(n-1)!} x^{n-1} e^{-\lambda x}, \quad x \geq 0.$$
Wegen der zuvor bewiesenen Eigenschaft der Zuwächse in (5.5) genügt es, den Fall $t = 0$ zu betrachten. Für $n \in \mathbb{N}_0$ gilt mit (5.4) und partieller Integration

$$\begin{aligned}
\mathbb{P}\{N_s \geq n+1\} &= \mathbb{P}\{T_{n+1} \leq s\} = \int_0^s \frac{\lambda^{n+1}}{n!} x^n e^{-\lambda x} \, dx \\
&= \left[-\frac{\lambda^n}{n!} x^n e^{-\lambda x}\right]_0^s + \mathbf{1}_{\{n \geq 1\}} \int_0^s \frac{\lambda^n}{(n-1)!} x^{n-1} e^{-\lambda x} \, dx \\
&= -\frac{\lambda^n}{n!} s^n e^{-\lambda s} + \mathbb{P}\{N_s \geq n\}.
\end{aligned}$$

Damit erhalten wir für alle $n \in \mathbb{N}_0$

5.1 Dynamische Modelle der kollektiven Risikotheorie

$$\mathbb{P}\{N_s = n\} = \mathbb{P}\{N_s \geq n\} - \mathbb{P}\{N_s \geq n+1\} = \frac{\lambda^n}{n!} s^n e^{-\lambda s},$$

und dies ist genau das Poisson-Gewicht $\mathcal{P}_{\lambda s}(n)$. □

▶ **Bemerkung 5.9** (Kompensation von Poisson-Prozessen) Setzt man wie oben $\mathcal{F}_t := \sigma\{N_s, 0 \leq s \leq t\}$ für alle $t \geq 0$ und erhält somit die kanonische Filtration $\{\mathcal{F}_t\}_{t\geq 0}$ des Poisson-Prozesses $\{N_t\}_{t\geq 0}$ mit Parameter $\lambda > 0$, so sieht man leicht, dass $\{N_t - \lambda t\}_{t\geq 0}$ ein $\{\mathcal{F}_t\}_{t\geq 0}$-Martingal ist. Insbesondere gilt

$$\mathbb{E}[N_t - \lambda t] = 0 \quad \text{für alle} \quad t \geq 0,$$

und damit ist $\{\lambda t\}_{t\geq 0}$ der Kompensator von $\{N_t\}_{t\geq 0}$ im Sinne von Bemerkung 3.19.

Übungsaufgabe 5.10
Beweisen Sie die Aussagen von Bemerkung 5.9.

Die Situation unabhängiger und exponentialverteilter Wartezeiten zwischen den Schadeneintritten führt auf *das* klassische Modell der Ruintheorie, das Cramér-Lundberg[3] Modell, das später von Sparre Andersen[4] verallgemeinert wurde.

Definition 5.11 (Cramér-Lundberg und Sparre Andersen Modelle)

Sei $\left(\{N_t\}_{t\geq 0}, \{X_i\}_{i\in\mathbb{N}}, \{\Pi_t\}_{t\geq 0}\right)$ ein dynamisches kollektives Risikomodell. Weiter seien

- $\{N_t\}_{t\geq 0}$ ein Erneuerungsprozess mit Intensität $\lambda > 0$,
- die Schadenhöhen $\{X_i\}_{i\in\mathbb{N}}$ integrierbar mit $\mathbb{E}[X_1] = \mu < \infty$,
- $\{\Pi_t\}_{t\geq 0}$ eine Prämienfunktion mit $\Pi_t = ct, t \geq 0$, für ein $c > 0$.

Dann heißt das Tripel $\left(\{N_t\}_{t\geq 0}, \{X_i\}_{i\in\mathbb{N}}, \{\Pi_t\}_{t\geq 0}\right)$ *Sparre Andersen Modell*. Ist $\{N_t\}_{t\geq 0}$ sogar ein Poisson-Prozess mit Sprungrate $\lambda > 0$, so sprechen wir vom *Cramér-Lundberg Modell*. ◀

Das Sparre Andersen Modell ist auch als *Erneuerungsmodell* bekannt. Im Cramér-Lundberg Modell vererbt der Poisson-Prozess einige seiner wünschenswertesten Eigenschaften an den zugehörigen Schaden- und Risikoprozess.

---

[3] FILIP LUNDBERG, 1876–1965, geboren in Uppsala, schwedischer Mathematiker, Aktuar und Manager, behandelt das kollektive Risikomodell in seiner Dissertation an der Universität Uppsala (1903); gilt als ein Begründer der Risikotheorie.
[4] ERIK SPARRE ANDERSEN, 1919–2003, geboren in Kopenhagen, dänischer Wahrscheinlichkeitstheoretiker, Professor an der Universität Aarhus.

Proposition 5.12 Der Schadenprozess $\{S_t\}_{t\geq 0}$ und der Risikoprozess $\{U_t\}_{t\geq 0}$ im Cramér-Lundberg Modell sind *Lévy*[5]*-Prozesse*, haben also unabhängige und stationäre Zuwächse sowie càdlàg Pfade.

Beweis Die càdlàg-Eigenschaft von $\{S_t\}_{t\geq 0}$ und $\{U_t\}_{t\geq 0}$ ist offensichtlich aus der Definition und der càdlàg-Eigenschaft des Poisson-Prozesses. Für die Zuwächse betrachten wir zunächst $\{S_t\}_{t\geq 0}$. Seien $0 \leq t_0 < \cdots < t_n < \infty$ und $x_i \in \mathbb{R}, i \in [n]$. Dann gilt wegen der Unabhängigkeit zwischen Sprungzeiten und Sprunghöhen

$$\mathbb{P}\{S_{t_i} - S_{t_{i-1}} \leq x_i, i \in [n]\}$$

$$= \mathbb{P}\left\{\sum_{k=N_{t_{i-1}}+1}^{N_{t_i}} X_k \leq x_i, i \in [n]\right\}$$

$$= \sum_{a_0 \leq \cdots \leq a_n} \mathbb{P}\left\{\sum_{k=a_{i-1}+1}^{a_i} X_k \leq x_i, i \in [n]\right\} \mathbb{P}\{N_{t_0} = a_0, \ldots, N_{t_n} = a_n\}$$

$$= \sum_{a_0 \leq \cdots \leq a_n} \prod_{i=1}^{n} F^{*(a_i - a_{i-1})}(x_i) \mathbb{P}\{N_{t_0} = a_0, N_{t_j} - N_{t_{j-1}} = a_j - a_{j-1}, j \in [n]\}$$

$$= \sum_{b_1 \geq 0, \ldots, b_n \geq 0} \prod_{i=1}^{n} F^{*b_i}(x_i) \mathbb{P}\{N_{t_j} - N_{t_{j-1}} = b_j, j \in [n]\}.$$

Mit Eigenschaft (5.5) erhalten wir für die rechte Seite

$$\sum_{b_1 \geq 0, \ldots, b_n \geq 0} \prod_{i=1}^{n} F^{*b_i}(x_i) \mathbb{P}\{N_{t_1-t_0} = b_1\} \cdots \mathbb{P}\{N_{t_n-t_{n-1}} = b_n\}$$

$$= \prod_{i=1}^{n} \mathbb{P}\left\{\sum_{k=1}^{N_{t_i-t_{i-1}}} X_k \leq x_i\right\} = \prod_{i=1}^{n} \mathbb{P}\{S_{t_i-t_{i-1}} \leq x_i\}.$$

Dies impliziert sowohl die Unabhängigkeit als auch die Stationarität der Zuwächse von $\{S_t\}_{t\geq 0}$. Für den Risikoprozess

$$U_t = u + ct - S_t, \quad t \geq 0,$$

folgt das Resultat aus den entsprechenden Eigenschaften von $\{S_t\}_{t\geq 0}$. □

---

[7] PAUL PIERRE LÉVY, 1886–1971, geboren in Paris, französischer Mathematiker, Professor an der École Polytechnique, bedeutende Beiträge zur Wahrscheinlichkeitstheorie und der Theorie stochastischer Prozesse.

5.1 Dynamische Modelle der kollektiven Risikotheorie

▶ **Bemerkung 5.13** (Zusammengesetzter Poisson-Prozess) Der Schadenprozess im Cramér-Lundberg Modell ist ein sogenannter *zusammengesetzter Poisson-Prozess*, in Analogie zum Begriff der zusammengesetzten Poisson- Verteilung von Bemerkung 4.19 aus der statischen Risikotheorie. Die Sprungrate $\lambda > 0$ von $\{N_t\}_{t \geq 0}$ und die Verteilungsfunktion F der Schadenhöhen $\{X_i\}_{i \in \mathbb{N}}$ heißen auch die *Charakteristiken* des Schadenprozesses $\{S_t\}_{t \geq 0}$.

Wir definieren nun die zentralen Größen in unseren dynamischen Risikomodellen, nämlich die *Ruinwahrscheinlichkeit* und die *Ruinfunktion*.

Definition 5.14 (Ruinfunktion)

Sei $\left(\{N_t\}_{t \geq 0}, \{X_i\}_{i \in \mathbb{N}}, \{\Pi_t\}_{t \geq 0}\right)$ ein Sparre Andersen Modell und $\{U_t\}_{t \geq 0}$ der zugehörige Risikoprozess. Dann definieren wir die *Ruinwahrscheinlichkeit* zum Startkapital $u \geq 0$ durch

$$\Psi(u) := \mathbb{P}\{U_t < 0 \text{ für ein } t \geq 0 \mid U_0 = u\}.$$

Für $u < 0$ setzen wir $\Psi(u) := 1$. Die Funktion $\Psi : \mathbb{R} \to [0, 1]$, $u \mapsto \Psi(u)$, heißt *Ruinfunktion* zum Risikoprozess $\{U_t\}_{t \geq 0}$. Die Wahrscheinlichkeit, dass kein Ruin (bei Startkapital $u \in \mathbb{R}$) eintritt, bezeichnen wir mit $\Phi(u) := 1 - \Psi(u)$. ◀

In den folgenden Abschnitten beschäftigen wir uns mit den Eigenschaften des Risikoprozesses $\{U_t\}_{t \geq 0}$ und dem Verhalten der Ruinfunktion $\Psi : u \mapsto \Psi(u)$ in Abhängigkeit vom Startkapital u. Wir erweitern zunächst die Gültigkeit unseres Gesetzes der großen Zahlen für Erneuerungsprozesse $\{N_t\}_{t \geq 0}$ – Proposition 5.5 – auf den Schadenprozess $\{S_t\}_{t \geq 0}$ und den Risikoprozess $\{U_t\}_{t \geq 0}$ (Abb. 5.2).

Abb. 5.2 Beispiel für einen Pfad eines Risikoprozesses $\{U_t\}_{t \geq 0}$, bei dem der Ruin durch das vierte Schadenereignis eintritt

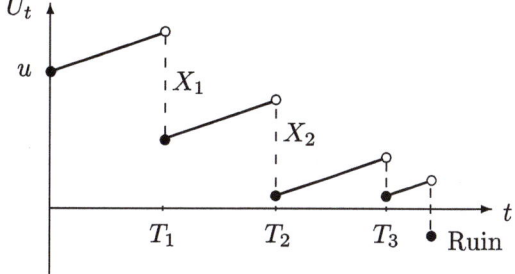

Satz 5.15 Für den Schadenprozess $\{S_t\}_{t\geq 0}$ im Sparre Andersen Modell gilt

$$\lim_{t\to\infty} \frac{S_t}{t} = \lambda\mu, \text{ fast sicher,}$$

und für den zugehörigen Risikoprozess $\{U_t\}_{t\geq 0}$ folglich

$$\lim_{t\to\infty} \frac{U_t}{t} = c - \lambda\mu, \text{ fast sicher.}$$

Beweis Es gilt offensichtlich

$$\frac{S_t}{t} = \frac{S_t}{N_t}\frac{N_t}{t}$$

falls $t > 0$ so groß ist, dass $N_t \geq 1$. Für die Terme auf der rechten Seite haben wir

$$\frac{S_t}{N_t} = \frac{1}{N_t}\sum_{k=1}^{N_t} X_k \to \mathbb{E}[X_1] = \mu, \quad \text{fast sicher,}$$

mit $t \to \infty$ nach dem klassischen starken Gesetz der großen Zahlen, und aus Proposition 5.5 wissen wir, dass

$$\lim_{t\to\infty} \frac{N_t}{t} = \lambda, \text{ fast sicher.}$$

Die Kombination beider Aussagen ergibt die Behauptung. □

Aus dem Satz können wir einige erste Informationen über die Ruinfunktion Ψ gewinnen.

▶ **Bemerkung 5.16** (Verhalten von Ψ in Abhängigkeit von der Prämienrate $c > 0$)

- Im Fall $c < \lambda\mu$ folgt aus der zweiten Aussage des obigen Satzes sofort, dass der Prozess $\{U_t\}_{t\geq 0}$ mit (mindestens) linearer Geschwindigkeit gegen $-\infty$ geht, und zwar egal wie hoch das Kapital u zur Zeit Null ist. Der Ruin tritt also fast sicher ein, und daher gilt $\Psi(u) = 1$ für alle $u \in \mathbb{R}$.
- Im Fall $c > \lambda\mu$ ist der Prozess $\{U_t\}_{t\geq 0}$ dagegen fast sicher nach unten beschränkt, und es gilt – da bei wachsendem u der Prozess $\{U_t\}_{t\geq 0}$ einfach nach oben ver schoben wird – $\lim_{u\to\infty} \Psi(u) = 0$.
- Im kritischen Fall $c = \lambda\mu$ (der einer „Nettoprämienrate" entspricht) folgt erst einmal keine präzise Aussage über die Ruinwahrscheinlichkeit Ψ. Man kann unter relativ schwachen Voraussetzungen aber zeigen, dass auch in diesem Fall der Ruin unabhängig vom Startkapital u fast sicher eintritt. Eine Ausnahme ist zum Beispiel der (unrealistische) Fall, in dem alle W_i und alle X_i mit Wahrscheinlichkeit 1 den Wert 1 annehmen und für die Prämienrate $c = 1$ gilt. Hier ist bei hinreichend hohem Startkapital der Ruin

unmöglich. Im Cramér-Lundberg Modell werden wir allerdings in Kürze sehen, dass im Fall $c = \lambda\mu$ der Ruin auch bei beliebig hohem Startkapital garantiert ist.

Definition 5.17 (Sicherheitszuschlag, NPC)

Im Sparre Andersen Modell heißt die Zahl

$$\rho := \frac{c}{\lambda\mu} - 1$$

relativer Sicherheitszuschlag. Im Fall $\rho > 0$ (oder, äquivalent, $c > \lambda\mu$) sagt man, dass die *Nettogewinnbedingung* (net profit condition, NPC) gilt. ◄

▶ **Bemerkung 5.18** Aus der letzten Bemerkung wird klar, dass $\rho = 0$ (oder $c = \lambda\mu$) gerade dem kritischen Fall entspricht. Hier gilt ein „Äquivalenzprinzip" der Form

$$\mathbb{E}[S_t - \Pi_t] = \lambda\mu t - ct = 0 \quad \text{für alle } t \geq 0,$$

wobei wir hier – im Unterschied zur Lebensversicherungsmathematik – allerdings die Zinseffekte vernachlässigen. Nach dem letzten Satz ist der Ruin im Fall $\rho < 0$ selbst bei sehr hohem Startkapital (fast) sicher, während im Fall $\rho > 0$ die Ruinwahrscheinlichkeit mit wachsendem Startkapital gegen Null geht. Man beachte, dass ein relativer Sicherheitszuschlag von beispielsweise $\rho = 1$ impliziert, dass die Prämienrate c doppelt so hoch ist wie im kritischen Fall $\rho = 0$.

Satz 5.15 zeigt bereits, dass die Theorie der Erneuerungsprozesse $\{N_t\}_{t \geq 0}$ ein wesentlicher Baustein der Ruintheorie ist. Dies motiviert den folgenden Abschnitt.

5.2 Grundlagen der Erneuerungstheorie

Erneuerungsprozesse spielen nicht nur in der Ruintheorie, sondern in vielen weiteren Anwendungsfeldern eine Rolle, so beispielsweise in der Warteschlangentheorie oder der Verkehrsflussmodellierung (sowohl auf Straßen als auch im Internet). Wir erinnern zunächst kurz an die Definition.

Sei $\{W_i\}_{i \in \mathbb{N}}$ eine Folge von unabhängig identisch verteilten Zufallsvariablen (die „Wartezeiten") auf $(\Omega, \mathcal{F}, \mathbb{P})$ mit Verteilungsfunktion G, wobei $G(0) = 0$ gelte. Die letzte Bedingung an G sichert, dass die Wartezeiten strikt positiv sind. Wir erhalten die zugehörigen Sprungzeiten durch

$$T_n := \sum_{i=1}^{n} W_i, \quad n \geq 1,$$

und setzen $T_0 := 0$. Dann definiert

$$N_t := \sup\{n \in \mathbb{N}_0 : T_n \leq t\} \quad \text{für alle } t \geq 0$$

den zugehörigen Erneuerungsprozess[6] $\{N_t\}_{t\geq 0}$. Eine äquivalente Darstellung ist

$$N_t := \sum_{n=1}^{\infty} \mathbf{1}_{\{T_n \leq t\}}, \quad t \geq 0.$$

In diesem Teilkapitel werden wir mit

$$m := \mathbb{E}[W_1] \in (0, \infty]$$

den Erwartungswert der Wartezeiten bezeichnen. Damit gilt $m = 1/\lambda$, wenn λ der Intensität des Erneuerungsprozesses wie in Definition 5.4 entspricht.

Proposition 5.19 Sei $\{N_t\}_{t\geq 0}$ ein Erneuerungsprozess. Dann gilt für jedes $k \in \mathbb{N}_0$ und $t \geq 0$

$$\mathbb{P}\{N_t \geq k\} = \mathbb{P}\{T_k \leq t\} = G^{*k}(t),$$

sowie

$$\mathbb{P}\{N_t = k\} = G^{*k}(t) - G^{*(k+1)}(t).$$

Beweis Dies folgt direkt aus der Definition der Faltung 4.15. □

Definition 5.20 (Erneuerungsfunktion)

Sei $\{N_t\}_{t\geq 0}$ ein Erneuerungsprozess. Wir definieren die zugehörige *Erneuerungsfunktion* $M : [0, \infty) \to [0, \infty]$ durch

$$t \mapsto M(t) := \mathbb{E}[N_t], \quad t \geq 0.$$

◀

Proposition 5.21 Für jeden Erneuerungsprozess $\{N_t\}_{t\geq 0}$ gilt: Zu jeder Zeit sind alle seine exponentiellen Momente endlich, d. h. für jedes $t \geq 0$ und $\gamma > 0$ gilt

$$\mathbb{E}[e^{\gamma N_t}] < \infty.$$

Insbesondere ist $M(t) < \infty$ für alle $t \geq 0$.

---

[6] Manchmal wird $\{N_t\}_{t\geq 0}$ auch als „Erneuerungs-Zählprozess" bezeichnet, da der Wert des Prozesses gerade der Anzahl der bisher erfolgten Sprünge entspricht.

5.2 Grundlagen der Erneuerungstheorie

Beweis Offensichtlich gilt die Behauptung für $t = 0$. Sei also $t > 0$. Dann gilt für $k \in \mathbb{N}$ und $\beta > 0$ mit der Markov-Ungleichung (4.20)

$$\mathbb{P}\{N_t \geq k\} = \mathbb{P}\{T_k \leq t\} \leq \mathbb{P}\left\{\exp\left\{-\beta \sum_{i=1}^{k} W_i\right\} \geq \exp\{-\beta t\}\right\}$$

$$\leq \exp\{\beta t\}\left(\mathbb{E}\left[e^{-\beta W_1}\right]\right)^k = e^{\beta t + k \log\left(\mathbb{E}\left[e^{-\beta W_1}\right]\right)}.$$

Nun wähle $\beta > 0$ so groß, dass $-\log \mathbb{E}[e^{-\beta W_1}] \geq \gamma + 1$ gilt. Damit folgt

$$\mathbb{E}[e^{\gamma N_t}] = \sum_{k=0}^{\infty} e^{\gamma k} \mathbb{P}\{N_t = k\} \leq \sum_{k=0}^{\infty} e^{\gamma k} \mathbb{P}\{N_t \geq k\}$$

$$\leq \sum_{k=0}^{\infty} e^{\gamma k} e^{\beta t} e^{-k(\gamma+1)} = e^{\beta t} \frac{1}{1 - e^{-1}} < \infty,$$

wie behauptet. □

Proposition 5.22 Sei $\{N_t\}_{t \geq 0}$ ein Erneuerungsprozess dessen Wartezeiten die Verteilungsfunktion G haben. Dann gilt für seine Erneuerungsfunktion

$$M(t) = \sum_{j=1}^{\infty} G^{*j}(t), \quad t \geq 0.$$

Insbesondere gilt

- $M(0) = 0$,
- M ist nicht fallend und rechtsstetig,
- $M(t) \to \infty$ wenn $t \to \infty$.

Übungsaufgabe 5.23
Beweisen Sie Proposition 5.22. Beim Beweis der Rechtsstetigkeit hilft der Satz von der dominierten Konvergenz.

Wir benötigen nun noch eine im Vergleich zu Definition 4.15 etwas allgemeinere Version der Faltung, die wir auch auf Erneuerungsfunktionen anwenden können.

Definition 5.24 (Faltung)

Ist $A : [0, \infty) \to \mathbb{R}$ lokal beschränkt und messbar und $B : [0, \infty) \to \mathbb{R}$ die Differenz zweier nicht negativer, rechtsstetiger, nicht fallender Funktionen, dann heißt

$$(A * B)(t) := \int_{(0,t]} A(t-s) \, dB(s), \quad t \geq 0$$

Faltung von A und B. ◀

▶ **Bemerkung 5.25** Nach Bemerkung A.1.4 ist $(A * B)(t)$ für jedes $t \geq 0$ wohldefiniert und endlich. Wenn $B * A$ ebenfalls definiert ist und zudem $A(0) = B(0) = 0$ gilt, dann folgt aus der partiellen Integrationsformel (Satz A.1.8), dass

$$A * B = B * A.$$

Außerdem gilt
$$(A * B) * C = A * (B * C),$$

falls alle auftretenden Terme wohldefiniert sind.

Wir haben oben bereits die Kurznotation $M = \{M(t)\}_{t \geq 0}$ und $N = \{N_t\}_{t \geq 0}$ verwendet. Wir werden auch im folgenden des öfteren das Argument einer Funktion oder den Zeitindex eines Prozesses weglassen, wenn dies der Übersichtlichkeit dient und dadurch keine Unklarheiten entstehen können.

Proposition 5.26 Die Erneuerungsfunktion M eines Erneuerungsprozesses N mit Verteilungsfunktion G erfüllt die Gleichung

$$M(t) = G(t) + \int_{(0,t]} M(t-y) \, dG(y), \quad t \geq 0, \tag{5.6}$$

kurz:
$$M = G + M * G.$$

▶ **Bemerkung 5.27** (Heuristische und rigorose Erneuerungsargumente) *Erneuerungsargumente* werden im Verlauf des Abschnitts eine wichtige Rolle spielen. Wir illustrieren ein solches zunächst heuristisch, um die korrekte Anschauung zu erhalten, bevor wir eine rigorose (aber weniger anschauliche) Begründung nachliefern.

Das Erneuerungsargument besteht in einer Fallunterscheidung nach dem Zeitpunkt des ersten Sprunges $T_1 = W_1$ eines Erneuerungsprozesses (oder eines von einem Erneuerungsprozess abgeleiteten Prozesses wie dem Risikoprozess $\{U_t\}_{t \geq 0}$).

5.2 Grundlagen der Erneuerungstheorie

Angenommen, wir interessieren uns für das Verhalten von N zu einer Zeit $t \geq 0$. Ist $t < T_1$ so gilt offensichtlich $N_t = 0$. Nach dem ersten Sprung bei T_1 beginnt der Prozess „erneut", allerdings startet er dann bei 1 statt bei 0. Dies macht die folgende Aussage plausibel:

$$\mathbb{E}[N_t | T_1 = x] = \begin{cases} 0 & t < x, \\ 1 + \mathbb{E}[N_{t-x}] & t \geq x. \end{cases}$$

Damit ist

$$\begin{aligned} M(t) = \mathbb{E}[N_t] &= \int_{(0,t]} \mathbb{E}[N_t | T_1 = x] \, dG(x) \\ &= \int_{(0,t]} [1 + M(t-x)] \, dG(x) \\ &= G(t) + \int_{(0,t]} M(t-x) \, dG(x), \end{aligned} \tag{5.7}$$

und das ist die Aussage der Proposition.

Wir geben nun auch noch einen rigorosen Beweis von (5.7) an, der allerdings etwas weniger intuitiv ist. Es folgt mit dem Fubinitrick (A.1.6)

$$M(t) = \mathbb{E}[N_t] = \sum_{n=1}^{\infty} \mathbb{P}\{N_t \geq n\} = \sum_{n=1}^{\infty} \mathbb{P}\{T_n \leq t\}. \tag{5.8}$$

Da $T_n = T_{n-1} + W_n$ für $n \geq 1$ gilt (mit $T_0 = 0$), erhalten wir mittels Faltung und dem Satz von Fubini die Darstellung

$$\begin{aligned} M(t) = \sum_{n=1}^{\infty} \mathbb{P}\{T_n \leq t\} &= G(t) + \sum_{n=2}^{\infty} \mathbb{P}\{T_{n-1} + W_n \leq t\} \\ &= G(t) + \sum_{n=2}^{\infty} \int_0^t \mathbb{P}\{T_{n-1} \leq t - x\} \, dG(x) \\ &= G(t) + \int_0^t \sum_{n=2}^{\infty} \mathbb{P}\{T_{n-1} \leq t - x\} \, dG(x) \\ &= G(t) + \int_0^t \sum_{n=1}^{\infty} \mathbb{P}\{T_n \leq t - x\} \, dG(x) \\ &= G(t) + \int_0^t M(t - x) \, dG(x), \end{aligned}$$

wie gewünscht. □

Satz 5.28 (Erneuerungsgleichung) Sei $a : [0, \infty) \to \mathbb{R}$ eine lokal beschränkte und messbare Funktion. Sei G eine Verteilungsfunktion mit $G(0) = 0$. Dann existiert genau eine lokal beschränkte messbare Funktion $H : [0, \infty) \to \mathbb{R}$ mit

$$H(t) = a(t) + \int_{(0,t]} H(t-y)\, dG(y), \tag{5.9}$$

und zwar

$$H(t) = a(t) + \int_{(0,t]} a(t-x)\, dM(x), \tag{5.10}$$

kurz

$$H = a + a * M,$$

wobei $M(t) = \sum_{k=1}^{\infty} G^{*k}(t)$ die zu G gehörige Erneuerungsfunktion ist.

▶ **Bemerkung 5.29** Im Fall $a = G$ ist $H = M$, wie wir in Proposition 5.26 gesehen haben.

Beweis Die lokale Beschränktheit für (5.10) und die Messbarkeit (mit dem Satz von Fubini) sind klar. Wir zeigen jetzt, dass die in (5.10) definierte Funktion wirklich (5.9) löst. Zunächst beachte, dass für die Verteilungsfunktion G gilt

$$\sum_{k=2}^{\infty} G^{*k}(t) = \sum_{k=1}^{\infty} (G^{*k} * G)(t)$$
$$= \sum_{k=1}^{\infty} \int_{(0,t]} G^{*k}(t-s)\, dG(s)$$
$$= \int_{(0,t]} \sum_{k=1}^{\infty} G^{*k}(t-s)\, dG(s),$$

mit monotoner Konvergenz. Daher folgt mit Proposition 5.22 in Kurzschreibweise:

$$H = a + a * M = a + a * \left(\sum_{k=1}^{\infty} G^{*k}\right)$$
$$= a + a * G + a * \left(\sum_{k=2}^{\infty} G^{*k}\right)$$
$$= a + \left(a + a * \sum_{k=1}^{\infty} G^{*k}\right) * G = a + H * G.$$

5.2 Grundlagen der Erneuerungstheorie

Für die Eindeutigkeit sei A eine beliebige lokal beschränkte messbare Lösung von (5.9). Dann ist für beliebiges $\ell \in \mathbb{N}$

$$A = a + A * G = a + (a + A * G) * G$$
$$= a + a * G + A * G^{*2}$$
$$\vdots$$
$$= a + a * \sum_{k=1}^{\ell-1} G^{*k} + A * G^{*\ell}.$$

Wir zeigen nun, dass die rechte Seite für $\ell \to \infty$ punktweise gegen $a + a * M$ konvergiert. Für den letzten Term gilt

$$\left|(A * G^{*\ell})(t)\right| = \left|\int_{(0,t]} A(t-s)\,dG^{*\ell}(s)\right|$$
$$\leq \sup_{0 \leq s \leq t} |A(s)| \cdot \mathbb{P}\{T_\ell \leq t\} = \sup_{0 \leq s \leq t} |A(s)| \cdot \mathbb{P}\{N_t \geq \ell\} \to 0$$

mit $\ell \to \infty$. Für den Mittelterm haben wir

$$\left|(a * \sum_{k=1}^{\ell-1} G^{*k})(t) - (a * M)(t)\right| = \left|\int_{(0,t]} a(t-s)\,d\Big(\sum_{k=\ell}^{\infty} G^{*k}\Big)(s)\right|$$
$$\leq \sup_{0 \leq s \leq t} |a(s)| \sum_{k=\ell}^{\infty} G^{*k}(t) \to 0$$

mit $\ell \to \infty$. Insgesamt gilt also $A = a + a * M = H$. $\square$

Als nächstes untersuchen wir einige Eigenschaften desjenigen zufälligen Wartezeitintervalls von $\{N_t\}_{t \geq 0}$, das einen gegebenen Zeitpunkt $t > 0$ überdeckt, wobei uns das vorangegangene Resultat gute Dienste leistet.

Definition 5.30

Sei $\{N_t\}_{t \geq 0}$ ein Erneuerungsprozess mit Sprungzeiten $\{T_n\}_{n \in \mathbb{N}_0}$. Für $t \geq 0$ betrachten wir das zufällige Intervall $[T_{N_t}, T_{N_t+1})$, das den Zeitpunkt t per Konstruktion überdeckt. Sei

$$R_t := T_{N_t+1} - t$$

die „*restliche Wartezeit*" bis zum nächsten Sprung,

$$A_t := t - T_{N_t}$$

die „*aktuelle Wartezeit*" seit dem letzten Sprung, und

$$L_t := A_t + R_t = T_{N_t+1} - T_{N_t}$$

die „*Gesamtwartezeit*" (Abb. 5.3). ◀

In anderen Kontexten spricht man auch von „Lebensdauern" statt Wartezeiten, und das erklärt auch die Notation L_t. Achtung: Die Verteilung der Länge des speziell gewählten Intervalls $[T_{N_t}, T_{N_t+1}]$ ist im Allgemeinen nicht mehr durch G gegeben, wie wir gleich sehen werden.

Lemma 5.31 Sei $\{N_t\}_{t\geq 0}$ ein Erneuerungsprozess mit Verteilungsfunktion G. Sei $m := \mathbb{E}[W_1] \in (0, \infty]$. Für die Restwartezeit $\{R_t\}_{t\geq 0}$ gilt

$$\mathbb{P}\{R_t \leq z\} = G(t+z) - \int_{(0,t]} (1 - G(t+z-x))\, dM(x), \quad z \geq 0, \tag{5.11}$$

und speziell

$$\mathbb{E}[R_t] = m(1 + M(t)) - t. \tag{5.12}$$

Beweis Für die erste Aussage (5.11) setzen wir zunächst

$$R_t(z) := \mathbb{P}\{R_t \leq z\}, \quad z \geq 0.$$

Wir skizzieren hier einen Beweis mittels eines Erneuerungsarguments à la Bemerkung 5.27, aus der wir durch Fallunterscheidung die Darstellung

$$\mathbb{P}\{R_t \leq z \mid T_1 = x\} = \begin{cases} 0, & x > t + z, \\ 1, & t < x \leq t + z, \\ R_{t-x}(z), & x \leq t, \end{cases}$$

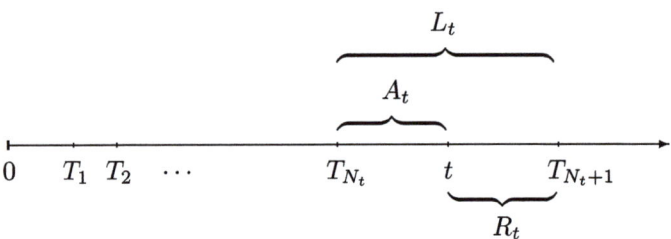

Abb. 5.3 Aktuelle, Gesamt- und Restwartezeit für $t \geq 0$

5.2 Grundlagen der Erneuerungstheorie

erhalten. Also ist

$$R_t(z) = \int_{(0,t]} R_{t-x}(z)\, dG(x) + \int_{(t,t+z]} dG(x)$$
$$= G(t+z) - G(t) + \int_{(0,t]} R_{t-x}(z)\, dG(x).$$

Dies ist für jedes feste $z \geq 0$ eine *Erneuerungsgleichung*, denn die Voraussetzungen von Satz 5.28 sind für $H(t) = R_t(z)$ und $a(t) = G(t+z) - G(t)$ erfüllt. Damit folgt

$$R_t(z) = G(t+z) - G(t) + \int_{(0,t]} (G(t+z-x) - G(t-x))\, dM(x)$$
$$= G(t+z) - \int_{(0,t]} (1 - G(t+z-x))\, dM(x),$$

wobei wir im letzten Schritt die Gleichheit $M = G + M * G$ und damit Proposition 5.26 ausgenutzt haben.

Für die zweite Aussage, Gl. (5.12), betrachten wir zunächst den Fall $m < \infty$. Es gilt

$$\mathbb{E}[R_t] = \mathbb{E}[T_{N_t+1}] - t$$

sowie

$$\{N_t + 1 = n\} = \{W_1 + \cdots + W_{n-1} \leq t,\, W_1 + \cdots + W_n > t\}$$

wobei das Ereignis auf der rechten Seite von $\sigma\{W_{n+1}, W_{n+2}, \ldots\}$ unabhängig ist. Also gilt mit der Waldschen Gleichung (Satz 4.34), dass

$$\mathbb{E}[T_{N_t+1}] = \mathbb{E}[W_1](\mathbb{E}[N_t] + 1),$$

und damit ist

$$\mathbb{E}[R_t] = \mathbb{E}[W_1](1 + M(t)) - t,$$

wie gewünscht.

Sei nun $m = \infty$. Wir müssen zeigen, dass dann $\mathbb{E}[R_t] = \infty$ für alle $t \geq 0$ gilt. Dies folgt aber aus

$$\mathbb{E}[R_t] \geq \mathbb{E}\big[R_t \mathbf{1}_{\{T_1 > t\}}\big] = \mathbb{E}\big[(T_1 - t)\mathbf{1}_{\{T_1 > t\}}\big]$$
$$= \mathbb{E}\big[(T_1 - t)^+\big]$$
$$\geq \mathbb{E}[T_1] - t = m - t = \infty.$$

$\square$

Beispiel 5.32
Ist N ein Poisson-Prozess mit Sprungrate $\lambda > 0$, so gilt $M(t) = \lambda t$ und $\mathbb{E}[R_t] = 1/\lambda$ für alle $t \geq 0$.

▶ **Bemerkung 5.33** (Wartezeitparadoxon) Die obige Beobachtung spielt eine Rolle bei der Lösung des bekannten „Wartezeitparadoxons" (siehe [Fel71, I.4]). Man betrachte eine hypothetische Bushaltestelle, bei der die Busankünfte durch einen Poisson-Prozess mit Rate 1 beschrieben werden. Angenommen, man erreicht die Bushaltestelle zu einer Zeit t. Wie lange muss man im Mittel auf den nächsten Bus warten? Das obige Ergebnis besagt, im Einklang mit der Gedächtnislosigkeit der Exponentialverteilung, dass die mittlere Wartezeit gerade 1 ist:

$$\mathbb{E}[R_t] = m(1 + M(t)) - t = 1 + t - t = 1.$$

Ein anderes „intuitives" Argument scheint dem zu widersprechen: Bei Ankunft an der Bushaltestelle sollte man einen „zufälligen Punkt" innerhalb des aktuellen Wartezeitintervalls treffen. Aus Symmetriegründen sollte daher die mittlere Wartezeit nur halb solang sein wie die erwartete Länge des Intervalls, und das wäre 1/2 statt 1.

Die erste Antwort ist korrekt. Um den scheinbaren Widerspruch aufzulösen, muss man spezifizieren, was ein „zufälliger Punkt" innerhalb eines Wartezeitintervalls genau sein soll. Bedingt man etwa auf eine Realisierung von Ankunftszeiten, dann trifft man bei „zufälliger" Ankunft bevorzugt auf längere Intervalle als auf kürzere (und zwar proportional zu deren Länge), und diese *Größenverzerrung* führt genau auf die mittlere Wartezeit 1 anstelle von 1/2.

Übungsaufgabe 5.34

a) Beweisen Sie (5.11) rigoros mit Hilfe von Argumenten analog zu (5.15).
b) Geben Sie eine alternative Begründung von (5.12) mit Hilfe eines Erneuerungsargumentes (insbesondere ohne Verwendung der Waldschen Gleichung).

Satz 5.35 (Elementarer Erneuerungssatz) Sei $\{N_t\}_{t \geq 0}$ ein Erneuerungsprozess mit Erneuerungsfunktion M und Wartezeiten $\{W_i\}_{i \in \mathbb{N}}$. Sei $m := \mathbb{E}[W_1] \in (0, \infty]$. Dann gilt

$$\lim_{t \to \infty} \frac{M(t)}{t} = \frac{1}{m} \in [0, \infty).$$

Beweis Mit Gl. (5.12) aus Lemma 5.31 gilt

$$0 \leq \mathbb{E}[R_t] = m(1 + M(t)) - t,$$

also folgt die untere Schranke

$$\liminf_{t \to \infty} \frac{M(t)}{t} \geq \frac{1}{m}.$$

5.2 Grundlagen der Erneuerungstheorie

Für die obere Schranke verwenden wir ein Abschneideargument. Sei $c > 0$ und

$$W_i^{(c)} := \begin{cases} W_i & \text{falls } W_i \leq c, \\ c & \text{falls } W_i > c. \end{cases}$$

Wir setzen $m^{(c)} := \mathbb{E}[W_1^{(c)}] \leq m$. Sei $N^{(c)}$ der zu diesen gekappten Wartezeiten gehörende Erneuerungsprozess mit Sprungzeiten

$$T_0^{(c)} := 0, \quad T_n^{(c)} := \sum_{i=1}^n W_i^{(c)}, \quad n \geq 1.$$

Da $W_i^{(c)} \leq W_i$ für alle $i \in \mathbb{N}$ gilt, ist $N_t^{(c)} \geq N_t$ und damit auch $M^{(c)}(t) \geq M(t)$ für alle t. Gl. (5.12) liefert

$$t + c \geq \mathbb{E}\left[T_{N_t^{(c)}+1}^{(c)}\right] = m^{(c)}(1 + M^{(c)}(t)).$$

Also ist

$$M(t) \leq M^{(c)}(t) \leq \frac{t+c}{m^{(c)}} - 1$$

für alle $c > 0$ und $t > 0$ und insbesondere

$$\limsup_{t \to \infty} \frac{M(t)}{t} \leq \frac{1}{m^{(c)}} \to \frac{1}{m},$$

mit $c \to \infty$ unter Verwendung des Satzes von der monotonen Konvergenz. $\square$

Für den Poisson-Prozess gilt die obige Aussage natürlich exakt und nicht nur im Limes:

$$\frac{M(t)}{t} = \frac{1}{m} = \lambda, \quad t \geq 0.$$

Aufgrund der Gedächtnislosigkeit ist er also von Anfang an „stationär" – im Gegensatz zum allgemeinen Fall, bei dem der Startzeitpunkt erst mit der Zeit „vergessen" wird. Wir wollen nun eine Konstruktion angeben, die diese Eigenschaft für beliebige Erneuerungsprozesse sicherstellt.

Definition 5.36 (Verzögerter Erneuerungsprozess)

Seien $W_1, W_2, W_3, \ldots$ unabhängige strikt positive und $W_2, W_3, \ldots$ zudem identisch verteilte Zufallsvariablen mit Verteilungsfunktion G. Die Wartezeit W_1 habe die (möglicherweise von G verschiedene) Verteilungsfunktion H. Wir setzen

$$T_0 := 0, \quad T_n := \sum_{i=1}^n W_i, \quad \text{für } n \geq 1,$$

und
$$N_t^H := \sup\{n : T_n \leq t\}, \quad t \geq 0.$$

Dann heißt der Prozess $N^H = \{N_t^H\}_{t \geq 0}$ *verzögerter Erneuerungsprozess* (zu G) mit Startverteilung H. ◂

In Analogie zu den klassischen Erneuerungsprozessen setzen wir
$$M^H(t) := \mathbb{E}[N_t^H], t \geq 0,$$

für die „verzögerte Erneuerungsfunktion" von N^H. Durch einen Vergleich mit dem entsprechenden (unverzögerten) Erneuerungsprozess sieht man, dass $M^H(t) < \infty$ gilt: Definiere dazu $\tilde{W}_i := W_{i+1}$ für alle $i \in \mathbb{N}$. Sei $\tilde{N}$ der (unverzögerte) Erneuerungsprozess zu dieser Folge. Dann gilt $N_t^H \leq \tilde{N}_t + 1$ für alle $t \geq 0$ und somit
$$\mathbb{E}[N_t^H] \leq \mathbb{E}[\tilde{N}_t] + 1 < \infty.$$

Mit dem uns mittlerweile wohlbekannten Erneuerungsargument im Stile von Bemerkung 5.27 sieht man leicht, dass
$$M^H = H + M * H \tag{5.13}$$

gilt, wobei M die zu G gehörige Erneuerungsfunktion ist. Also ist M^H die eindeutige Lösung der Erneuerungsgleichung
$$M^H = H + M^H * G. \tag{5.14}$$

Nun wollen wir H so wählen, dass $M^H(t) = \mathbb{E}[N_t^H] = t/m$ exakt gilt, wobei hier $m := \mathbb{E}[W_2] < \infty$. Angenommen, ein solches H existiert, dann gilt mit (5.14) und partieller Integration
$$\begin{aligned}H(t) &= \frac{t}{m} - \int_{(0,t]} \frac{t-x}{m} dG(x) \\ &= \frac{t}{m}(1 - G(t)) + \frac{1}{m} \int_{(0,t]} x \, dG(x) \\ &= \frac{t}{m}(1 - G(t)) + \frac{1}{m}\left(-\int_0^t G(x)\,dx + tG(t)\right) \\ &= \frac{1}{m}\int_0^t (1 - G(x))\,dx.\end{aligned}$$

Offensichtlich *ist* H die Verteilungsfunktion einer strikt positiven Zufallsvariablen. Wir zeigen nun, dass das zu diesem H gehörende M^H tatsächlich die gewünschte Eigenschaft $M_t^H = t/m$ hat. Wegen der ersten Identität in der letzten Gleichungskette gilt $H = A - A * G$ mit $A(t) = t/m$ für $t \geq 0$, und damit gilt nach (5.13) und (5.6)

5.2 Grundlagen der Erneuerungstheorie

$$M^H = H + M * H$$
$$= A - A * G + M * A - M * A * G$$
$$= A - A * G + M * A - A * (M - G) = A,$$

wie gewünscht.

Definition 5.37 (Stationärer Erneuerungsprozess)

Sei $\{N_t^H\}_{t \geq 0}$ ein verzögerter Erneuerungsprozess zu G mit $\mathbb{E}[W_2] =: m < \infty$ und Startverteilung H. Falls

$$H(t) = \frac{1}{m} \int_0^t (1 - G(y)) \, dy \quad \text{für alle } t \geq 0$$

gilt, so heißt $\{N_t^H\}_{t \geq 0}$ *stationärer Erneuerungsprozess* (oder auch *Gleichgewichtserneuerungsprozess*). ◂

▶ **Bemerkung 5.38** Die Verteilung zu H heißt auch integrierte *tail*-Verteilung von G. Sie wird uns später noch mehrfach in einem anderen Kontext der Ruintheorie begegnen, siehe insbesondere Satz 5.83 zur Asymptotik der Ruinfunktion.

Proposition 5.39 Der Gleichgewichtserneuerungsprozess $\{N_t^H\}_{t \geq 0}$ hat stationäre Zuwächse. Insbesondere gilt für jedes $s > 0$

$$N_t^H \stackrel{d}{=} \tilde{N}_t^{H,s} := N_{t+s}^H - N_s^H \quad \text{für alle } t \geq 0.$$

▶ **Bemerkung 5.40** Für den Poisson-Prozess gilt offensichtlich $N^H = N$, damit ist der Poisson-Prozess ein Gleichgewichtserneuerungsprozess.

Beweis Da die Wartezeiten $\{W_i\}_{i \in \mathbb{N}}$ unabhängig sind, reicht es zu zeigen, dass die Verteilung der Restwartezeit R_t von N^H nicht von t abhängt und die Verteilungsfunktion H hat, in Formeln:
$$\mathbb{P}\{R_t \leq y\} = H(y), \quad \text{für jedes } t \geq 0.$$
Bezeichnen wir die Verteilungsfunktion von T_k mit G_{T_k} (für $k \geq 1$), dann gilt

$$\mathbb{P}\{R_t > y\} = \sum_{k=0}^{\infty} \mathbb{P}\{R_t > y, N_t^H = k\}$$

$$= \mathbb{P}\{R_t > y, N_t^H = 0\} + \sum_{k=1}^{\infty} \mathbb{P}\{R_t > y, N_t^H = k\}$$

$$= \mathbb{P}\{W_1 > t + y\} + \sum_{k=1}^{\infty} \mathbb{P}\{T_k \le t, W_{k+1} > t + y - T_k\}$$

$$= 1 - H(t+y) + \sum_{k=1}^{\infty} \int_0^t [1 - G(t+y-x)]\, dG_{T_k}(x)$$

$$= 1 - H(t+y) + \int_0^t [1 - G(t+y-x)] \left(\sum_{k=1}^{\infty} dG_{T_k}(x) \right)$$

$$= 1 - H(t+y) + \int_0^t [1 - G(t+y-x)]\, dM^H(x), \tag{5.15}$$

mit Proposition 5.22. Einsetzen der Darstellung für H und M^H im Gleichgewichtsfall liefert nun

$$R_t(y) = \mathbb{P}\{R_t \le y\} = H(t+y) - \int_0^t [1 - G(t+y-x)]\, dM^H(x)$$

$$= \frac{1}{m} \int_0^{t+y} (1 - G(x))\, dx - \frac{1}{m} \int_0^t [1 - G(t+y-x)]\, dx$$

$$= \frac{1}{m} \int_0^{t+y} (1 - G(x))\, dx - \frac{1}{m} \int_y^{t+y} [1 - G(z)]\, dz$$

$$= \frac{1}{m} \int_0^y (1 - G(x))\, dx = H(y),$$

wie gewünscht. □

Wir wollen nun den Blackwellschen[7] und den fundamentalen Erneuerungssatz behandeln. Letzterer ist äquivalent zu ersterem und wird in der Ruintheorie (speziell im Beweis von Satz 5.65) noch eine wesentliche Rolle spielen. Dazu eine Vorbereitung.

Definition 5.41

Sei W eine Zufallsvariable mit Verteilungsfunktion G, wobei $G(0) = 0$ gelte. Existiert ein $\xi > 0$ mit

---

[7] DAVID HAROLD BLACKWELL, 1919–2010, geboren in Centralia, Illinois, US-amerikanischer Mathematiker, Professor an der University of Califonia, Berkeley. Bedeutende Beiträge zur Statistik, Erneuerungstheorie und Spieltheorie; erster Afroamerikaner, der in die National Academy of Sciences aufgenommen wurde.

5.2 Grundlagen der Erneuerungstheorie

$$\sum_{k=1}^{\infty} \mathbb{P}\{W = k\xi\} = 1,$$

dann heißt das größte solche ξ *Spann* von W, und W (oder G) heißt *arithmetisch*. Existiert kein solches ξ, dann heißt W (oder G) *nicht arithmetisch*. ◂

Satz 5.42 (Erneuerungssatz von Blackwell, 1948) Sei $\{N_t\}_{t\geq 0}$ ein Erneuerungsprozess mit $\mathbb{E}[W_1] = m \in (0, \infty]$ und Erneuerungsfunktion M.

a) Wenn G nicht arithmetisch ist, dann gilt für jedes $s > 0$

$$\lim_{t \to \infty} \left(M(t+s) - M(t) \right) = \frac{s}{m}.$$

b) Ist G arithmetisch mit Spann ξ, dann gilt

$$\lim_{n \to \infty} \left(M((n+1)\xi) - M(n\xi) \right) = \frac{\xi}{m},$$

d. h. a) gilt, wenn s Vielfaches des Spanns ξ ist.

Beweisskizze Wir skizzieren hier nur die wesentlichen Argumente – einen Beweis findet man beispielsweise in [Dur19, Satz 2.6.4 und Kap. 5].

Zunächst zu Aussage b). Sei A_n die „aktuelle Wartezeit" zur Zeit $n\xi$, also

$$A_n = n\xi - T_{N_{n\xi}}.$$

Dann ist $\{A_n\}_{n\geq 0}$ eine homogene Markov-Kette mit $A_0 = 0$ und Übergangswahrscheinlichkeiten

$$\mathbb{P}\{A_{n+1} = (j+1)\xi \,|\, A_n = \xi j\} = \frac{1 - G((j+1)\xi)}{1 - G(j\xi)}$$

und

$$\mathbb{P}\{A_{n+1} = 0 \,|\, A_n = \xi j\} = \frac{G((j+1)\xi) - G(j\xi)}{1 - G(j\xi)}.$$

Alle anderen Übergänge haben Wahrscheinlichkeit 0. Sei $\mathcal{M} \subset \xi \mathbb{N}_0$ die Menge aller von 0 erreichbaren Zustände von $\{A_n\}_{n\geq 0}$. Dann ist die Markov-Kette $\{A_n\}_{n\geq 0}$ mit Zustandsraum $\mathcal{M}$ *rekurrent, aperiodisch* und *irreduzibel*. Weiterhin ist $\{A_n\}_{n\geq 0}$ positiv rekurrent für $m <$

∞ und null-rekurrent wenn $m = \infty$. Nach dem Hauptsatz über Markov-Ketten, siehe zum Beispiel [KW14, Satz 2.8], gilt die Konvergenz

$$\mathbb{P}\{A_{n+1} = 0 \mid A_0 = 0\} \to \frac{1}{\mathbb{E}[W_1/\xi]} = \frac{\xi}{m}$$

für $n \to \infty$. Dies impliziert

$$M((n+1)\xi) - M(n\xi) = \mathbb{P}\{A_{n+1} = 0 \mid A_0 = 0\} \to \frac{\xi}{m},$$

mit $n \to \infty$, und damit folgt b).

Für a) „koppelt" man (im Fall $m < \infty$) den Erneuerungsprozess N mit dem passenden Gleichgewichtserneuerungsprozess N^H, d. h. man wartet, bis sich zwei Sprungzeiten T_n von N und $T_{n'}^H$ von N^H hinreichend nahe sind in dem Sinne, dass

$$|T_n - T_{n'}^H| < \varepsilon$$

für ein vorgegebenes $\varepsilon > 0$ gilt. Ab dann lässt man beide Prozesse mit *denselben* Wartezeiten $W_n \equiv W_{n'}^H$, $W_{n+1} \equiv W_{n'+1}^H$, ... auf demselben Wahrscheinlichkeitsraum weiterlaufen („Kopplung"), wodurch sich auch die folgenden Sprungzeiten jeweils um höchstens ε unterscheiden. Dabei ändern sich die jeweiligen Verteilungseigenschaften von N und N^H nicht. Aber für den Gleichgewichtserneuerungsprozess gilt das Ergebnis aufgrund der Stationarität der Zuwächse (Proposition 5.39) und dem elementaren Erneuerungssatz *exakt* – und damit asymptotisch auch für den gekoppelten Prozess.

Um dieses Argument rigoros zu machen, muss man noch sicherstellen, dass eine solche Kopplung für $m < \infty$ immer möglich ist. Dazu verweisen wir hier auf Thorisson [Tho87], der einen elementaren (aber nicht trivialen) Beweis der Kopplung und des Falles $m = \infty$ gegeben hat. □

Wir bereiten nun den zum Satz von Blackwell äquivalenten *fundamentalen Erneuerungssatz* vor.

Definition 5.43

Eine nicht negative Funktion $h : [0, \infty) \to [0, \infty)$ heißt *direkt Riemann-integrierbar* (d. R. i.), wenn die Untersummen

$$\Delta \sum_{k=0}^{\infty} \ell_{k,\Delta}, \quad \ell_{k,\Delta} := \inf\{h(x) : k\Delta \leq x < (k+1)\Delta\}$$

und die Obersummen

5.2 Grundlagen der Erneuerungstheorie

$$\Delta \sum_{k=0}^{\infty} u_{k,\Delta}, \quad u_{k,\Delta} := \sup\{h(x) : k\Delta \leq x < (k+1)\Delta\}$$

(wobei $k = 0, 1, 2, \ldots$) für alle $\Delta > 0$ endlich sind und mit $\Delta \downarrow 0$ gegen denselben Grenzwert konvergieren. Dieser wird mit $\int_0^\infty h(x)\,dx$ bezeichnet. ◀

Die Bezeichnung „direkt" bezieht sich hier darauf, dass man das „direkte Riemann-Integral" gleich über ganz $[0, \infty)$ mittels Ober- und Untersummen definiert, und nicht wie üblich über den Umweg kompakter Intervalle $[0, b]$ und anschließender Grenzwertbildung mit $b \to \infty$.

▶ **Bemerkung 5.44** (Zusammenhang mit klassischem Riemann-Integral)

a) Wenn $h \geq 0$ einen kompakten Träger hat und auf diesem Riemann-integrierbar ist, dann ist h direkt Riemann-integrierbar.
b) Wenn $h(x) \downarrow 0$ für $x \to \infty$, und $\int_0^\infty h(x)\,dx < \infty$ (als uneigentliches Riemann-Integral) gilt, dann ist h direkt Riemann-integrierbar.
c) Wenn $h \geq 0$ direkt Riemann-integrierbar ist, dann auch uneigentlich.
d) Die Umkehrung von c) ist falsch. Beispiel: Definiere h durch

$$h(0) = 0, \quad h(n) = 1, \quad h(n \pm 1/(2n^2)) = 0, \quad n \in \mathbb{N},$$

dazwischen linear interpoliert. Dieses h ist uneigentlich integrierbar, aber nicht direkt Riemann-integrierbar.

Satz 5.45 (Fundamentaler Erneuerungssatz) Sei $\{N_t\}_{t \geq 0}$ ein Erneuerungsprozess mit $\mathbb{E}[W_1] = m \in (0, \infty]$ und Erneuerungsfunktion M. Sei $h : [0, \infty) \to [0, \infty)$ direkt Riemann-integrierbar und Borel messbar.[8]

a) Wenn G nicht arithmetisch ist, dann gilt

$$\lim_{t \to \infty} \int_{(0,t]} h(t-x)\,dM(x) = \frac{1}{m} \int_0^\infty h(x)\,dx.$$

b) Ist G arithmetisch mit Spann ξ, dann gilt für $\alpha \geq 0$

$$\lim_{k \to \infty} \int_{(0,k\xi]} h(\alpha + k\xi - x)\,dM(x) = \frac{\xi}{m} \sum_{j=0}^{\infty} h(\alpha + j\xi).$$

▶ **Bemerkung 5.46** Dieser Satz ist äquivalent zum Blackwell'schen Erneuerungssatz 5.42. Die Äquivalenz ist leichter zu zeigen als jedes der Resultate selbst.

Beweis Wir zeigen die Äquivalenz von Satz 5.45 und 5.42.

i) Satz 5.45 $\Rightarrow$ Satz 5.42. Wähle für $s > 0$ eine Funktion h mit

$$h(x) := \begin{cases} 1 & 0 \leq x < s, \\ 0 & x \geq s. \end{cases}$$

Dieses h ist nach Bemerkung 5.44(a) direkt Riemann-integrierbar, da es einen kompakten Träger hat, und Borel messbar. Für $t \geq s$ gilt

$$\int_{(0,t]} h(t-x)\,dM(x) = \int_{(t-s,t]} dM(x) = M(t) - M(t-s)$$

sowie

$$\frac{1}{m}\int_0^\infty h(x)\,dx = \frac{s}{m}.$$

Also folgt Satz 5.42 im nicht arithmetischen Fall. Im arithmetischen Fall mit Spann $\xi > 0$ folgt mit

$$h(x) := \begin{cases} 1 & 0 \leq x < \xi, \\ 0 & x \geq \xi, \end{cases}$$

und $\alpha = 0$, dass

$$M(k\xi) - M((k-1)\xi) = \int_{((k-1)\xi, k\xi]} dM(x)$$
$$= \int_{(0, k\xi]} h(k\xi - x)\,dM(x) \to \frac{\xi}{m},$$

für $k \to \infty$, wie gewünscht.

ii) Satz 5.42 $\Rightarrow$ Satz 5.45. Wir beschränken uns auf den nicht arithmetischen Fall und $m < \infty$. Für den allgemeinen Fall verweisen wir auf [Res92, Sect. 3.10.2]. Sei $\Delta > 0$ und

$$\epsilon_k(t) := \begin{cases} 1 & k\Delta \leq t < (k+1)\Delta, \\ 0 & \text{sonst,} \end{cases}$$

für $k \in \mathbb{N}_0$. Sei h direkt Riemann-integrierbar und

---

[8] Man beachte, dass direkt Riemann-integrierbare Funktionen nicht Borel messbar zu sein brauchen. Die letzte Voraussetzung ist also nötig, damit das Integral auf der linken Seite von Satz 5.45 a) und b) definiert ist, wie Hinderer in [Hin87] erläutert. Diese Voraussetzung fehlt allerdings häufig, auch in der neueren Literatur.

5.2 Grundlagen der Erneuerungstheorie

$$h_\ell(t) := \sum_{k=0}^{\infty} \ell_{k,\Delta} \epsilon_k(t), \quad h_u(t) = \sum_{k=0}^{\infty} u_{k,\Delta} \epsilon_k(t),$$

wobei

$$\ell_{k,\Delta} := \inf\{h(x) : k\Delta \leq x < (k+1)\Delta\},$$

und

$$u_{k,\Delta} := \sup\{h(x) : k\Delta \leq x < (k+1)\Delta\},$$

für $k = 0, 1, 2, \ldots$ Dann ist

$$h_\ell(t) \leq h(t) \leq h_u(t)$$

und

$$\lim_{t \to \infty} \int_{(0,t]} \epsilon_k(t-x) \, dM(x) = \lim_{t \to \infty} (M(t - k\Delta) - M(t - (k+1)\Delta)) = \frac{\Delta}{m}$$

nach Satz 5.42. Weiter gilt für jedes $N \in \mathbb{N}$,

$$\int_{(0,t]} h_\ell(t-x) \, dM(x) = \sum_{k=0}^{\infty} \int_{(0,t]} \ell_{k,\Delta} \epsilon_k(t-x) \, dM(x)$$

$$\geq \sum_{k=0}^{N} \int_{(0,t]} \ell_{k,\Delta} \epsilon_k(t-x) \, dM(x),$$

und daher

$$\liminf_{t \to \infty} \int_{(0,t]} h_\ell(t-x) \, dM(x) \geq \frac{\Delta}{m} \sum_{k=0}^{\infty} \ell_{k,\Delta}.$$

Bei der entsprechenden oberen Abschätzung muss man genauer argumentieren. Es gilt zunächst

$$\int_{(0,t]} h_u(t-x) \, dM(x) = \sum_{k=0}^{\infty} \int_{(0,t]} u_{k,\Delta} \epsilon_k(t-x) \, dM(x).$$

Nun muss man zeigen, dass mit $t \to \infty$

$$\sum_{k=0}^{\infty} \int_{(0,t]} u_{k,\Delta} \epsilon_k(t-x) \, dM(x) \to \frac{\Delta}{m} \sum_{k=0}^{\infty} u_{k,\Delta}. \tag{5.16}$$

Dies ist Übungsaufgabe 5.47. Da h Borel messbar ist, folgt dann wegen

$$\int_{(0,t]} h_\ell(t-x) \, dM(x) \leq \int_{(0,t]} h(t-x) \, dM(x) \leq \int_{(0,t]} h_u(t-x) \, dM(x)$$

die Behauptung. □

Übungsaufgabe 5.47
Nutzen Sie spezielle Eigenschaften der Funktion M um (5.16) zu beweisen.

In späteren Anwendungen benötigen wir das folgenden Kriterium, mit dessen Hilfe sich leicht sicherstellen lässt, dass eine gegebene Funktion direkt Riemann-integrierbar ist.

Lemma 5.48 Ist $a : [0, \infty) \to [0, \infty)$ auf jedem Intervall der Form $[0, x]$ für ein $x > 0$ Riemann-integrierbar und existiert eine monoton fallende und uneigentlich Riemann-integrierbare Funktion $A : [0, \infty) \to [0, \infty)$, für die $a(x) \leq A(x)$ für alle $x \geq 0$ gilt, so ist a direkt Riemann-integrierbar.

Übungsaufgabe 5.49
Beweisen Sie Lemma 5.48.

Zum Ende dieses Abschnitts zeigen wir noch einige Anwendungen des fundamentalen Erneuerungssatzes.

Korollar 5.50 (Asymptotische Verteilung der Restwartezeit) Sei $\{N_t\}_{t \geq 0}$ ein Erneuerungsprozess mit $\mathbb{E}[W_1] = m < \infty$. Sei $R_t := T_{N_t+1} - t$ für $t \geq 0$ die Restwartezeit zur Zeit t. Dann gilt im nicht arithmetischen Fall für alle $z \geq 0$,

$$\mathbb{P}\{R_t \leq z\} \to \frac{1}{m} \int_0^z (1 - G(y))\, dy =: R_\infty(z), \quad t \to \infty.$$

Beweis Lemma 5.31 besagt, dass

$$\mathbb{P}\{R_t \leq z\} = G(t + z) - \int_{(0,t]} (1 - G(t + z - x))\, dM(x).$$

Nun ist $H(s) = 1 - G(s + z)$, $s \geq 0$ für jedes $z \geq 0$ direkt Riemann-integrierbar da $H \downarrow 0$ und

$$\int_0^\infty H(s)\, ds \leq \int_0^\infty (1 - G(s))\, ds = m.$$

Mit dem fundamentalen Erneuerungssatz folgt daher im nicht arithmetischen Fall

5.2 Grundlagen der Erneuerungstheorie

$$\mathbb{P}\{R_t \leq z\} \to 1 - \frac{1}{m} \int_0^\infty (1 - G(s+z))\, ds$$

$$= 1 - \frac{1}{m} \int_z^\infty (1 - G(y))\, dy$$

$$= 1 - \frac{1}{m} \left(m - \int_0^z (1 - G(y))\, dy \right)$$

$$= \frac{1}{m} \int_0^z (1 - G(y))\, dy = R_\infty(z),$$

wie gewünscht. □

Aus Korollar 5.50 folgt insbesondere, dass R_∞ eine Verteilungsfunktion einer Zufallsvariable – sagen wir Y – ist, und zwar mit Dichte

$$\frac{dR_\infty}{dz}(z) = \frac{1}{m}(1 - G(z)).$$

Man beachte, dass R_∞ mit der integrierten *tail*-Verteilung H aus Definition 5.37 übereinstimmt.

Den Erwartungswert von Y kann man leicht berechnen. Sei $\mathbb{V}[W_1] =: \sigma^2 \leq \infty$. Dann gilt mit partieller Integration (Proposition A.1.8)

$$\mathbb{E}[Y] = \frac{1}{m} \int_0^\infty y(1 - G(y))\, dy$$

$$= \frac{1}{m} \lim_{t \to \infty} \left(\frac{y^2}{2}(1 - G(y)) \Big|_0^t + \int_{(0,t]} \frac{y^2}{2}\, dG(y) \right).$$

Im Fall $\sigma^2 < \infty$ gilt $\lim_{t \to \infty} \frac{t^2}{2}(1 - G(t)) = 0$ (nach der folgenden Übungsaufgabe 5.51), und damit folgt in diesem Fall

$$\mathbb{E}[Y] = \frac{1}{2m}(\sigma^2 + m^2). \tag{5.17}$$

Ist $\sigma^2 = \infty$, dann gilt (5.17) ebenfalls, da beide Seiten unendlich sind.

Übungsaufgabe 5.51
Im Fall $\sigma^2 < \infty$ zeige man, dass $\lim_{t \to \infty} \frac{t^2}{2}(1 - G(t)) = 0$ gilt. Hinweis: den Beweis kann man ähnlich wie den von Aufgabe 3.16 (mit Widerspruch) führen.

Die Formel (5.17) hat eine bemerkenswerte Interpretation im Kontext des Wartezeitparadoxons (Bemerkung 5.33). Dort war W_1 exponentialverteilt mir Parameter 1, so dass $m = 1 = \sigma^2$, und wir erhalten $\mathbb{E}[Y] = 1$, wie erwartet. Die obige Formel zeigt aber auch, dass es Situationen gibt, in denen zwar der Erwartungswert von W_1 endlich, aber die erwartete Restwartezeit unendlich ist! Dies gilt, wenn die Verteilung von W_1 unendliche Varianz hat und damit die Größe der Intervalle extrem schwankt.

Korollar 5.52 (Asymptotische Verteilung der aktuellen Wartezeit) Sei $\{N_t\}_{t \geq 0}$ ein Erneuerungsprozess mit $\mathbb{E}[W_1] = m < \infty$. Sei $A_t := t - T_{N_t}$ für $t \geq 0$ die aktuelle Wartezeit zur Zeit t. Dann gilt im nicht arithmetischen Fall für alle $z \geq 0$,

$$\mathbb{P}\{A_t \leq z\} \to \frac{1}{m} \int_0^z (1 - G(y))\, dy = R_\infty(z), \quad t \to \infty.$$

Beweis Sei $z \geq 0$. Für $t \geq z$ gilt

$$\{A_t \geq z\} = \{R_{t-z} > z\}.$$

Im nicht arithmetischen Fall erhalten wir

$$\mathbb{P}\{A_t < z\} = \mathbb{P}\{R_{t-z} \leq z\} \to \frac{1}{m} \int_0^z (1 - G(y))\, dy = R_\infty(z).$$

□

Also haben A_t und R_t asymptotisch dieselbe Verteilung und werden unabhängig von t.

Übungsaufgabe 5.53
Sei $L_t = A_t + R_t = T_{N_t+1} - T_{N_t}$ die Gesamtwartezeit. Man zeige, dass im nicht arithmetischen Fall mit $m < \infty$ für $t \to \infty$ gilt

$$\mathbb{P}\{L_t \leq z\} \to \frac{1}{m} \int_{(0,z]} y\, dG(y).$$

5.3 Ruintheorie unter der Lundberg-Bedingung

Nach dem vorangegangenen Exkurs zur Erneuerungstheorie beschäftigen wir uns nun wieder mit der Ruintheorie der dynamischen Risikomodelle. Insbesondere wollen wir obere Schranken an die Ruinfunktion gewinnen und ihr asymptotisches Verhalten für großes Anfangskapital (also $u \to \infty$) beschreiben. Dabei wird das Abklingverhalten der Schadenhöhenverteilung wieder eine wesentliche Rolle spielen. Wir werden in diesem Abschnitt zunächst den sogenannten Lundberg-Fall für Sparre Andersen Modelle behandeln, der ein schnelles Abklingen der Schadenhöhenverteilungen impliziert. Die zugehörige obere Schranke an die Ruinfunktion kann hier mit Martingalmethoden gewonnen werden. Anschließend behandeln wir die Asymptotik der Ruinfunktion im Cramér-Lundberg Modell – ebenfalls unter

5.3 Ruintheorie unter der Lundberg-Bedingung

einer Lundberg-Bedigung – mit erneuerungstheoretischen Methoden. Insbesondere werden wir eine *defekte* Erneuerungsgleichung für die Ruinfunktion aufstellen und mit Hilfe des fundamentalen Erneuerungssatzes 5.45 untersuchen.

Sei $(\{N_t\}_{t\geq 0}, \{X_i\}_{i\in\mathbb{N}}, \{\Pi_t\}_{t\geq 0})$ ein Sparre Andersen Modell mit Wartezeiten $\{W_i\}_{i\in\mathbb{N}}$ und Sprungzeiten $\{T_n\}_{n\geq 0}$. Wir setzen die Notation aus Abschn. 5.1 voraus. Für ein Anfangskapital $u \geq 0$ und die Prämienrate $c > 0$ war

$$U_t = U_0 + \Pi_t - S_t = u + ct - \sum_{i=1}^{N_t} X_i$$

der zugehörige Risikoprozess und

$$\Psi(u) = \mathbb{P}\{U_t < 0 \text{ für ein } t \geq 0 \mid U_0 = u\}$$

die Ruinwahrscheinlichkeit zum Startkapital u. Es gelte die Nettogewinnbedingung (NPC), also

$$\mu - \frac{c}{\lambda} = \mathbb{E}[X_1] - c\mathbb{E}[W_1] < 0.$$

Wir zeigen zunächst, dass die Ruinfunktion Ψ auch mit Hilfe einer zeitdiskreten Irrfahrt mit negativer Drift beschrieben werden kann.

Definition 5.54 (Pseudoschadenhöhen und aggregierte Pseudoschadenhöhen)

Im Sparre Andersen Modell definieren wir die *Pseudoschadenhöhen* durch

$$\bar{X}_i := X_i - cW_i, \quad i \in \mathbb{N}.$$

Weiter definieren wir einen zeitdiskreten stochastischen Prozess $\{\bar{S}_n\}_{n\in\mathbb{N}_0}$ durch

$$\bar{S}_n := \sum_{i=1}^{n} \bar{X}_i = \sum_{i=1}^{n} (X_i - cW_i) = S_{T_n} - cT_n, \quad n \in \mathbb{N}_0. \tag{5.18}$$

Diese Markov-Kette beschreibt zu jeder Zeit $n \geq 0$ die aggregierten Pseudoschadenhöhen nach den ersten n Schadeneintrittsereignissen. Sie ist eine *Irrfahrt in diskreter Zeit* mit unabhängigen und identisch verteilten Zuwächsen. ◂

Die Pseudoschadenhöhen geben die Schadenhöhe abzüglich der seit dem letzten Schaden geleisteten Prämienzahlungen an. Unter der NPC, also für $\mathbb{E}[\bar{X}_1] < 0$, hat die Irrfahrt $\{\bar{S}_n\}_{n\in\mathbb{N}_0}$ damit eine negative Drift. Da der Ruin im Sparre Andersen Modell nur zu den Sprungzeitpunkten T_n des Risikoprozesses U stattfinden kann, können wir die Ruinfunktion Ψ vollständig durch die Irrfahrt $\{\bar{S}_n\}_{n\in\mathbb{N}_0}$ beschreiben. Der Ruin tritt genau dann ein, wenn $\bar{S}_n > u$ bzw. $-\bar{S}_n + u < 0$ ist für ein $n \geq 0$ (siehe Abb. 5.4). Es gilt also

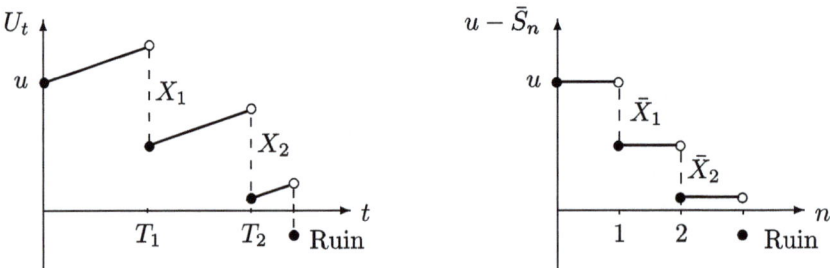

Abb. 5.4 Ein Pfad mit Ruin in stetiger Zeit und die eingebettete Irrfahrt der aggregierten Pseudoschadenhöhen in diskreter Zeit

$$\begin{aligned}
\Psi(u) &= \mathbb{P}\{U_t < 0 \text{ für ein } t \geq 0 \mid U_0 = u\} \\
&= \mathbb{P}\{u + ct - S_t < 0 \text{ für ein } t \geq 0\} \\
&= \mathbb{P}\{u + cT_n - S_{T_n} < 0 \text{ für ein } n \in \mathbb{N}_0\} \\
&= \mathbb{P}\{\bar{S}_n > u \text{ für ein } n \in \mathbb{N}_0\} = \mathbb{P}\left\{\sup_{n \in \mathbb{N}_0} \bar{S}_n > u\right\}. \quad (5.19)
\end{aligned}$$

Diese „Irrfahrtendarstellung" hat den Vorteil, dass wir den möglichen Ruin nur zu höchstens abzählbar vielen Zeitpunkten kontrollieren müssen. Unser erstes Ziel ist es, mittels der Irrfahrtendarstellung eine gute obere Schranke für die Ruinfunktion Ψ im Sparre Andersen Modell zu finden. Dazu benötigen wir jedoch eine zusätzliche Bedingung an die exponentiellen Momente der Zuwächse der Irrfahrt.

Definition 5.55 (Lundberg-Bedingung)

Sei $\left(\{N_t\}_{t\geq 0}, \{X_i\}_{i\in\mathbb{N}}, \{\Pi_t\}_{t\geq 0}\right)$ ein Sparre Andersen Modell. Sei X_1 *light tailed* (siehe Definition 4.8). Es gelte die Nettogewinnbedingung. Wenn ein $r_0 > 0$ existiert, so dass

$$\mathbb{E}\big[e^{r_0(X_1-cW_1)}\big] = \mathbb{E}\big[e^{r_0\bar{X}_1}\big] = \psi_{\bar{X}_1}(r_0) = 1$$

gilt, dann heißt r_0 *Lundberg-Koeffizient* (oder *Anpassungskoeffizient*). In diesem Fall sagen wir, dass die *Lundberg-Bedingung* erfüllt ist. ◂

▶ **Bemerkung 5.56** Ist X_1 *heavy tailed*, so folgt für jedes $r > 0$

$$\mathbb{E}\big[e^{r(X_1-cW_1)}\big] = \mathbb{E}\big[e^{rX_1}\big]\mathbb{E}\big[e^{-rcW_1}\big] = \infty,$$

da $\mathbb{E}[e^{-rcW_1}] \in (0, 1)$, und somit existiert kein $r_0 > 0$ mit $\mathbb{E}\big[e^{r_0(X_1-cW_1)}\big] = 1$. Wir hätten daher in Definition 5.55 die Bedingung, dass X_1 *light tailed* ist auch weglassen können, da diese bereits aus der Existenz von r_0 folgt.

5.3 Ruintheorie unter der Lundberg-Bedingung

▶ **Bemerkung 5.57** Die Lundberg-Bedingung ist *strikt* stärker als die Annahme, dass X_1 lediglich *light tailed* ist. Sei also X_1 *light tailed*, dann existiert ein $u_0 > 0$, so dass $\mathbb{E}[e^{rX_1}] < \infty$ für alle $r \in (0, u_0)$. Es folgt

$$\mathbb{E}[e^{r(X_1 - cW_1)}] \leq \mathbb{E}[e^{rX_1}] < \infty,$$

falls $0 < r < u_0$. Definiere

$$f(r) := \mathbb{E}[e^{r(X_1 - cW_1)}], \quad r \in [0, u_0). \tag{5.20}$$

Dann ist $f(0) = 1$ und f ist beliebig oft in $(0, u_0)$ differenzierbar, mit erster Ableitung

$$f'(r) = \mathbb{E}[(X_1 - cW_1)e^{r(X_1 - cW_1)}]$$

sowie der zweiten Ableitung

$$f''(r) = \mathbb{E}[(X_1 - cW_1)^2 e^{r(X_1 - cW_1)}] \geq 0.$$

Damit ist f *konvex* auf $[0, u_0)$ und mit dominierter Konvergenz folgt

$$\lim_{r \downarrow 0} f'(r) = \mathbb{E}[(X_1 - cW_1)] < 0$$

aufgrund der NPC. Daher gibt es höchstens ein r_0 wie in Definition 5.55. Es gibt aber zwei Fälle, in denen r_0 nicht existiert. Im ersten Fall springt f von einem Wert kleiner 1 direkt auf ∞ (siehe Abb. 5.5 rechts). Im zweiten Fall bleibt $f(r) < 1$ für alle $r > 0$. Dies ist jedoch nur möglich, wenn $\mathbb{P}\{X_1 - cW_1 > 0\} = 0$ ist, also lediglich in einem uninteressanten Spezialfall.

Das folgende Resultat ist eines der Hauptergebnisse der Ruintheorie.

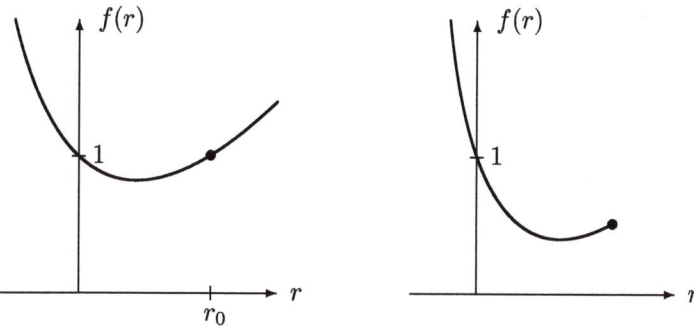

Abb. 5.5 Verhalten von f im *light tailed* Fall: Links ist die Lundberg-Bedingung erfüllt, rechts nicht

Satz 5.58 (Lundberg-Ungleichung) Sei $(\{N_t\}_{t\geq 0}, \{X_i\}_{i\in\mathbb{N}}, \{\Pi_t\}_{t\geq 0})$ ein Sparre Andersen Modell. Die Lundberg-Bedingung sei für ein $r_0 > 0$ erfüllt. Dann gilt die Abschätzung

$$\Psi(u) \leq e^{-r_0 u} \quad \text{für alle} \quad u \geq 0.$$

Beweis Wir zeigen ein etwas stärkeres Resultat, nämlich dass wenn

$$f(r) = \mathbb{E}[e^{r(X_1 - cW_1)}] \leq 1$$

für ein $r > 0$ gilt, dann bereits $\Psi(u) \leq e^{-ru}$ für alle $u \geq 0$ folgt. Diese Aussage enthält den Satz offensichtlich als Spezialfall. Wir beweisen diese Aussage mit vollständiger Induktion unter Verwendung der Irrfahrten-Darstellung der Ruinfunktion (5.19). Sei

$$\Psi_n(u) := \mathbb{P}\left\{\max_{1 \leq k \leq n} \bar{S}_k > u\right\}, \quad n \in \mathbb{N}.$$

Da $\Psi_n(u) \uparrow \Psi(u)$ für $n \to \infty$ (nach dem Stetigkeitssatz für Wahrscheinlichkeitsmaße) genügt es, zu zeigen, dass $\Psi_n(u) \leq e^{-ru}$ für alle u und n.

Induktionsanfang: Die Aussage gilt für $n = 1$, da

$$\Psi_1(u) = \mathbb{P}\{\bar{X}_1 > u\} = \mathbb{P}\{e^{r\bar{X}_1} > e^{ru}\} \leq e^{-ru} f(r) \leq e^{-ru}.$$

Induktionsschritt: Es gelte $\Psi_n(u) \leq e^{-ru}$ für alle $u \geq 0$ für ein $n \in \mathbb{N}$ (Induktionsannahme). Wir zeigen, dass die Aussage dann auch für Ψ_{n+1} gilt. Zunächst schreiben wir

$$\Psi_{n+1}(u) = \mathbb{P}\left\{\max_{1 \leq k \leq n+1} \bar{S}_k > u\right\}$$

$$= \mathbb{P}\{\bar{X}_1 > u\} + \mathbb{P}\left\{\bar{X}_1 \leq u, \max_{2 \leq k \leq n+1} \bar{S}_k > u\right\}.$$

Für den ersten Term der rechten Seite gilt, wenn $\tilde{F}$ die Verteilungsfunktion von $\bar{X}_1$ bezeichnet, dass

$$\mathbb{P}\{\bar{X}_1 > u\} = \int_{(u,\infty)} d\tilde{F}(y) \leq \int_{(u,\infty)} e^{r(y-u)} d\tilde{F}(y).$$

Für den zweiten Term schreiben wir

5.3 Ruintheorie unter der Lundberg-Bedingung

$$\mathbb{P}\left\{\bar{X}_1 \le u, \max_{2 \le k \le n+1} \bar{S}_k > u\right\} = \mathbb{P}\left\{\bar{X}_1 \le u, \bar{X}_1 + \max_{2 \le k \le n+1} \sum_{i=2}^{k} \bar{X}_i > u\right\}$$

$$= \int_{(-\infty, u]} \Psi_n(u-y) \, d\tilde{F}(y)$$

$$\le \int_{(-\infty, u]} e^{-r(u-y)} \, d\tilde{F}(y)$$

nach der Induktionsannahme. Insgesamt erhalten wir

$$\Psi_{n+1}(u) \le \int_{-\infty}^{\infty} e^{-r(u-y)} \, d\tilde{F}(y) = e^{-ru} f(r) \le e^{-ru},$$

wie gewünscht. □

▶ **Bemerkung 5.59** (Allgemeinere Schranke im *light tailed* Fall) Wenn X_1 *light tailed* ist, aber die Lundberg-Bedingung nicht notwendigerweise gilt, existiert unter der NPC immer ein $r > 0$ mit $f(r) \le 1$ (siehe Abb. 5.5 und die ihr vorausgehende Diskussion). Daher folgt aus obigem Beweis, dass

$$\Psi(u) \le e^{-r^* u} \quad \text{für alle } u \ge 0$$

mit

$$r^* := \sup\{r : f(r) \le 1\} \in (0, \infty]$$

gilt. Unter der Lundberg-Bedingung ist natürlich $r^* = r_0$.

Beispiel 5.60 (Explizite Schranke für exponentialverteilte W_1 und X_1)
Sind die Wartezeiten und die Schadenhöhen exponentialverteilt, also etwa

$$W_1 \sim \text{Exp}(\lambda), \quad \lambda > 0, \quad \text{und} \quad X_1 \sim \text{Exp}(\mu), \quad \mu > 0,$$

so kann man den Lundberg-Koeffizienten direkt ausrechnen. Für $r \in [0, \frac{1}{\mu})$ gilt dann nämlich

$$f(r) = \mathbb{E}[e^{r(X_1 - cW_1)}] = \mathbb{E}[e^{rX_1}]\mathbb{E}[e^{-rcW_1}]$$

$$= \int_0^\infty \frac{1}{\mu} e^{-(1/\mu - r)x} \, dx \int_0^\infty \lambda e^{-(rc+\lambda)w} \, dw$$

$$= \frac{\lambda}{\mu} \frac{1}{\frac{1}{\mu} - r} \frac{1}{\lambda + cr} = \frac{1}{(1-r\mu)(1+rc/\lambda)}.$$

Mit $r_0 = \frac{1}{\mu} - \frac{\lambda}{c} > 0$ ist $f(r_0) = 1$, und wir erhalten aus Satz 5.58 die explizite obere Schranke

$$\Psi(u) \le e^{-(\frac{1}{\mu} - \frac{\lambda}{c})u} = e^{-\frac{1}{\mu} \frac{\rho}{1+\rho} u}. \tag{5.21}$$

Man kann Satz 5.58 auch mit Martingalmethoden beweisen (siehe [Ger73]). Dazu erinnern wir an den Begriff der Filtration aus Definition 4.35 und den des (Super-)Martingals aus Definition 4.36, beide in diskreter Zeit.

Alternativer Beweis von Satz 5.58 mit Martingalmethoden: Für ein festes $r > 0$ mit $\mathbb{E}[e^{r\bar{X}_1}] \leq 1$ setzen wir
$$M_n := e^{r\bar{S}_n}, \quad n \geq 0.$$

Weiter sei
$$\bar{\mathcal{F}}_n := \sigma\{\bar{X}_1, \bar{X}_2, \ldots, \bar{X}_n\} \quad \text{für } n \geq 1$$

und $\bar{\mathcal{F}}_0 := \{\emptyset, \Omega\}$. Dann ist $\{M_n\}_{n \in \mathbb{N}_0}$ ein Supermartingal bezüglich seiner kanonischen Filtration $\{\bar{\mathcal{F}}_n\}_{n \in \mathbb{N}_0}$, was man wie folgt sieht. Zunächst ist $\mathbb{E}[M_n]$ durch 1 beschränkt, und es gilt für alle $n \geq 0$ fast sicher

$$\begin{aligned}
\mathbb{E}[M_{n+1} | \mathcal{F}_n] &= \mathbb{E}\left[e^{r\bar{S}_{n+1}} \big| \bar{\mathcal{F}}_n\right] \\
&= \mathbb{E}\left[e^{r\bar{X}_{n+1}} e^{r\bar{S}_n} \big| \bar{\mathcal{F}}_n\right] \\
&= e^{r\bar{S}_n} \mathbb{E}\left[e^{r\bar{X}_1}\right] \leq e^{r\bar{S}_n} = M_n.
\end{aligned}$$

Für $r = r_0$ gilt Gleichheit in der letzten Zeile, und damit ist
$$M_n^0 := e^{r_0 \bar{S}_n}, \quad n \geq 0,$$

unter der Lundberg-Bedingung sogar ein Martingal. Um diese Eigenschaft zu verwenden, betrachten wir für $u \geq 0$ die erste Eintrittszeit der Irrfahrt der aggregierten Pseudoschadenhöhen
$$\tau(u) := \inf\{n \in \mathbb{N} : \bar{S}_n > u\}$$

in die negative Halbachse. Damit ist
$$\Psi(u) = \mathbb{P}\{\tau(u) < \infty\}.$$

Für $N \in \mathbb{N}$ gilt dann mit dem Doobschen Stoppsatz, siehe etwa [KW14, Satz 1.7],
$$1 = \mathbb{E}\left[e^{r\bar{S}_0}\right] \geq \mathbb{E}\left[e^{r\bar{S}_{\tau(u) \wedge N}}\right] \geq \mathbb{E}\left[e^{r\bar{S}_{\tau(u)}} \mathbf{1}_{\{\tau(u) \leq N\}}\right],$$

was mit monotoner Konvergenz für $N \to \infty$ wegen $\bar{S}_{\tau(u)} - u \geq 0$ auf der Menge $\{\tau(u) < \infty\}$ die Behauptung ergibt:
$$1 \geq \mathbb{E}\left[e^{r\bar{S}_{\tau(u)}} \mathbf{1}_{\{\tau(u) < \infty\}}\right] = e^{ru} \mathbb{E}\left[e^{r(\bar{S}_{\tau(u)} - u)} \mathbf{1}_{\{\tau(u) < \infty\}}\right] \geq e^{ru} \Psi(u).$$

□

5.3 Ruintheorie unter der Lundberg-Bedingung

Unser nächstes Ziel ist es, die Ruinfunktion Ψ zumindest in einem interessanten Spezialfall explizit zu bestimmen und ansonsten zumindest eine genaue Aussage über die Asymptotik von Ψ für $u \to \infty$ zu erhalten. Wir setzen dazu abermals die Lundberg-Bedingung aus Definition 5.55 voraus. Allerdings werden wir uns jetzt auf den Fall exponentialverteilter Wartezeiten – also das Cramér-Lundberg Modell – beschränken und diesen mit erneuerungstheoretischen Argumenten behandeln.

Sei F eine Verteilungsfunktion mit $F(0) = 0$ und Erwartungswert $\mu \in (0, \infty)$. Wir erinnern an die zugehörige integrierte *tail*-Verteilung F_I von F, die durch

$$F_I(t) := \frac{1}{\mu} \int_0^t (1 - F(x))\, dx, \quad t \geq 0, \tag{5.22}$$

gegeben und uns auch schon im Zusammenhang mit stationären Erneuerungsprozessen, siehe Bemerkung 5.38, begegnet ist.

Satz 5.61 Sei $(\{N_t\}_{t \geq 0}, \{X_i\}_{i \in \mathbb{N}}, \{\Pi_t\}_{t \geq 0})$ ein Cramér-Lundberg Modell. Sei U der zugehörige Risikoprozess mit Startwert $U_0 = u \geq 0$ und Prämienrate $c > 0$. Sei $\mu = \mathbb{E}[X_1] \in (0, \infty)$ und $1/\lambda = \mathbb{E}[W_1] \in (0, \infty)$. Sei F die Verteilungsfunktion von X_1 und F_I die integrierte *tail*-Verteilung von F. Dann erfüllt $\Phi = 1 - \Psi$ die Gleichung

$$\Phi(u) = \Phi(0) + \frac{\lambda \mu}{c} \int_{(0, u]} \Phi(u - x)\, dF_I(x). \tag{5.23}$$

Beweis Wir verwenden ein Erneuerungsargument und die Irrfahrten-Darstellung (5.19). Sei $\tilde{T}_k := W_2 + \cdots + W_{k+1}, k \geq 1$ und

$$\tilde{S}_{\tilde{T}_k} := \sum_{i=2}^{k+1} X_i.$$

Dann sind die Schadenhöhen $\{\tilde{S}_{\tilde{T}_k}\}_{k \in \mathbb{N}}$ unabhängig von W_1 und X_1 und haben dieselbe Verteilung wie $\{S_{T_k}\}_{k \in \mathbb{N}}$. Folglich hat auch der zugehörige Risikoprozess $\tilde{U}$ dieselbe Verteilung wie U und ist unabhängig von W_1 und X_1. Wir argumentieren wie im Induktionsbeweis der Lundberg-Ungleichung und schreiben $\tilde{F}$ für die Verteilungsfunktion von $\bar{X}_1 = X_1 - cW_1$. Es gilt

$$\Phi(u) = \mathbb{P}\Big\{u - \sum_{i=1}^{k} \bar{X}_i \geq 0 \text{ für alle } k \geq 1\Big\}$$

$$= \mathbb{P}\Big\{u - \bar{X}_1 - \sum_{i=2}^{k} \bar{X}_i \geq 0 \text{ für alle } k \geq 2,\ u - \bar{X}_1 \geq 0\Big\}$$

$$= \int_{(-\infty, u]} \Phi(u-y)\, d\tilde{F}(y)$$

$$= \int_0^{\infty} \int_{(0, u+cw]} \Phi(u - (x-cw))\, dF(x)\, \lambda e^{-\lambda w}\, dw$$

$$= \int_{[0,\infty)} \lambda e^{-\lambda w} \int_{(0, u+cw]} \Phi(u + cw - x)\, dF(x)\, dw$$

$$= \frac{\lambda}{c} \int_{[u,\infty)} e^{-\lambda(y-u)/c} \int_{(0,y]} \Phi(y-x)\, dF(x)\, dy$$

$$= \frac{\lambda}{c} e^{\lambda u/c} \int_{[u,\infty)} e^{-\lambda y/c} \int_{(0,y]} \Phi(y-x)\, dF(x)\, dy.$$

Damit ist Φ insbesondere absolut stetig. Ableiten nach u führt auf

$$\Phi'(u) = \frac{\lambda}{c} \Phi(u) - \frac{\lambda}{c} \int_{(0,u]} \Phi(u-x)\, dF(x). \tag{5.24}$$

Dies ist eine lineare Differentialgleichung mit „Verzögerung". Integration von 0 bis $t > 0$ ergibt, unter Verwendung von

$$-\int_{(0,u]} \Phi(u-x)\, dF(x) = \int_{(0,u]} \Phi(u-x)\, d(1-F)(x),$$

die Darstellung

$$\Phi(t) - \Phi(0)$$

$$= \frac{\lambda}{c} \int_{(0,t]} \Phi(u)\, du + \frac{\lambda}{c} \int_{(0,t]} \int_{(0,u]} \Phi(u-x)\, d(1-F)(x)\, du$$

$$= \frac{\lambda}{c} \int_{(0,t]} \Phi(u)\, du$$

$$\quad + \frac{\lambda}{c} \int_{(0,t]} \Big[\Phi(0)(1-F(u)) - \Phi(u) + \int_{(0,u]} \Phi'(u-x)(1-F(x))\, dx\Big]\, du$$

$$= \frac{\lambda}{c} \Phi(0) \int_{(0,t]} (1-F(u))\, du + \frac{\lambda}{c} \int_{(0,t]} (1-F(x)) \Big(\int_{[x,t]} \Phi'(u-x)\, du\Big)\, dx$$

$$= \frac{\lambda}{c} \Phi(0) \int_{(0,t]} (1-F(u))\, du + \frac{\lambda}{c} \int_{(0,t]} (1-F(x))(\Phi(t-x) - \Phi(0))\, dx,$$

wobei wir partielle Integration und den Satz von Fubini genutzt haben. Also gilt

5.3 Ruintheorie unter der Lundberg-Bedingung

$$\Phi(u) = \Phi(0) + \frac{\lambda}{c} \int_{(0,u]} \Phi(u-x)(1-F(x))\,dx, \tag{5.25}$$

und die Behauptung folgt mit der Definition von F_I. □

Aus der obigen Gleichung für die „nicht-Ruinfunktion" $\Phi = 1 - \Psi$ lassen sich sofort einige interessante Folgerungen gewinnen. Wir erinnern dazu an den Sicherheitszuschlag ρ aus Definition 5.17, der gegeben ist durch

$$\rho = \frac{c}{\lambda\mu} - 1.$$

Wir wissen schon aus Bemerkung 5.16, dass im Fall $\rho < 0$ – wenn also die Nettogewinnbedingung verletzt ist – der Ruin sicher ist und betrachten nun den Fall $\rho \geq 0$.

Korollar 5.62

a) Ist $\rho > 0$, so gilt

$$\Phi(0) = 1 - \frac{\lambda\mu}{c} = \frac{\rho}{1+\rho} \in (0,1) \quad \text{und} \quad \Psi(0) = \frac{1}{1+\rho} \in (0,1),$$

der Ruin tritt also selbst ohne Startkapital nur mit einer Wahrscheinlichkeit strikt kleiner 1 ein.

b) Ist $\rho = 0$, so ist $\Phi(u) = 0$ und $\Psi(u) = 1$ für alle $u \geq 0$ und der Ruin mithin sicher.

Beweis

a) Mit monotoner Konvergenz, angewandt auf die Funktion

$$x \mapsto \Phi(u-x)\mathbf{1}_{(0,u]}(x)$$

folgt aus (5.23), für $u \to \infty$,

$$\Phi(\infty) = \lim_{u \to \infty} \Phi(u) = \Phi(0) + \frac{\lambda\mu}{c}\Phi(\infty) \tag{5.26}$$

(der Limes $\Phi(\infty)$ existiert in $[0,1]$, da Φ beschränkt und monoton in u ist). Nach Bemerkung 5.16 ist aber $\Phi(\infty) = 1$ und daher folgt die erste Behauptung.

b) Sei nun $\rho = 0$. Dann folgt aus Satz 5.61, dass $\Phi = \Phi(0) + \Phi * F_I$, wobei F_I die integrierte *tail*-Verteilung von F ist. Dies ist eine Erneuerungsgleichung im Sinne von Satz 5.28, und deren eindeutige Lösung ist

$$\Phi(t) = \Phi(0) + \int_{(0,t]} \Phi(0) \, dM(s) = \Phi(0)(1 + M(t)),$$

wobei M die zu F_I gehörige Erneuerungsfunktion ist. Da nach Proposition 5.22 $\lim_{t\to\infty} M(t) = \infty$ gilt, folgt wegen $\Phi(t) \in [0, 1]$, dass $\Phi(0) = 0$ und damit auch $\Phi(t) = 0$ für alle $t \geq 0$ ist. □

Beispiel 5.63 (Cramér-Lundberg Modell mit exponentialverteilten Schadenhöhen)
Sei X_1 exponentialverteilt mit Erwartungswert μ. Dann spezialisiert sich (5.24) zu

$$\begin{aligned}\Phi'(u) &= \frac{\lambda}{c}\Phi(u) - \frac{\lambda}{c\mu}\int_0^u \Phi(u-x)e^{-x/\mu}\,dx \\ &= \frac{\lambda}{c}\Phi(u) - \frac{\lambda}{c\mu}\int_0^u \Phi(x)e^{-(u-x)/\mu}\,dx.\end{aligned}$$

Nochmaliges sorgfältiges Ableiten und anschließendes Wiedereinsetzen ergibt

$$\begin{aligned}\Phi''(u) &= \frac{\lambda}{c}\Phi'(u) + \frac{1}{\mu}\left[\frac{\lambda}{c}\Phi(u) - \Phi'(u)\right] - \frac{\lambda}{c\mu}\Phi(u) \\ &= \left(\frac{\lambda}{c} - \frac{1}{\mu}\right)\Phi'(u) = -\frac{\rho}{\mu(1+\rho)}\Phi'(u),\end{aligned}$$

und damit ist

$$\Phi(u) = C_1 - C_2 e^{-\frac{\rho u}{\mu(1+\rho)}}$$

mit geeigneten Konstanten C_1, C_2. Diese bestimmt man für $\rho > 0$ mit Korollar 5.62 aus $\Phi(\infty) = 1$ und $\Phi(0) = 1 - 1/(1+\rho)$, und wir erhalten für $\rho > 0$ die explizite Darstellung

$$\Psi(u) = \frac{1}{1+\rho} e^{-\frac{\rho u}{\mu(1+\rho)}}. \tag{5.27}$$

Damit stimmt die exponentielle Rate der expliziten Lösung (5.27) mit der oberen Schranke aus der Lundberg-Ungleichung (5.21) überein: Mit $\rho = \frac{c}{\lambda\mu} - 1$ gilt

$$\frac{\rho u}{\mu(1+\rho)} = \frac{\lambda\mu}{c}\frac{(\frac{c}{\lambda\mu}-1)u}{\mu} = \left(\frac{1}{\mu} - \frac{\lambda}{c}\right)u$$

und wir erhalten

$$\Psi(u) = \frac{1}{1+\rho} e^{-\frac{\rho u}{\mu(1+\rho)}} = \frac{1}{1+\rho} e^{-(\frac{1}{\mu}-\frac{\lambda}{c})u} < e^{-(\frac{1}{\mu}-\frac{\lambda}{c})u}.$$

Man erkennt, dass die exponentielle *Rate* aus (5.21) scharf ist, nicht jedoch der *Vorfaktor*.

Leider gibt es nur wenige Fälle, in denen man Ψ explizit ausrechnen kann. Nachdem wir schon eine obere Schranke gefunden haben (Satz 5.58), wollen wir nun noch das asymptotische Verhalten von Ψ unter der Lundberg-Bedingung untersuchen.

5.3 Ruintheorie unter der Lundberg-Bedingung

Definition 5.64 (Asymptotische Äquivalenz von Funktionen)

Für zwei positive reelle Funktionen f, g schreiben wir

$$f(x) \sim g(x), \quad x \to \infty,$$

in Worten: f und g sind asymptotisch äquivalent für x gegen unendlich, falls

$$\lim_{x \to \infty} \frac{f(x)}{g(x)} = 1.$$

◀

Satz 5.65 (Lundberg-Approximation) Im Cramér-Lundberg Modell mit Nettogewinnbedingung $\rho > 0$ existiere der Lundberg-Koeffizient $r_0 > 0$ und es sei

$$\int_0^\infty v e^{r_0 v} \bar{F}(v) \, dv =: L < \infty,$$

wobei, wie zuvor, $\bar{F}(v) = 1 - F(v)$ ist. Dann ist $\frac{\rho \mu}{r_0 L} \in (0, 1]$ und es gilt für $u \to \infty$,

$$\Psi(u) \sim \frac{\rho \mu}{r_0 L} e^{-r_0 u}. \tag{5.28}$$

▶ **Bemerkung 5.66**

(i) Ist $L = \infty$, dann gilt (5.28) immer noch, in dem Sinne dass

$$\lim_{u \to \infty} e^{r_0 u} \Psi(u) = 0,$$

und damit ist $\Psi(u) \in o(e^{-r_0 u})$. Für den Beweis dieser Aussage verweisen wir jedoch auf die Literatur, beispielsweise [RSST99, Theorem 5.4.2].

(ii) Wenn ein $r > r_0$ existiert, so dass für f aus (5.20) $f(r) < \infty$ gilt, so sieht man aus der Aussage von Lemma 5.68 und dem Beweis von Satz 5.65, dass $L < \infty$ ist und für $\tilde{f}(r) = \mathbb{E}[e^{r X_1}]$ gilt

$$\lim_{u \to \infty} e^{r_0 u} \Psi(u) = \frac{\rho \mu}{\tilde{f}'(r_0) - c/\lambda}.$$

Übungsaufgabe 5.67
Man zeige Aussage (ii) in Bemerkung 5.66.

Zur Vorbereitung des Beweises der Lundberg-Approximation benötigen wir folgende Hilfsrechnung.

Lemma 5.68 Im Cramér-Lundberg Modell mit f aus (5.20) gilt für alle $r \geq 0$ mit $f(r) < \infty$,

$$f(r) = \frac{\lambda}{cr + \lambda} \left(1 + r \int_0^\infty e^{rx} \bar{F}(x)\, dx \right).$$

Beweis von Lemma 5.68 Analog zu Beispiel 5.60 erhält man

$$\begin{aligned} f(r) &= \mathbb{E}[e^{r(X_1 - cW_1)}] = \mathbb{E}[e^{rX_1}]\mathbb{E}[e^{-rcW_1}] \\ &= \frac{\lambda}{cr + \lambda} \int_0^\infty e^{rx}\, dF(x) \\ &= -\frac{\lambda}{cr + \lambda} \int_0^\infty e^{rx}\, d\bar{F}(x) \\ &= -\frac{\lambda}{cr + \lambda} \lim_{m \to \infty} \left(e^{rm} \bar{F}(m) - 1 - r \int_0^m \bar{F}(x) e^{rx}\, dx \right) \\ &= \frac{\lambda}{cr + \lambda} \left(1 + r \int_0^\infty e^{rx} \bar{F}(x)\, dx \right), \end{aligned}$$

da

$$e^{rm} \bar{F}(m) \leq \int_{(m, \infty)} e^{rx}\, dF(x) \to 0.$$

$\square$

Beweis von Satz 5.65 Zunächst bemerken wir, dass die Lundberg-Ungleichung (Satz 5.58) $e^{r_0 u} \Psi(u) \leq 1$ impliziert. Damit liegt der Grenzwert $\lim_{u \to \infty} e^{r_0 u} \Psi(u)$, wenn er existiert, in $[0, 1]$. In Satz 5.61 und Korollar 5.62 sahen wir, dass mit $\Phi = 1 - \Psi$ gilt:

$$\begin{aligned} \Phi(u) &= \Phi(0) + \frac{\lambda}{c} \int_{(0, u]} \Phi(u - x) \bar{F}(x)\, dx \\ &= 1 - \frac{\lambda \mu}{c} + \frac{\lambda}{c} \int_{(0, u]} \Phi(u - x) \bar{F}(x)\, dx. \end{aligned}$$

Also ist

5.3 Ruintheorie unter der Lundberg-Bedingung

$$\Psi(u) = 1 - \Phi(u) = \frac{\lambda\mu}{c} - \frac{\lambda}{c}\int_{(0,u]} (1 - \Psi(u-x))\,\bar{F}(x)\,dx$$

$$= \frac{\lambda}{c}\left(\int_0^\infty \bar{F}(x)\,dx - \int_{(0,u]} (1 - \Psi(u-x))\,\bar{F}(x)\,dx\right)$$

$$= \frac{\lambda}{c}\left(\int_u^\infty \bar{F}(x)\,dx + \int_{(0,u]} \Psi(u-x)\,\bar{F}(x)\,dx\right). \tag{5.29}$$

Dies ist eine *defekte Erneuerungsgleichung* im Sinne von Feller[9] [Fel71, XI.7], da hier

$$\frac{\lambda}{c}\int_0^\infty \bar{F}(x)\,dx = \frac{\lambda\mu}{c} < 1$$

gilt. Wir hatten jedoch vorausgesetzt, dass der Lundberg-Koeffizient r_0 existiert, also $f(r_0) = 1$ für ein $r_0 > 0$ gilt, und damit kann der „Defekt" wie folgt behandelt werden: Multiplikation mit $e^{r_0 u}$ ergibt

$$e^{r_0 u}\Psi(u) = \frac{\lambda}{c}e^{r_0 u}\int_u^\infty \bar{F}(x)\,dx + \frac{\lambda}{c}\int_{(0,u]} e^{r_0(u-x)}\Psi(u-x)e^{r_0 x}\bar{F}(x)\,dx. \tag{5.30}$$

Aber nach Lemma 5.68 gilt auch

$$1 = f(r_0) = \frac{\lambda}{cr_0 + \lambda}\left(1 + r_0\int_0^\infty e^{r_0 x}\bar{F}(x)\,dx\right),$$

also ist

$$\frac{c}{\lambda} = \int_0^\infty e^{r_0 x}\bar{F}(x)\,dx,$$

und damit ist (5.30) eine *echte* Erneuerungsgleichung für $H(u) := e^{r_0 u}\Psi(u)$. Wir erhalten

$$e^{r_0 u}\Psi(u) = a(u) + \int_{(0,u]} a(u-x)\,dM(x), \tag{5.31}$$

mit den entsprechenden Definitionen für a und M gemäß Satz 5.28, also

$$a(u) = \frac{\lambda}{c}e^{r_0 u}\int_u^\infty \bar{F}(x)\,dx, \quad u \geq 0,$$

und der Erneuerungsfunktion M zu einer Verteilungsfunktion mit Dichte $\frac{\lambda}{c}e^{r_0 u}\bar{F}(u)$. Diese Verteilung hat den Erwartungswert

---

[9] WILLIAM FELLER, 1906–1970, geboren in Zagreb, kroatisch-amerikanischer Mathematiker, Professor an der Universität Princeton; einer der einflussreichsten Wahrscheinlichkeitstheoretiker des 20sten Jahrhunderts (siehe insbesondere sein o. g. zweibändiges Werk zur Wahrscheinlichkeitstheorie), arbeitete von 1928 bis 1933 als Dozent in Kiel, anschließend Flucht vor den Nazis nach Schweden, 1939 Übersiedlung in die USA.

$$\frac{\lambda}{c}\int_0^\infty u e^{r_0 u}\bar{F}(u)\,du = \frac{\lambda}{c}L.$$

Für beide Terme auf der rechten Seite von (5.31) interessiert uns nun ihr Verhalten für $u \to \infty$. Für den ersten Term sehen wir sofort, dass

$$a(u) = \frac{\lambda}{c}e^{r_0 u}\int_u^\infty \bar{F}(x)\,dx \leq \frac{\lambda}{c}\int_u^\infty e^{r_0 x}\bar{F}(x)\,dx \to 0$$

mit $u \to \infty$, da

$$\int_0^\infty e^{r_0 x}\bar{F}(x)\,dx = \frac{c}{\lambda} < \infty.$$

Für den zweiten Term verwenden wir den fundamentalen Erneuerungssatz (Satz 5.45), wobei wir zunächst annehmen, dass a direkt Riemann-integrierbar ist. Dann folgt mit Fubini

$$\lim_{u\to\infty} e^{r_0 u}\Psi(u) = 0 + \frac{c}{\lambda L}\int_0^\infty a(u)\,du$$

$$= \frac{c}{\lambda L}\int_0^\infty \frac{\lambda}{c}e^{r_0 u}\int_u^\infty \bar{F}(x)\,dx\,du$$

$$= \frac{c}{\lambda L}\int_0^\infty \frac{\lambda}{c}\int_0^x e^{r_0 u}\,du\,\bar{F}(x)\,dx$$

$$= \frac{c}{\lambda L}\int_0^\infty \frac{\lambda}{cr_0}(e^{r_0 x} - 1)\bar{F}(x)\,dx = \frac{c}{\lambda L}\frac{1}{r_0}\left(1 - \frac{\lambda\mu}{c}\right) = \frac{\mu\rho}{Lr_0},$$

wie gewünscht.

Abschließend zeigen wir noch, dass a tatsächlich direkt Riemann-integrierbar ist: Die Funktion a ist stetig und es gilt

$$a(u) \leq \frac{\lambda}{c}\int_u^\infty e^{r_0 x}\bar{F}(x)\,dx =: A(u).$$

Offensichtlich ist A monoton fallend. Weiter gilt mit dem Satz von Fubini

$$\int_0^\infty A(u)\,du = \frac{\lambda}{c}\int_0^\infty \int_u^\infty e^{r_0 x}\bar{F}(x)\,dx\,du = \int_0^\infty x e^{r_0 x}\bar{F}(x)\,dx = L < \infty$$

nach Voraussetzung. Daher ist a nach Lemma 5.48 direkt Riemann-integrierbar. □

5.4 Ruintheorie für subexponentielle integrierte tail-Verteilungen

Bei unseren vorangegangenen Resultaten – insbesondere zur Asymptotik der Ruinfunktion (Satz 5.65) – haben wir stets vorausgesetzt, dass die Schadenhöhenverteilungen *light tailed* sind. In der Sachversicherung interessieren oft aber gerade Szenarien mit möglichen Großschäden, die man durch Verteilungen mit *heavy tails,* wie beispielsweise die Pareto-

5.4 Ruintheorie für subexponentielle integrierte tail-Verteilungen

Verteilung, modellieren möchte. $\mathcal{K}$ der *heavy tailed* Verteilungen (siehe Definition 4.8) ziemlich groß und nicht einfach zu strukturieren. Wir betrachten hier eine wichtige Teilmenge, die gute Eigenschaften hat und viele der praxisrelevanten Verteilungen enthält. Es wird sich herausstellen, dass noch deutlicher als zuvor die integrierte *tail*-Verteilung der Schadenhöhen eine wesentliche Rolle für die Asymptotik der Ruinfunktion spielen wird. Speziell behandeln wir den Fall, dass die integrierte *tail*-Verteilung *subexponentiell* und damit *heavy tailed* ist, was in den meisten Fällen impliziert, dass die ursprüngliche Schadenhöhenverteilung ebenfalls *heavy tailed* ist.

Definition 5.69 (Subexponentielle Verteilungen)

Eine Verteilungsfunktion F mit $F(0) = 0$ und essentiellem Supremum $t_{\max} = \infty$, und die zugehörige Verteilung auf $(0, \infty)$, heißen *subexponentiell*, falls für alle $n \in \mathbb{N}$ gilt

$$\lim_{t \to \infty} \frac{\overline{F^{*n}}(t)}{\overline{F}(t)} = n.$$

Die Klasse der *subexponentiellen Verteilungen* bezeichnen wir mit $\mathcal{S}$. ◂

Subexponentielle Verteilungen haben die bemerkenswerte Eigenschaft, dass der *tail* der Verteilung der Gesamtschadensumme asymptotisch äquivalent zum *tail* der Verteilung des Maximalschadens ist: Sei dazu $\{X_n\}_{n \in \mathbb{N}}$ eine unabhängig identisch verteilte Folge von Schadenhöhen mit Verteilungsfunktion F (wobei wir noch nicht $F \in \mathcal{S}$ voraussetzen). Weiter seien, für $n \in \mathbb{N}$,

$$S_n := \sum_{i=1}^{n} X_i$$

und

$$M_n := \max\{X_1, \ldots, X_n\}$$

der Gesamtschaden und der Maximalschaden nach den ersten n Schäden.

Proposition 5.70 Mit der obigen Notation gilt: Für eine Verteilungsfunktion F mit $F(0) = 0$ und $t_{\max} = \infty$ ist $F \in \mathcal{S}$ genau dann, wenn für jedes $n \in \mathbb{N}$ gilt

$$\mathbb{P}\{S_n > x\} \sim \mathbb{P}\{M_n > x\}, \quad x \to \infty.$$

Beweis Nach Definition der Faltung ist $\mathbb{P}\{S_n > x\} = \overline{F^{*n}}(x)$, und für die Maxima gilt

$$\mathbb{P}\{M_n > x\} = 1 - \mathbb{P}\{M_n \leq x\}$$
$$= 1 - \prod_{i=1}^{n} \mathbb{P}\{X_i \leq x\}$$
$$= 1 - (F(x))^n$$
$$= \bar{F}(x) \sum_{i=0}^{n-1} (F(x))^i \sim n\bar{F}(x) \quad \text{für } x \to \infty,$$

wobei wir im vorletzten Schritt benutzt haben, dass $F(x) < 1$ (da $t_{\max} = \infty$), und damit nach der Formel für die endliche geometrischen Reihe gilt

$$\sum_{i=0}^{n-1} (F(x))^i = \frac{1 - (F(x))^n}{1 - F(x)},$$

und im letzten Schritt, dass $F(x) \to 1$ mit $x \to \infty$. $\square$

▶ **Bemerkung 5.71** Man kann zeigen, dass unter den obigen Voraussetzungen $F \in \mathcal{S}$ bereits dann folgt, wenn die Eigenschaft

$$\mathbb{P}\{S_n > x\} \sim \mathbb{P}\{M_n > x\}, \quad x \to \infty,$$

nur für $n = 2$ vorausgesetzt wird, siehe dazu etwa [EKM97, Lemma 1.3.4].

Wir zeigen als nächstes, dass subexponentielle Verteilungen *heavy tailed* sind, also dass $\mathcal{S} \subset \mathcal{K}$.

Proposition 5.72

i) Für jedes $F \in \mathcal{S}$ gilt

$$\lim_{x \to \infty} \frac{\bar{F}(x-y)}{\bar{F}(x)} = 1 \quad \text{gleichmäßig in } y \text{ auf Kompakta.} \tag{5.32}$$

ii) Gilt für eine Verteilungsfunktion F mit $F(0) = 0$ und $t_{\max} = \infty$

$$\lim_{x \to \infty} \frac{\bar{F}(x-y)}{\bar{F}(x)} = 1 \quad \text{für ein } y \neq 0, \tag{5.33}$$

dann folgt $F \in \mathcal{K}$.

▶ **Bemerkung 5.73** Aus der Monotonie der Funktion $x \mapsto \bar{F}(x)$ folgt die Äquivalenz der Bedingungen (5.32) und (5.33).

5.4 Ruintheorie für subexponentielle integrierte tail-Verteilungen

Beweis i) Angenommen, die Aussage ist falsch. Dann gilt wegen Bemerkung 5.73, dass der Grenzwert in (5.32) für $y = -1$ nicht 1 ist und daher existieren ein $\alpha < 1$ und eine Folge $(x_i)_{i \in \mathbb{N}} \to \infty$ mit

$$\frac{\bar{F}(x_i + 1)}{\bar{F}(x_i)} \leq \alpha < 1. \tag{5.34}$$

Wir überprüfen die Bedingung für $F \in \mathcal{S}$ im Fall $n = 2$ und betrachten die disjunkte Vereinigung

$$\{S_2 > x + 1\} = \{M_2 > x + 1\} \cup \left(\{M_2 \in (x, x+1]\} \cap \{S_2 > x+1\}\right) \\ \cup \left(\{M_2 \leq x\} \cap \{S_2 > x+1\}\right). \tag{5.35}$$

Für $x > 1$ gilt

$$\frac{\mathbb{P}\{M_2 \in (x, x+1], S_2 > x+1\}}{\mathbb{P}\{M_2 > x+1\}} \geq \frac{\mathbb{P}\{X_1 \in (x, x+1], X_2 \in [1, x)\}}{\mathbb{P}\{M_2 > x+1\}}$$

$$= \frac{\mathbb{P}\{X_1 \in (x, x+1]\}\mathbb{P}\{X_2 \in [1, x)\}}{\mathbb{P}\{M_2 > x+1\}}$$

$$\geq \frac{\mathbb{P}\{X_1 \in (x, x+1]\}\mathbb{P}\{X_2 \in [1, x)\}}{2\mathbb{P}\{X_1 > x+1\}}$$

$$= \frac{\bar{F}(x) - \bar{F}(x+1)}{\bar{F}(x+1)} \frac{\mathbb{P}\{X_2 \in [1, x)\}}{2}.$$

Wegen (5.34) folgt

$$\limsup_{x \to \infty} \frac{\mathbb{P}\{M_2 \in (x, x+1], S_2 > x+1\}}{\mathbb{P}\{M_2 > x+1\}} \geq \left(\frac{1}{\alpha} - 1\right) \liminf_{x \to \infty} \frac{\mathbb{P}\{X_2 \in [1, x)\}}{2}$$

$$= \left(\frac{1}{\alpha} - 1\right) \frac{\mathbb{P}\{X_2 \geq 1\}}{2} > 0,$$

was wegen (5.35) und Proposition 5.70 ein Widerspruch zu $F \in \mathcal{S}$ ist.

ii) Angenommen, F erfüllt (5.33), dann erfüllt F wegen Bemerkung 5.73 auch (5.33) mit $y = -1$. Sei $\lambda > 0$ beliebig und $\varepsilon > 0$. Dann existiert ein $n_0 \in \mathbb{N}$ mit $\bar{F}(x+1) \geq (1-\varepsilon)\bar{F}(x)$ für alle $x \geq n_0$. Daraus folgt für $n \in \mathbb{N}$ mit $n \geq n_0$:

$$\bar{F}(n) \geq (1-\varepsilon)^{n-n_0} \bar{F}(n_0),$$

also

$$\frac{1 - F(n)}{e^{-\lambda n}} \geq \frac{(1-\varepsilon)^n}{e^{-\lambda n}} (1-\varepsilon)^{-n_0} \bar{F}(n_0) \to \infty,$$

falls $\varepsilon > 0$ so klein gewählt wird, dass $\log(1-\varepsilon) > -\lambda$. Da $\lambda > 0$ beliebig war, folgt aus Proposition 4.10, dass $F \in \mathcal{K}$. □

Viele für die Praxis relevante Verteilungen mit *heavy tails,* insbesondere diejenigen aus Tab. 4.1 in $\mathcal{K}$, sind subexponentiell, was im Einzelfall jedoch nicht immer leicht zu zeigen ist. Wir werden gleich eine große Teilklasse in $\mathcal{S}$ identifizieren – zu der etwa auch die Pareto-

Verteilung gehört – die sich sehr leicht explizit beschreiben lässt. Zuerst jedoch ein Beispiel, das zeigt, dass $\mathcal{S} \subset \mathcal{K}$ tatsächlich eine echte Inklusion ist, also dass $\mathcal{S} \subsetneq \mathcal{K}$ gilt.

Beispiel 5.74
Betrachte die Verteilungsfunktion

$$F(x) := \sum_{n \in \mathbb{N}: 2^n \leq x} \frac{1}{2^n}, \quad x \geq 0.$$

Dies ist die sogenannte „Peter und Paul Verteilung", die den Gewinn im „St. Petersburger Spiel" beschreibt (siehe dazu etwa [Fel68, X.4]). Man sieht leicht, dass $F \in \mathcal{K}$, denn insbesondere existiert kein endlicher Erwartungswert für F. Weiter gilt für jedes $n \in \mathbb{N}$

$$\frac{\bar{F}(2^n - 1)}{\bar{F}(2^n)} = 2 \neq 1,$$

und damit ist (5.32) für $y = 1$ falsifiziert und somit $F \notin \mathcal{S}$.

Definition 5.75 (Langsam variierende Funktionen)

Eine Funktion $L : (0, \infty) \to (0, \infty)$ heißt *langsam variierend*, wenn für alle $t > 0$ gilt

$$\lim_{x \to \infty} \frac{L(tx)}{L(x)} = 1.$$

In diesem Falle schreiben wir $L \in \mathcal{R}_0$. ◀

Beispiele für langsam variierende Funktionen sind positive Funktionen, die für hinreichend große x asymptotisch mit $\log x$, $\log \log x$ oder $1/\log x$ übereinstimmen, und natürlich jede konstante Funktion.

Übungsaufgabe 5.76
Zeigen Sie, dass die Summe zweier langsam variierender Funktionen ebenfalls langsam variierend ist.

Definition 5.77 (Regulär variierende Funktionen)

Eine Funktion $H : (0, \infty) \to (0, \infty)$ heißt *regulär variierend* vom Index $\alpha \in \mathbb{R}$, wenn für alle $t > 0$ gilt

$$\lim_{x \to \infty} \frac{H(tx)}{H(x)} = t^\alpha.$$

In diesem Falle schreiben wir $H \in \mathcal{R}_\alpha$. ◀

Beispiele für regulär variierende Funktionen sind Polynomfunktionen in x, die auf $(0, \infty)$ positiv sind. Man sieht leicht, dass $H \in \mathcal{R}_\alpha$ genau dann gilt, wenn

$$H(x) = x^\alpha L(x),$$

5.4 Ruintheorie für subexponentielle integrierte tail-Verteilungen

wobei L langsam variierend ist. Insbesondere gilt dies im Fall $\alpha = 0$, was die Notation $\mathcal{R}_0$ für langsam variierende Funktionen erklärt.

Betrachten wir nun eine Verteilungsfunktion F, deren *tail* $\bar{F}$ regulär variierend vom Index $-\alpha$ für ein $\alpha \geq 0$ ist. Dann gilt offensichtlich

$$\bar{F}(x) = x^{-\alpha} L(x), \quad \alpha \geq 0,$$

wobei L langsam variierend ist. Von diesem Typ ist die Pareto-Verteilung. Die nächsten Ergebnisse besagen, dass solche Verteilungen subexponentiell sind.

Lemma 5.78 Seien Y_1 und Y_2 unabhängige, nicht negative Zufallsvariablen mit Verteilungsfunktion F_1 und F_2, so dass $\bar{F}_1$ und $\bar{F}_2$ regulär variierend zum selben $-\alpha \leq 0$ sind, das heißt

$$\bar{F}_i(x) = x^{-\alpha} L_i(x)$$

mit L_i langsam variierend, $i = 1, 2$. Ist G die Verteilungsfunktion von $Y_1 + Y_2$, dann ist der *tail* von G regulär variierend mit Index $-\alpha$. Genauer gilt

$$\bar{G}(x) = \mathbb{P}\{Y_1 + Y_2 > x\} \sim x^{-\alpha}\bigl(L_1(x) + L_2(x)\bigr) = \bar{F}_1(x) + \bar{F}_2(x).$$

Beweis Wir folgen [Fel71, VIII.8 c)] bzw. [EKM97, Lemma 1.3.1]. Wegen

$$\{Y_1 > x\} \cup \{Y_2 > x\} \subset \{Y_1 + Y_2 > x\}$$

gilt die untere asymptotische Schranke

$$\begin{aligned}\bar{G}(x) &\geq \bar{F}_1(x) + \bar{F}_2(x) - \bar{F}_1(x)\bar{F}_2(x) \\ &= \bar{F}_1(x)\bigl(1 - \bar{F}_2(x)\bigr) + \bar{F}_2(x) \\ &\sim \bar{F}_1(x) + \bar{F}_2(x),\end{aligned}$$

unabhängig von den Annahmen an $\bar{F}_1$ und $\bar{F}_2$. Für $\delta \in (0, 1)$ erhalten wir aus

$$\{Y_1 + Y_2 > x\} \subset \{Y_1 > (1-\delta)x\} \cup \{Y_2 > (1-\delta)x\} \cup \{Y_1 > \delta x, Y_2 > \delta x\}$$

und unter Verwendung der Voraussetzung an $\bar{F}_1$ und $\bar{F}_2$ die obere Schranke

$$\begin{aligned}\bar{G}(x) &\leq \bar{F}_1((1-\delta)x) + \bar{F}_2((1-\delta)x) + \bar{F}_1(\delta x)\bar{F}_2(\delta x) \\ &= (1-\delta)^{-\alpha} x^{-\alpha}\bigl(L_1((1-\delta)x) + L_2((1-\delta)x)\bigr) + \delta^{-2\alpha} x^{-2\alpha} L_1(\delta x) L_2(\delta x) \\ &\sim (1-\delta)^{-\alpha} x^{-\alpha}\bigl(L_1(x) + L_2(x)\bigr) + \delta^{-2\alpha} x^{-2\alpha} L_1(x) L_2(x) \\ &= (1-\delta)^{-\alpha}\bigl(\bar{F}_1(x) + \bar{F}_2(x)\bigr) + \delta^{-2\alpha} \bar{F}_1(x) \bar{F}_2(x) \\ &\sim (1-\delta)^{-\alpha}\bigl(\bar{F}_1(x) + \bar{F}_2(x)\bigr).\end{aligned}$$

Somit folgt

$$1 \leq \liminf_{x\to\infty} \frac{\bar{G}(x)}{\bar{F}_1(x) + \bar{F}_2(x)} \leq \limsup_{x\to\infty} \frac{\bar{G}(x)}{\bar{F}_1(x) + \bar{F}_2(x)} \leq (1-\delta)^{-\alpha} \to 1,$$

mit $\delta \to 0$. Unter Beachtung der Tatsache, dass $L_1 + L_2$ langsam variierend ist (siehe Übungsaufgabe 5.76), erhalten wir das Resultat. □

Proposition 5.79 Sei $\bar{F}$ regulär variierend vom Index $-\alpha$, $\alpha \geq 0$ und $F(0) = 0$. Dann ist $F \in \mathcal{S}$.

Beweis Seien $X_1, X_2, \ldots$ unabhängig mit Verteilungsfunktion F wie oben. Aus dem letzten Lemma folgt induktiv, dass $S_n = X_1 + \ldots + X_n$ für $n \in \mathbb{N}$ regulär variierend ist mit Index $-\alpha$ und

$$\mathbb{P}\{S_n > x\} \sim n\bar{F}(x) \quad \text{für } x \to \infty$$

für jedes feste n gilt. Dies bedeutet aber gerade, dass F in $\mathcal{S}$ liegt. □

Bezeichnen wir die Klasse aller Verteilungsfunktionen F, für die $\bar{F}$ regulär variierend mit einem Index $-\alpha \leq 0$ und $F(0) = 0$ ist, mit $\mathcal{R}$, so erhalten wir die Inklusionen

$$\mathcal{R} \subset \mathcal{S} \subset \mathcal{K}.$$

Alle Inklusionen sind strikt, wie etwa die Weibull-Verteilung mit Parameter $\alpha < 1$ zeigt, die subexponentiell, aber nicht regulär variierend ist, was wir hier aber nicht beweisen werden.

Zur Bestimmung der Asymptotik der Ruinfunktion benötigen wir noch die folgende in x gleichmäßige Schranke an die n-fache Faltung von subexponentiellen *tails*, die Harry Kesten zugeschrieben wird, siehe [AN72, S. 148 und Lemma 7] oder [EKM97, Lemma 1.3.5 c)].

Proposition 5.80 (Kestens[10] Abschätzung) Ist $F \in \mathcal{S}$ und $\varepsilon > 0$, dann existiert ein $K < \infty$, so dass

$$\frac{\overline{F^{*n}}(x)}{\bar{F}(x)} \leq K(1+\varepsilon)^n, \quad x \geq 0, \ n \geq 2.$$

---

[10] HARRY KESTEN, 1931–2019, geboren in Duisburg, US-amerikanischer Mathematiker, 1933 Emigration in die Niederlande, Professor an der Cornell University, bedeutende Beiträge zu diversen Gebieten der Wahrscheinlichkeitstheorie wie etwa der Perkolationstheorie.

5.4 Ruintheorie für subexponentielle integrierte tail-Verteilungen

Beweis Sei $F \in \mathcal{S}$. Es gilt

$$\overline{F^{*(n+1)}}(x) = \int_0^\infty \overline{F^{*n}}(x-t)\,dF(t) = \int_{(0,x]} \overline{F^{*n}}(x-t)\,dF(t) + \overline{F}(x).$$

Daraus folgt, dass

$$\frac{\overline{F^{*(n+1)}}(x)}{\overline{F}(x)} = 1 + \int_{(0,x]} \frac{\overline{F^{*n}}(x-t)}{\overline{F}(x)}\,dF(t).$$

Sei nun

$$\alpha_n := \sup_{x \geq 0} \frac{\overline{F^{*n}}(x)}{\overline{F}(x)}, \quad n \in \mathbb{N}.$$

Dann ist $\alpha_n < \infty$, da $F \in \mathcal{S}$, und es gilt für $T > 0$:

$$\alpha_{n+1} \leq 1 + \sup_{0 \leq x \leq T} \int_{(0,x]} \frac{\overline{F^{*n}}(x-t)}{\overline{F}(x)}\,dF(t) + \sup_{T < x} \int_{(0,x]} \frac{\overline{F^{*n}}(x-t)}{\overline{F}(x-t)} \frac{\overline{F}(x-t)}{\overline{F}(x)}\,dF(t)$$

$$\leq 1 + \frac{1}{\overline{F}(T)} + \alpha_n \sup_{T<x} \frac{\overline{F^{*2}}(x) - \overline{F}(x)}{\overline{F}(x)},$$

wobei der letzte Quotient gegen 1 konvergiert, da $F \in \mathcal{S}$. Also existiert zu $\varepsilon > 0$ ein T, so dass

$$\alpha_{n+1} \leq 1 + \frac{1}{\overline{F}(T)} + \alpha_n(1+\varepsilon).$$

Da $\alpha_1 = 1$ erhalten wir mit $C := 1 + (\overline{F}(T))^{-1}$

$$\alpha_n \leq C + \alpha_{n-1}(1+\varepsilon)$$
$$\leq C + (C + \alpha_{n-2}(1+\varepsilon))(1+\varepsilon)$$
$$\leq \dots$$
$$= C \sum_{k=0}^{n-2} (1+\varepsilon)^k + (1+\varepsilon)^{n-1} \leq \left(\frac{C}{\varepsilon} + 1\right)(1+\varepsilon)^n,$$

und das Resultat folgt mit der Wahl $K := \frac{C}{\varepsilon} + 1$. □

Nach diesen Vorbereitungen wenden wir uns nun den Eigenschaften der Ruinfunktion im subexponentiellen Fall zu. Wir betrachten dazu ein Cramér-Lundberg Modell

$$(\{N_t\}_{t \geq 0}, \{X_i\}_{i \in \mathbb{N}}, \{\Pi_t\}_{t \geq 0})$$

mit Risikoprozess U, Anfangskapital $U(0) = u \geq 0$ und Prämienrate $c > 0$. Seien wieder $\mu = \mathbb{E}[X_1] \in (0, \infty)$ und $1/\lambda = \mathbb{E}[W_1] \in (0, \infty)$. Ferner bezeichnen wir mit

$$F_I(t) := \frac{1}{\mu} \int_0^t (1 - F(x))\, dx$$

die integrierte *tail*-Verteilung der Verteilungsfunktion F von X_1. Wir wollen nun die Asymptotik der Ruinfunktion Ψ für $u \to \infty$ untersuchen, falls anstelle der Lundberg-Bedingung 5.55 an die *light tailed* Verteilung F eine Subexponentialitätsbedingung an die integrierte *tail*-Verteilung F_I im *heavy tailed* Fall gilt.

Wir beginnen mit einer Charakterisierung der eindeutigen Lösung der Erneuerungsgleichung aus Satz 5.61, die von allgemeinem Interesse ist und noch keine zusätzlichen Voraussetzungen an F_I macht. Sie stammt ursprünglich aus der Warteschlangentheorie und ist als Pollaczek[11]-Chintschin[12] Formel bekannt.

Satz 5.81 (Pollaczek-Chintschin Formel) Unter den Voraussetzungen von Satz 5.61 und $\rho > 0$ erfüllt Φ die verallgemeinerte Erneuerungsgleichung

$$\Phi(u) = \frac{\rho}{1+\rho} + \frac{1}{1+\rho} \int_{(0,u]} \Phi(u-x) dF_I(x), \quad u \geq 0. \tag{5.36}$$

Deren eindeutige (lokal beschränkte und messbare) Lösung ist gegeben durch

$$\Phi(u) = \frac{\rho}{1+\rho} \sum_{n=0}^{\infty} \frac{1}{(1+\rho)^n} F_I^{*n}(u). \tag{5.37}$$

Insbesondere erhalten wir für die Ruinfunktion Ψ die Darstellung

$$\Psi(u) = \frac{\rho}{1+\rho} \sum_{n=0}^{\infty} \frac{1}{(1+\rho)^n} \overline{F_I^{*n}}(u). \tag{5.38}$$

Beweis Die Eindeutigkeit der Lösung und Formel (5.37) folgen wie im Fall der Erneuerungsgleichung (5.9) durch fortgesetztes Einsetzen. Mehr ist nicht zu zeigen, da wir bereits wissen, dass die Funktion Φ Gleichung (5.36) löst. Die Darstellung (5.38) folgt dann sehr leicht durch Einsetzen von (5.37) in $\Psi(u) = 1 - \Phi(u)$. □

▶ **Bemerkung 5.82** Es lohnt sich, Formel (5.38) genauer zu studieren und zu interpretieren. Die unendliche Summe suggeriert, dass dabei die Ruinwahrscheinlichkeit als Summe von

---

[11] FÉLIX POLLACZEK, 1892–1981, geboren in Wien, österreichisch-französischer Mathematiker, Promotion 1922 an der Universität Berlin, anschließend Telefoningenieur in Berlin, 1933 Emigration nach Paris, bedeutende Beiträge zur Warteschlangentheorie, 1977 John-von-Neumann Preis.

[12] ALEXANDER JAKOWLEWITSCH CHINTSCHIN, 1894–1959, geboren in Kondyrjowo, sowjetischer Mathematiker, Professor an der Lomonossow-Universität, Mitbegründer der Schule der Wahrscheinlichkeitstheorie in der UdSSR.

5.4 Ruintheorie für subexponentielle integrierte tail-Verteilungen

Ruinwahrscheinlichkeiten unter abzählbar vielen disjunkten Ereignissen (mit $n \in \mathbb{N}_0$ indiziert) dargestellt wird. Sie hat die Form einer zusammengesetzt-geometrischen Verteilung. Um die einzelnen Terme zu verstehen, sei $\{\bar{S}_n\}$ wieder die Irrfahrt (mit negativer Drift unter der NPC) aus (5.18). Definiere $\tau_0 := 0$ und

$$\tau_1 := \inf\{n \in \mathbb{N} : \bar{S}_n > 0\},$$

wobei wir wie üblich $\inf \emptyset = \infty$ setzen. Dann haben wir mit Korollar 5.62 a)

$$\mathbb{P}\{\tau_1 < \infty\} = \Psi(0) = \frac{1}{1+\rho}.$$

Weiter sei, für $k \geq 2$,

$$\tau_k := \inf\{n > \tau_{k-1} : \bar{S}_n > \bar{S}_{\tau_{k-1}}\}.$$

Wir nennen τ_k ($k \in \mathbb{N}_0$) den k-ten *Leiterindex* und, gegeben $\{\tau_k < \infty\}$,

$$L_k := \bar{S}_{\tau_k} - \bar{S}_{\tau_{k-1}}$$

die k-te *Leiterhöhe*, siehe Abb. 5.6. Es ist nicht schwer zu zeigen, dass bedingt auf $\{\tau_k < \infty\}$ die Paare $(L_i, \tau_i - \tau_{i-1})$, $i \in [k]$ unabhängig und identisch verteilt sind. Insbesondere gilt

$$\mathbb{P}\{\tau_k < \infty\} = (\mathbb{P}\{\tau_1 < \infty\})^k \quad \text{für alle } k \in \mathbb{N}.$$

Wir setzen

$$F_L(t) := P\{L_k \leq t \mid \tau_k < \infty\} \quad (k \in \mathbb{N}),$$

und erhalten damit

$$\Psi(u) = \mathbb{P}\{\bar{S}_n > u \text{ für ein } n \in \mathbb{N}\}$$

$$= \mathbb{P}\left\{\tau_n < \infty, \sum_{i=1}^n L_i > u \text{ für ein } n \in \mathbb{N}\right\}$$

$$= \sum_{n=0}^\infty \mathbb{P}\left\{\sum_{i=1}^n L_i > u, \tau_{n+1} = \infty \,\bigg|\, \tau_n < \infty\right\} \mathbb{P}\{\tau_n < \infty\}$$

$$= \sum_{n=0}^\infty \mathbb{P}\left\{\sum_{i=1}^n L_i > u \,\bigg|\, \tau_n < \infty\right\} \mathbb{P}\{\tau_{n+1} = \infty \mid \tau_n < \infty\} \mathbb{P}\{\tau_n < \infty\}$$

$$= \sum_{n=0}^\infty \frac{\rho}{1+\rho} \frac{1}{(1+\rho)^n} \overline{F_L^{*n}}(u).$$

Das ist genau die Darstellung aus der Pollaczek-Chintschin Formel. Die Terme auf der rechten Seite sind gerade die Wahrscheinlichkeiten der Ereignisse, dass der n-te Leiterindex

– und kein weiterer – erreicht wird (das ist die Komponente der geometrischen Verteilung mit „Erfolgswahrscheinlichkeit" $\frac{\rho}{1+\rho}$) und (bis dahin) Ruin eintritt (mit Wahrscheinlichkeit $\overline{F_L^{*n}}(u)$).

Man könnte nun versucht sein, einen Koeffizientenvergleich mit (5.38) durchzuführen und daraus $\bar{F}_L(u) = \bar{F}_I(u)$ für alle $u \geq 0$ zu folgern. Das ist natürlich unzulässig, da F_L ja von ρ abhängen könnte. Um einzusehen, dass dennoch $F_L = F_I$ gilt, argumentieren wir wie folgt (das Argument ist [Dre05] entnommen): Sei $\beta := (1+\rho)^{-1}$. Dann ist $0 < \beta < 1$ und aus (5.38) und obiger Darstellung folgt für alle $u \geq 0$

$$(1-\beta)\sum_{n=0}^{\infty} \beta^n \overline{F_L^{*n}}(u) = (1-\beta)\sum_{n=0}^{\infty} \beta^n \overline{F_I^{*n}}(u).$$

Die linke und daher auch die rechte Seite kann als Überlebensfunktion ein und derselben nicht negativen Zufallsvariablen Z aufgefasst werden. Bezeichnen wir die momentenerzeugenden Funktionen von F_L und F_I mit ψ_L und ψ_I, so ist die momentenerzeugende Funktion von Z nach Proposition 4.29 gegeben durch

$$\frac{1-\beta}{1-\beta\psi_L} = (1-\beta)\sum_{n=0}^{\infty} \beta^n \psi_L^n = (1-\beta)\sum_{n=0}^{\infty} \beta^n \psi_I^n = \frac{1-\beta}{1-\beta\psi_I}$$

und daher gilt $\psi_L = \psi_I$. Da die Definitionsbereiche beider Funktionen die negative Halbachse einschließen, folgt $F_L = F_I$ beispielsweise nach [Kle20, Satz 15.6].

Ist $F_I \in \mathcal{S}$, so erhalten wir die folgende explizite Asymptotik, die ein weiteres Hauptresultat der Ruintheorie ist.

Satz 5.83 (Asymptotik der Ruinfunktion, subexponentieller Fall) Im Cramér-Lundberg Modell mit Nettogewinnbedingung $\rho > 0$ und integrierter *tail*-Schadenhöhenverteilung $F_I \in \mathcal{S}$ gilt

$$\Psi(u) \sim \frac{1}{\rho}\bar{F}_I(u)$$

für $u \to \infty$.

Der obige Satz kann als Lundberg-Approximation für Großschäden aufgefasst werden. Ein Beispiel für Verteilungsfunktionen F mit $F_I \in \mathcal{S}$ ist die Pareto-Verteilung mit $\alpha > 1$, wie wir im folgenden Beispiel sehen werden.

Beispiel 5.84

Wir betrachten Pareto-verteilte Schadenhöhen mit $\alpha > 1$, also

$$F(x) = 1 - x^{-\alpha}, \; x \geq 1,$$

mit Erwartungswert

$$\mu = \int_1^\infty x \alpha x^{-1-\alpha} \, dx = \frac{\alpha}{\alpha - 1}.$$

Für den Sicherheitszuschlag ρ erhalten wir

$$\rho = \frac{c}{\lambda \mu} - 1 = \frac{c(\alpha - 1)}{\lambda \alpha} - 1$$

und die Nettogewinnbedingung $\rho > 0$ gilt genau dann, wenn

$$c > \frac{\lambda \alpha}{\alpha - 1}.$$

Hier ist $F \in \mathcal{K}$, und daher ist die Lundberg-Bedingung *nicht* erfüllt. Für die integrierte *tail*-Verteilungsfunktion F_I erhalten wir für $x \geq 1$

$$F_I(x) = \frac{1}{\mu} \int_0^x \bar{F}(y) \, dy = \frac{1}{\mu} \left(1 + \int_1^x y^{-\alpha} \, dy \right)$$

$$= \frac{1}{\mu} + \frac{1}{\mu(\alpha - 1)} - \frac{1}{\mu(\alpha - 1)} x^{-\alpha + 1}$$

$$= 1 - \frac{x^{-\alpha + 1}}{\alpha}.$$

Die Funktion $\bar{F}_I$ ist offensichtlich regulär variierend vom Index $-\alpha + 1 < 0$, daher nach Proposition 5.79 subexponentiell, und wir können Satz 5.83 anwenden. Als Asymptotik der Ruinfunktion erhalten wir

$$\Psi(u) \sim \frac{1}{\rho} \bar{F}_I(u) = \frac{1}{\rho \alpha} u^{-\alpha + 1} = \left(\frac{c(\alpha - 1)}{\lambda} - \alpha \right)^{-1} u^{-\alpha + 1}.$$

Für $c = 3, \alpha = 2$ und $\lambda = 1$ ergibt dies die besonders elegante Darstellung

$$\Psi(u) \sim \frac{1}{u} \quad \text{für } u \to \infty.$$

Beweis von Satz 5.83 Wir verwenden die Pollaczek-Chintschin Formel (5.38) und die Definition der subexponentiellen Verteilungen $\mathcal{S}$ und erhalten

$$\Psi(u) = \frac{\rho}{1 + \rho} \sum_{n=0}^\infty \frac{1}{(1 + \rho)^n} \overline{F_I^{*n}}(u)$$

$$= \overline{F_I}(u) \frac{\rho}{1 + \rho} \sum_{n=0}^\infty \frac{1}{(1 + \rho)^n} \frac{\overline{F_I^{*n}}(u)}{\overline{F_I}(u)}$$

$$\sim \overline{F_I}(u) \frac{\rho}{1 + \rho} \sum_{n=0}^\infty \frac{n}{(1 + \rho)^n}$$

$$= \overline{F_I}(u) \frac{\rho}{1+\rho} \frac{1}{1+\rho} \frac{1}{(1-\frac{1}{1+\rho})^2}$$

$$= \overline{F_I}(u) \frac{\rho}{1+\rho} \frac{1}{1+\rho} \frac{(1+\rho)^2}{(1+\rho-1)^2} = \overline{F_I}(u) \frac{1}{\rho},$$

wobei wir im drittletzten Schritt die Hilfsrechnung

$$\sum_{n=0}^{\infty} n q^n = \sum_{n=0}^{\infty} \sum_{k=0}^{n-1} q^n = \sum_{k=0}^{\infty} \sum_{n=k+1}^{\infty} q^n = \sum_{k=0}^{\infty} \frac{q^{k+1}}{1-q} = \frac{q}{(1-q)^2}$$

und bei „$\sim$" Proposition 5.80 und dominierte Konvergenz angewendet haben. □

Wir können die Asymptotik der Ruinfunktion nun für die recht große Klasse von Verteilungen mit $F_I \in \mathcal{S}$ bestimmen. Gibt es weitere Verteilungen in $\mathcal{K}$, für die das Resultat gilt? Dies ist nicht der Fall, die Asymptotik gilt *genau* für $F_I \in \mathcal{S}$:

Satz 5.85 (Embrechts und Veraverbeke, 1982) Im Cramér-Lundberg Modell mit $\rho > 0$ sind äquivalent:

i) $F_I \in \mathcal{S}$,
ii) $1 - \Psi \in \mathcal{S}$ [13],
iii) $\lim_{u \to \infty} \frac{\Psi(u)}{\overline{F_I}(u)} = \frac{1}{\rho}$.

Der Beweis würde hier zu weit führen (siehe dazu [EV82]). Da für die obige Asymptotik von Ψ die Eigenschaften von F_I anstelle von F (wie bei der Lundberg-Bedingung) gebraucht werden, ist eine natürliche Frage: Gilt

$$F \in \mathcal{S} \iff F_I \in \mathcal{S} ?$$

Leider ist die Situation recht kompliziert und die allgemeine Antwort (in beiden Richtungen) negativ, selbst dann, wenn man voraussetzt, dass F ein endliches erstes Moment besitzt. Für viele der in der Praxis gebräuchliche Verteilungen gilt die Implikation aber (etwa F Pareto mit $\alpha > 1 \implies F_I \in \mathcal{S}$, wie wir im obigen Beispiel gesehen haben). Eine Diskussion der Frage findet man in [EKM97, Sect. 1.4.2] oder [FKZ13, Sect. 3.8].

---

[13] Da $x \mapsto 1 - \Psi(x)$ an der Stelle $x = 0$ nicht 0 ist, ist dies streng genommen nicht möglich. Wir nehmen daher (nur) hier an, dass $\mathcal{S}$ entsprechend allgemeiner definiert ist.

5.4 Ruintheorie für subexponentielle integrierte tail-Verteilungen

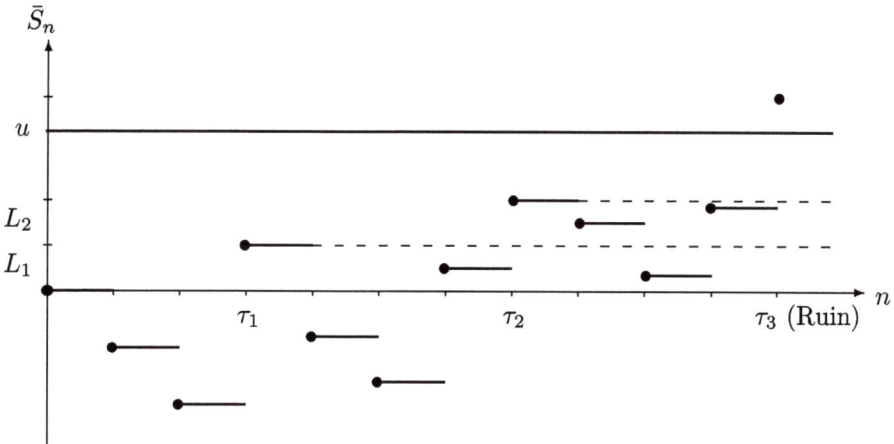

Abb. 5.6 Ruin zur Zeit τ_3 und vorherige Leiterhöhen L_1 und L_2

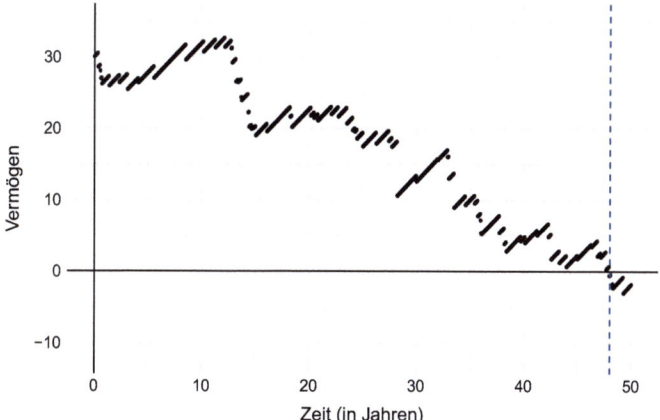

Abb. 5.7 Simulation eines Risikoprozesses mit Ruin im Lundberg-Fall. Speziell sind hier die Wartezeiten Exp_λ- und die Schadenhöhen $\Gamma_{3,2}$-verteilt mit $c = 1,6$ und $\lambda = 1$, so dass die NPC gilt. Der Ruin tritt durch eine Anhäufung kleinerer Schäden ein

▶ **Bemerkung 5.86** (Wie tritt der Ruin ein? – Das „Prinzip des großen Sprungs") Für das „typische Verhalten" des Risikoprozesses kurz vor oder am Ruinzeitpunkt ist – wenn wir ein hohes Startkapital und die Nettogewinnbedingung voraussetzen – das Abklingen der Schadenhöhenverteilung F bzw. von F_I wieder von wesentlicher Bedeutung. Während sich unter der Lundberg-Bedingung der Ruin durch eine „unglücklich Anhäufung" vieler kleinerer Schäden ereignet (siehe [Asm82] für präzise Resultate in diese Richtung und Abb. 5.7 für ein simuliertes Beispiel), so tritt der Ruin im „subexponentiellen Fall" (also für $F_I \in \mathcal{S}$) typischerweise durch einen einzelnen Großschaden ein (der „große Sprung", etwa als Folge

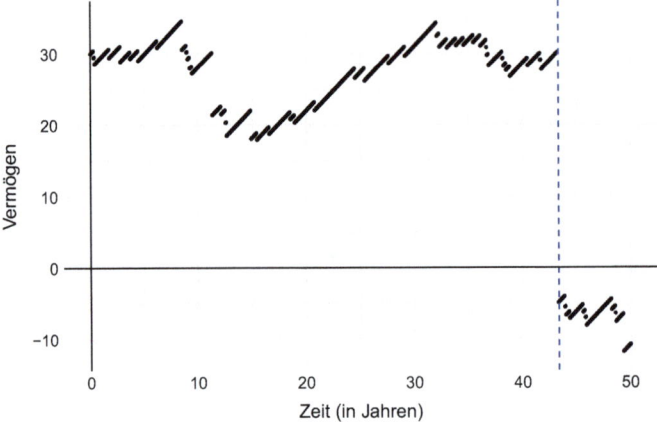

Abb. 5.8 Simulation eines Risikoprozesses mit Ruin im subexponentiellen Fall. Hier sind die Wartezeiten Exp_λ- und die Schadenhöhen Pareto-verteilt mit Parametern $\kappa = 1, \alpha = 3$, so dass Erwartungswert und Varianz analog zum Beispiel in Abb. 5.7 sind. Wieder ist $c = 1{,}6$ und $\lambda = 1$. Der Ruin tritt durch einen großen Schaden ein

einer Naturkatastrophe), siehe Abb. 5.8. Diese Heuristik wird durch die asymptotische Äquivalenz von Gesamtschaden und Maximalschaden im subexponentiellen Fall, wie wir sie in Proposition 5.70 gesehen haben, unterstützt. Ausgehend von solchen Beobachtungen kann man „Prinzipien des einzelnen großen Sprunges" auf verschiedene Weisen formalisieren, was auf aktuelle Forschungsfragen führt. Siehe zum Beispiel [FKZ13] oder [BBS15].

5.5 Literaturhinweise

Unsere Darstellung der klassischen dynamischen Modelle der Risikotheorie und der zugehörigen Ruintheorie folgt wohlbekannten Pfaden und findet sich in teils ähnlicher und oft umfassenderer Form in diversen klassischen und aktuellen Werken wie beispielsweise Gerber [Ger79], Grandell [Gra91], Embrechts, Klüppelberg und Mikosch [EKM97], Rolski, Schmidli, Schmidt und Teugels [RSST99], Asmussen und Albrecher [AA10], Mikosch [Mik09], Schmidli [Sch17], Konstantinides [Kon18] oder Asmussen und Steffensen [AS20].

Viele grundlegende Ideen und Resultate der Ruintheorie, etwa die Lundberg-Ungleichung, die Lundberg-Approximation und die exakte Darstellung der Ruinfunktion im exponentiellen Fall, gehen bereits auf Crámer und Lundberg zurück, siehe u. a. Lundberg [Lun26] und Crámer [Cra30] sowie Lundbergs Dissertation von 1903.

Unser Exkurs zur allgemeinen Erneuerungstheorie folgt ebenfalls der Standardliteratur, angefangen mit der klassischen Darstellung bei Feller [Fel68, Fel71], Karlin und Talyor [KT75], Resnick [Res92], oder den aktuelleren Lehrbüchern von Durrett [Dur19] sowie

5.5 Literaturhinweise

Grimmett und Stirzaker [GS20], die uns teils ebenfalls als Inspiration dienten. Der Blackwellsche Erneuerungssatz wurde von Blackwell in [Bla48] bewiesen - für einen Beweis mit Kopplungsmethoden siehe Lindvall [Lin77] und Thorisson [Tho87]. Die Äquivalenz zum fundamentalen Erneuerungssatz wird im Kontext von direkt Riemann-integrierbaren Funktionen von Feller [Fel71] behandelt. Für eine Diskussion des Begriffs der direkt Riemann-integrierbaren Funktionen und Fragen der Borel-Messbarkeit siehe [Hin87].

Der Martingalbeweis für die Lundberg-Ungleichung geht auf Gerber [Ger73] zurück. Der Beweis der Lundberg-Approximation mit Hilfe einer *defekten* Erneuerungsgleichung ist eine Argumentation von Feller [Fel71]. Unsere Darstellung der Ruintheorie im subexponentiellen Fall folgt in Teilen dem umfangreichen Werk von Embrechts, Klüppelberg und Mikosch [EKM97], in dem sich ebenfalls viele weitere Literaturhinweise finden, etwa zur Geschichte der Lundberg-Approximation im subexponentiellen Fall. Für eine umfassende Darstellung der Theorie der *heavy tailed* Verteilungen und der Eigenschaften ihrer Teilklassen verweisen wir zudem auf Foss, Korshunov und Zachary [FKZ13].

6 Prämienprinzipien, Risikomaße und Erfahrungstarifierung

In diesem Kapitel geht es um die Frage, wie man abstrakte Risiken (beschrieben durch eine Zufallsvariable bzw. ihre Verteilungsfunktion) in systematischer Weise mittels einer einzelnen reellen Zahl „bewerten" oder „bemessen" kann.

Wir werden zwei populäre Ansätze diskutieren und in Beziehung setzen, die auf den Begriffen *Prämienprinzipien* und *Risikomaße* basieren. Während erstere eher in der Versicherungsmathematik zu finden sind und positive Zufallsvariablen (beispielsweise die Gesamtschadenhöhe eines statischen Modells) bewerten, entstammen letztere der Finanzmathematik und messen das *downside risk* – also die Gefahr von hohen negativen Werten – einer Finanzposition.

In beiden Kontexten werden wünschenswerte abstrakte Eigenschaften für die Prämienprinzipien bzw. Risikomaße formuliert, die aber typischerweise nicht alle gleichzeitig erfüllbar und auch nicht gleich wichtig sind. Über diese wollen wir uns einen strukturierten Überblick verschaffen. Zudem möchten wir die engen Verbindungen zwischen den beiden Ansätzen herausarbeiten.

Anschließend betrachten wir (sehr knapp) die Bewertung von aufgeteilten Risiken und Fragen der Rückversicherung. Wir beenden das Kapitel mit einer Einführung in die Erfahrungstarifierung, einer statistischen Methodik, die es erlaubt, individuelle Risikoprämien auf Grundlage von Informationen über die bisherigen Schadenverläufe zu berechnen.

6.1 Prämienprinzipien

Sei $(\Omega, \mathcal{F}, \mathbb{P})$ ein Wahrscheinlichkeitsraum und X eine darauf definierte nicht negative reelle Zufallsvariable mit Verteilungsfunktion F_X, die ein zu versicherndes Risiko beschreibt. Dies kann beispielsweise die zufällige Gesamtschadenhöhe eines Portfolios oder eines

Einzelrisikos innerhalb einer Versicherungsperiode sein. Das aus der Lebensversicherungsmathematik bekannte Äquivalenzprinzip legt hier die Bewertung durch den Erwartungswert

$$\mathbb{E}[X] \in [0, \infty]$$

nahe[1], der auf den Begriff der *Nettorisikoprämie* führt (im Falle von $\mathbb{E}[X] = \infty$ ist das Risiko unversicherbar). Allerdings können Abweichungen nach oben vom (endlichen) Erwartungswert eintreten – diese probabilistisch zu beschreiben war eines unserer Hauptaugenmerke in der Schadenversicherung, siehe zum Beispiel Satz 4.58. In der dynamischen Risikotheorie führt dieser Ansatz ohne Sicherheitszuschlag, wie wir in Korollar 5.62 gesehen haben, sogar zum sicheren Ruin.

Es gibt eine große Bandbreite an Regeln, die auf diese oder höhere Prämien (mit eingebauten Sicherheiten) führen und die wir im Folgenden mathematisch formulieren und dann systematisch vergleichen wollen. Dazu werden wir mehr oder weniger natürliche Gütekriterien aufstellen und dann untersuchen, welche Prämienprinzipien die jeweiligen Kriterien erfüllen. Wir beginnen mit einigen Vorbereitungen.

Eine wichtige statistische Hilfsgröße zur Beschreibung eines Risikos sind die *Quantile* von X bzw. F_X, an die wir hier kurz erinnern (Abb. 6.1).

Definition 6.1 (Quantil, Median)

Sei X eine reelle Zufallsvariable auf $(\Omega, \mathcal{F}, \mathbb{P})$ mit Verteilungsfunktion F_X. Für $\lambda \in (0, 1)$ heißt eine Zahl $q_X \in \mathbb{R}$ ein λ-*Quantil* von X bzw. F_X, wenn

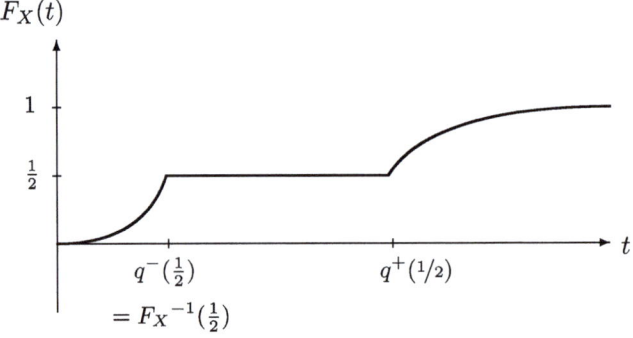

Abb. 6.1 Verallgemeinerte Linksinverse und $1/2$-Quantile

---

[1] Hier werden jedoch die Zahlungszeitpunkte nicht explizit berücksichtigt, was man mit den im Vergleich zur Lebensversicherung im allgemeinen kürzeren Versicherungsperioden in der Schadenversicherung rechtfertigen kann.

6.1 Prämienprinzipien

$$\mathbb{P}\{X \leq q_X\} \geq \lambda \quad \text{und} \quad \mathbb{P}\{X < q_X\} \leq \lambda.$$

Ein $1/2$-Quantil wird auch als *Median* bezeichnet. ◀

▶ **Bemerkung 6.2** (Perzentil). Gibt man λ in ganzen Hundertsteln an (also in Prozenten), so spricht man speziell auch von λ-Perzentilen. Manchmal werden die Begriffe Perzentil und Quantil aber auch (für alle $\lambda \in (0, \infty)$) synonym verwendet, u. a. im Kontext einiger der später betrachteten Prämienprinzipien.

▶ **Bemerkung 6.3** Für jedes $\lambda \in (0, 1)$ bildet die Menge der λ-Quantile von X bzw. F_X ein nicht leeres kompaktes Intervall $[q_X^-(\lambda), q_X^+(\lambda)]$, wobei $q_X^-(\lambda)$ das kleinste (und $q_X^+(\lambda)$ das größte) λ-Quantil von X ist.

Definition 6.4 (Quantilfunktion)

Eine nicht fallende Funktion $q_X : [0, 1] \to \bar{\mathbb{R}} := [-\infty, \infty]$ heißt *Quantilfunktion* von X, wenn $q_X(\lambda) \in [q_X^-(\lambda), q_X^+(\lambda)]$ für alle $\lambda \in (0, 1)$ gilt. ◀

Definition 6.5 (Linksinverse)

Ist X eine reelle Zufallsvariable mit Verteilungsfunktion F_X, so heißt die $\bar{\mathbb{R}}$-wertige Funktion F_X^{-1} definiert durch

$$F_X^{-1}(t) := \inf\left\{x \in \mathbb{R} \mid F_X(x) \geq t\right\} \quad \text{für } t \in [0, 1]$$

Linksinverse von F_X. ◀

▶ **Bemerkung 6.6** Die Linksinverse F_X^{-1} ist offensichtlich eine Quantilfunktion von F_X, und es gilt

$$q_X^-(\lambda) = F_X^{-1}(\lambda) \quad \text{für } \lambda \in (0, 1).$$

Übungsaufgabe 6.7
Zeigen Sie, dass es für jede Verteilungsfunktion F_X höchstens abzählbare viele λ gibt, für die die strikte Ungleichung $q_X^-(\lambda) < q_X^+(\lambda)$ gilt.

Übungsaufgabe 6.8
Zeigen Sie, dass für jede Quantilfunktion q_X gilt:

$$F_X(x) = \mathbb{P}\{X \leq x\} = \mathbb{P}\{q_X(U) \leq x\},$$

wobei U eine auf $[0, 1]$ gleichverteilte Zufallsvariable ist.

In der Lebensversicherungsmathematik haben wir Nettoprämien und speziell die Nettoeinmalprämie betrachtet, die nach dem Äquivalenzprinzip (siehe Abschn. 1.2) dem erwarteten Barwert der Leistung zum Zeitpunkt 0 entsprechen. In der Schadenversicherungsmathematik betrachten wir, wie eingangs erwähnt, analog den Begriff der Nettorisikoprämie, wobei der Eintrittszeitpunkt der Zahlung (und entsprechende Zinseffekte) hier jedoch nicht berücksichtigt werden.

Definition 6.9 (Nettorisikoprämie)

Sei X eine reelle positive Zufallsvariable auf $(\Omega, \mathcal{F}, \mathbb{P})$ mit Verteilungsfunktion F_X, die die zufällige Schadenhöhe eines Risikos beschreibt. Dann heißt ihr Erwartungswert $\mathbb{E}[X] \in [0, \infty]$ die zum Risiko X gehörende *Nettorisikoprämie*. ◀

Mögliche Risiken können die einzelnen Schadenhöhen in statischen Modellen sein (beispielsweise $X = X_1$ im individuellen Modell), die aggregierten Schadenhöhen eines Portfolios an Risiken (etwa $X = \bar{S}_N$ im Standardmodell), oder der Zustand des Schadenprozesses in dynamischen Modellen zu einer bestimmten Zeit $t \geq 0$ (beispielsweise $X = \bar{S}_t$ im Cramér-Lundberg Modell). In der Schadenversicherungsmathematik ist die Nettorisikoprämie bekanntermaßen auf Dauer nicht ausreichend, um den Ruin zu vermeiden. Dies ist anschaulich klar, da die Schadenhöhe um den Erwartungswert streut und typischerweise auch einmal für mehrere Risiken oder über einige Versicherungsperioden hinweg deutlich höher ausfallen kann. Im Cramér-Lundberg Modell hatten wir in Korollar 5.62 gesehen, dass der Ruin sogar fast sicher eintritt, wenn der relative Sicherheitszuschlag ρ nicht strikt positiv gewählt wird. Dies führt zu folgender Definition:

Definition 6.10 (Risikoprämie, Sicherheitszuschlag, Bruttoprämie)

Eine *Risikoprämie* für ein durch X beschriebenes Risiko besteht aus der Nettorisikoprämie $\mathbb{E}[X]$ und einem *(absoluten) Sicherheitszuschlag* (zur Vermeidung des Ruins mit hinreichender Wahrscheinlichkeit). Die zugehörige *Bruttoprämie* entsteht aus der Risikoprämie durch die Einbeziehung von Kosten und anderer Faktoren (Kapitalerträge, Gewinnmargen u.ä.). ◀

Es gibt eine Reihe systematischer Ansätze zur Bestimmung einer Risikoprämie. Sie führen auf den Begriff des Prämienprinzips. Im folgenden sei

$$\mathfrak{X} := \{X \mid X \geq 0 \text{ fast sicher }\}$$

die Menge der positiven reellen Zufallsvariablen auf $(\Omega, \mathcal{F}, \mathbb{P})$. Für jedes X sei F_X die zugehörige Verteilungsfunktion.

Definition 6.11 (Prämienprinzip)

Sei $\mathcal{X}' \subset \mathcal{X}$ eine Teilmenge von Risiken. Ein Prämienprinzip auf $\mathcal{X}'$ ist eine Abbildung

$$\mathcal{H} : \mathcal{X}' \to [0, \infty),$$

wobei $\mathcal{H}$ von X nur über dessen Verteilung abhängt, d. h.:

$$X, Y \in \mathcal{X}', \ F_X = F_Y \ \Rightarrow \ \mathcal{H}(X) = \mathcal{H}(Y).$$

◀

Wir sind natürlich hauptsächlich an Prämienprinzipien interessiert, bei denen der Sicherheitszuschlag nicht negativ ist, also für die für jedes $X \in \mathcal{X}'$ gilt

$$\mathbb{E}[X] \leq \mathcal{H}(X),$$

machen dies aber nicht zum Bestandteil der Definition.

Wir formulieren zunächst einige elementare Prämienprinzipien, bei denen Nettoprämie und Sicherheitszuschlag auf einfachen Kenngrößen wie den Momenten oder dem essentiellen Supremum der zugrundeliegenden Verteilung beruhen.

Definition 6.12 (Elementare Prämienprinzipien)

(P1) *Nettoprämienprinzip* (NPP): Sei $\mathcal{X}' := \{X \in \mathcal{X} : \mathbb{E}[X] < \infty\}$ und

$$\mathcal{H}(X) := \mathbb{E}[X], \quad X \in \mathcal{X}'.$$

(P2) *Erwartungswertprinzip* (EWP): Sei $\mathcal{X}' := \{X \in \mathcal{X} : \mathbb{E}[X] < \infty\}$ und für $\delta > 0$

$$\mathcal{H}(X) := \mathbb{E}[X] + \delta \mathbb{E}[X], \quad X \in \mathcal{X}'.$$

(P3) *Varianzprinzip* (VP): Sei $\mathcal{X}' := \{X \in \mathcal{X} : \mathbb{E}[X^2] < \infty\}$ und für $\delta > 0$

$$\mathcal{H}(X) := \mathbb{E}[X] + \delta \mathbb{V}[X], \quad X \in \mathcal{X}'.$$

(P4) *Standardabweichungsprinzip* (SAP): Sei $\mathcal{X}' := \{X \in \mathcal{X} : \mathbb{E}[X^2] < \infty\}$, $\delta > 0$

$$\mathcal{H}(X) := \mathbb{E}[X] + \delta \sqrt{\mathbb{V}[X]}, \quad X \in \mathcal{X}'.$$

(P5) *Maximalschadenprinzip* (MSP): Sei $\mathcal{X}' := \{X \in \mathcal{X}' : \operatorname{ess\,sup} X < \infty\}$ und

$$\mathcal{H}(X) := \operatorname{ess\,sup} X, \quad X \in \mathcal{X}'.$$

◀

Um solche Prinzipien vergleichen zu können, werden in der Literatur eine Reihe von Eigenschaften oder „Gütekriterien" formuliert, über deren Sinnhaftigkeit in der Praxis man im Einzelfall durchaus diskutieren kann.

Definition 6.13 (Eigenschaften)

Sei $\mathcal{H}$ ein Prämienprinzip auf einer Menge von Risiken $\mathcal{X}'$. Dann heißt $\mathcal{H}$

(E1) *Erwartungswert-übersteigend* (EÜ), falls für alle $X \in \mathcal{X}'$,

$$\mathcal{H}(X) \geq \mathbb{E}[X],$$

(E2) *Maximalschaden-begrenzt* (MBG), falls für alle $X \in \mathcal{X}'$,

$$\mathcal{H}(X) \leq F_X^{-1}(1),$$

(E3) *monoton* (MON), falls für alle $X, Y \in \mathcal{X}'$ mit $X \leq Y$ fast sicher,

$$\mathcal{H}(X) \leq \mathcal{H}(Y),$$

(E4) *translationsinvariant* (TI) oder *konsistent*, falls aus $X \in \mathcal{X}'$ und $c > 0$ folgt, dass $X + c \in \mathcal{X}'$ und

$$\mathcal{H}(X + c) = \mathcal{H}(X) + c,$$

(E5) *skaleninvariant* oder *homogen* (HOM), falls aus $X \in \mathcal{X}'$ und $c > 0$ folgt, dass $cX \in \mathcal{X}'$ und

$$\mathcal{H}(cX) = c\mathcal{H}(X),$$

(E6) *subadditiv* (SA), falls aus $X, Y \in \mathcal{X}'$ mit X, Y unabhängig folgt, dass $X + Y \in \mathcal{X}'$ und

$$\mathcal{H}(X + Y) \leq \mathcal{H}(X) + \mathcal{H}(Y),$$

(E6*) *stark subadditiv* (SSA), falls aus $X, Y \in \mathcal{X}'$ folgt, dass $X + Y \in \mathcal{X}'$ und

$$\mathcal{H}(X + Y) \leq \mathcal{H}(X) + \mathcal{H}(Y),$$

(E7) *additiv* (ADD), falls aus $X, Y \in \mathcal{X}'$ mit X, Y unabhängig folgt, dass $X + Y \in \mathcal{X}'$ und

$$\mathcal{H}(X + Y) = \mathcal{H}(X) + \mathcal{H}(Y),$$

(E8) *konvex* (KON), falls aus $X, Y \in \mathcal{X}'$ und $c \in (0, 1)$ folgt, dass $cX + (1-c)Y \in \mathcal{X}'$ und

$$\mathcal{H}\bigl(cX + (1-c)Y\bigr) \leq c\mathcal{H}(X) + (1-c)\mathcal{H}(Y),$$

6.1 Prämienprinzipien

(E9) *Konstanten-erhaltend* (KE), falls für jede Konstante $X = c \geq 0$ gilt, dass $X \in \mathcal{X}'$ und $\mathcal{H}(X) = c$. ◀

▶ **Bemerkung 6.14** Es ist naheliegend zu fragen, welche der genannten Eigenschaften besonders wichtig sind. Zweifellos gilt dies für die Monotonie (E3), weswegen das Varianzprinzip und das Standardabweichungsprinzip keine guten Prinzipien sind (siehe Proposition 6.17(iii) und (iv)). Auch die Eigenschaften (E2) und (E9) wird man als unentbehrlich ansehen. Nicht ganz so offensichtlich ist dies bei der Skaleninvarianz (E5), die man als Unabhängigkeit von der verwendeten Geldeinheit ansehen kann, und bei der starken Subadditivität (E6*). Gilt diese nicht, dann kann es für den Versicherungsnehmer vorteilhaft sein, ein Risiko in mehrere kleinere Risiken aufzuspalten und für diese insgesamt eine geringere Prämie zu zahlen als für das Gesamtrisiko.

Es gelten die folgenden Implikationen zwischen den Eigenschaften von Prämienprinzipien.

Proposition 6.15

(i) Gelten für ein Prämienprinzip $\mathcal{H}$ die Eigenschaften (E3) und (E9), so folgt Eigenschaft (E2).
(ii) Gelten für ein Prämienprinzip $\mathcal{H}$ die Eigenschaften (E7) und (E9), so folgt Eigenschaft (E4).
(iii) Gilt für ein Prämienprinzip $\mathcal{H}$ die Eigenschaft (E5), so folgt (E6*) genau dann wenn (E8) gilt.

Übungsaufgabe 6.16
Beweisen Sie Proposition 6.15.

In der nächsten Proposition werden wir beispielhaft sehen, dass die elementaren Prämienprinzipien aus Definition 6.12 nicht immer alle gewünschten Eigenschaften erfüllen. Für einen vollständigen Überblick verweisen wir auf Abb. 6.2.

Proposition 6.17

(i) Das Erwartungswertprinzip (P2) ist nicht translationsinvariant.
(ii) Das Varianzprinzip (P3) ist nicht skaleninvariant.
(iii) Das Varianzprinzip (P3) ist nicht monoton.
(iv) Das Standardabweichungsprinzip (P4) ist nicht monoton.

Eig. Prinzip	(E1) EÜ	(E2) MB	(E3) MON	(E4) TI	(E5) HOM	(E6) SA	(E6*) SSA	(E7) ADD	(E8) KON	(E9) KE
(P1) NPP	+	+	+	+	+	+	+	+	+	+
(P2) EWP	+	−	+	−	+	+	+	+	+	−
(P3) VP	+	−	−	+	−	+	−	+	+	+
(P4) SAP	+	−	−	+	+	+	+	−	+	+
(P5) MSP	+	+	+	+	+	+	+	+	+	+
(P6) PZP	−	+	+	+	+	−	−	−	−	+
(P8) NP	−	+	+	+	−	−	−	−	−	+
(P8*) SNP	+	+	+	+	−	−	−	−	+	+
(P9) MP	−	+	+	−	−	−	−	−	−	+
(P9*) SMP	+	+	+	−	−	−	−	−	−	+
(P10) EP	−	+	+	+	−	+	−	+	−	+
(P10*) SEP	+	+	+	+	−	+	−	+	+	+
(P11) SP	−	+	+	−	−	−	−	−	−	+
(P11*) SSP	+	+	+	−	−	−	−	−	−	+
(P15) AAP	+	+	+	+	+	+	+	−	+	+
(P7) AV@R	+	+	+	+	+	+	+	−	+	+
(P14) WP	+	+	+	+	+	+	+	−	+	+
(P12) ESP	+	+	−	−	−	−	−	−	−	+
(P13) SESP	+	+	−	+	−	+	−	+	−	+

Abb. 6.2 Eine Übersicht über die Gültigkeit der Eigenschaften der jeweiligen Prämienberechnungsprinzipien. Ein „+" bedeutet, dass die jeweilige Eigenschaft für alle Parameter erfüllt ist (andernfalls schreiben wir „−")

Beweis Die ersten beiden Aussagen sind klar.
Zu iii) und iv): in beiden Fällen kann man als Gegenbeispiel die Zufallsvariablen $X_{c,p}$ mit

$$\mathbb{P}\{X_{c,p} = c\} = p \quad \text{und} \quad \mathbb{P}\{X_{c,p} = 0\} = 1 - p$$

für geeignete $c > 0$ und $p \in [1/2, 1]$ wählen. □

Mit Ausnahme des Nettoprämienprinzips (P1) und des Maximalschadenprinzips (P5) erfüllen die elementaren Prämienprinzipien also wesentliche Gütekriterien *nicht*. Die beiden erstgenannten Prinzipien scheiden allerdings schon aus praktischen Gründen aus, da sie entweder zu optimistisch oder zu pessimistisch sind. Deshalb betrachten wir nun weitere Prinzipien, die in teils deutlich komplexerer Weise von der Verteilung des Risikos abhängen.

6.1 Prämienprinzipien

Das erste Prinzip erhalten wir, indem wir die Prämie so wählen, dass die Wahrscheinlichkeit, dass das Risiko diesen Wert strikt übersteigt, kleiner ist als ein vorgegebenes Fehlerniveau ε.

Definition 6.18

(P6) *Perzentilprinzip* (PZP): Sei $\mathfrak{X}' := \mathfrak{X}$. Für $\varepsilon \in (0, 1)$ setzen wir

$$\mathcal{H}(X) := F_X^{-1}(1 - \varepsilon), \quad X \in \mathfrak{X}'.$$

(P7) *Average Value at Risk* (AV@R). Dieses Prinzip ist mit dem Perzentilprinzip eng verwandt (weshalb wir es bereits hier erwähnen), findet seine natürliche Definition aber im Abschnitt über Risikomaße, auf die wir an dieser Stelle verweisen – siehe Definition 6.35(b). ◂

Auf diese beiden Prinzipien kommen wir im Abschnitt 6.2 zurück.

Die folgenden Definitionen basieren auf der ökonomischen Einsicht, dass der Nutzen eines Geldbetrags nicht unbedingt eine lineare Funktion der Betragshöhe ist. Besitzt man beispielsweise bereits 10000 €, so hat ein weiterer Zugewinn von 10 € sicher nicht denselben Mehrwert wie in einer Situation, in der man lediglich 10 € besäße und den gleichen Betrag dazuerhielte. Mathematisch führt dies dazu, dass der Nutzen positiver Zahlungen oft durch eine konkave Funktion beschrieben wird, beziehungsweise im Falle von Verlusten durch eine konvexe Funktion. Diese Konvexität kann bei der Definition von Prämienprinzipien auch als Ausdruck der *Risikoaversion* des Versicherungsunternehmens gegenüber möglichen höheren Verlusten angesehen werden.

Definition 6.19

(P8) *Nullnutzenprinzip* (NP) zur Nutzenfunktion u. Sei $u : \mathbb{R} \to \mathbb{R}$ stetig und streng monoton wachsend mit $u(0) = 0$. Sei $\mathfrak{X}' := \{X \in \mathfrak{X} : \mathbb{E}[u(-X)] > -\infty\}$ und $H(X)$ so gewählt, dass

$$\mathbb{E}[u(H(X) - X)] = 0, \quad X \in \mathfrak{X}'.$$

(P8*) *Starkes Nullnutzenprinzip* (SNP) zur Nutzenfunktion u. Wie in (P8), aber zusätzlich mit konkavem u.

(P9) *Mittelwertprinzip* (MP) zur Funktion v. Sei $v : [0, \infty) \to [0, \infty)$ stetig und streng monoton wachsend mit $v(0) = 0$. Sei $\mathfrak{X}' := \{X \in \mathfrak{X} : \mathbb{E}[v(X)] < \infty\}$. Dann ist

$$\mathcal{H}(X) := v^{-1}\big(\mathbb{E}[v(X)]\big), \quad X \in \mathfrak{X}'.$$

(P9*) *Starkes Mittelwertprinzip* (SMP) zur Funktion v. Wie in (P9), aber zusätzlich mit konvexem v.

(P10) *Exponentialprinzip* (EP). Sei $a \in \mathbb{R}\setminus\{0\}$ und setze

$$\mathcal{H}(X) := \frac{1}{a}\log \mathbb{E}\big[\exp(aX)\big], \quad X \in \mathcal{X}' := \{X \in \mathcal{X} : \mathcal{H}(X) < \infty\}.$$

(P10*) *Starkes Exponentialprinzip* (SEP). Wie in (P10), aber zusätzlich mit $a > 0$.

(P11) *Schweizer Prämienprinzip* (SP). Sei $f : [-\infty, \infty] \to [-\infty, \infty]$ stetig und streng monoton wachsend mit $f(0) = 0$. Sei $\mathcal{X}' := \{X \in \mathcal{X} : \mathbb{E}[f(X)] < \infty\}$. Für $z \in [0, 1]$ sei $\mathcal{H}$ so, dass

$$\mathbb{E}\big[f(X - z\mathcal{H}(X))\big] = f\big((1-z)\mathcal{H}(X)\big), \quad X \in \mathcal{X}'.$$

(P11*) *Starkes Schweizer Prämienprinzip* (SSP). Wie in (P11), aber zusätzlich mit konvexem f. ◀

▶ **Bemerkung 6.20** Das Nullnutzenprinzip (P8) und das Schweizer Prämienprinzip (P11) sind wohldefiniert, wie sich beispielsweise mittels dominierter Konvergenz zeigen lässt. Das Nullnutzenprinzip (P8) lässt sich auch auf den Fall $\mathbb{E}[u(-X)] = -\infty$ verallgemeinern, indem man $\mathcal{H}(X)$ definiert als

$$\mathcal{H}(X) := \inf\big\{c \geq 0 : \mathbb{E}[u(c-X)] > 0\big\}, \quad X \in \mathcal{X}' := \{X \in \mathcal{X} : \mathcal{H}(X) < \infty\}.$$

Die obigen Prämienprinzipien können als Modifikation des Äquivalenzprinzips[2] angesehen werden, das wir eingangs als Motivation für die Nettorisikoprämie verwendet haben: Das Nullnutzenprinzip wählt die Prämie so, dass die Differenz aus Prämie und Risiko den selben erwarteten Nutzen hat, wie wenn keine Transaktion stattgefunden hätte. Das Mittelwertprinzip wird so angesetzt, dass die erwartete Bewertung des Risikos mit Hilfe der Verlustfunktion gleich der Bewertung der Prämie ist. Das Schweizer Prämienprinzip interpoliert zwischen beiden Ansätzen, siehe auch die folgende Proposition, die zudem erklärt, wieso das Exponentialprinzip ebenfalls zu diesen Ansätzen passt.

Proposition 6.21 Es gelten die folgenden Implikationen:

- (P9) ist ein Spezialfall von (P11) für $z = 0$, $f = v$.
- (P8) ist ein Spezialfall von (P11) für $z = 1$, $f(x) = -u(-x)$.
- (P10) ist ein Spezialfall von (P9) für $v(x) = e^{ax} - 1$ falls $a > 0$, und $v(x) = 1 - e^{ax}$ falls $a < 0$.
- (P10) ist ein Spezialfall von (P8) für $u(x) = 1 - e^{-ax}$ falls $a > 0$, und $u(x) = e^{-ax} - 1$ falls $a < 0$.

---

[2] Hier wieder ohne Berücksichtigung der Zahlungszeitpunkte.

Übungsaufgabe 6.22
Beweisen Sie Proposition 6.21.

▶ **Bemerkung 6.23** Die *starken* Prinzipien zeichnen sich u. a. dadurch aus, dass für diese aufgrund der Jensenschen Ungleichung jeweils immer

$$\mathbb{E}[X] \leq \mathcal{H}(X)$$

gilt, das heißt, dass der absolute Sicherheitszuschlag nicht negativ ist.

Übungsaufgabe 6.24
Zeigen Sie mit Hilfe der Hölderungleichung, dass das starke Exponentialprinzip (P10*) konvex ist.

Das nächste Prämienprinzip minimiert den folgenden quadratischen Fehler

$$\mathbb{E}\Big[\big(X - \mathcal{H}(X)\big)^2 g(X)\Big],$$

der mit Hilfe einer Funktion g gewichtet wird. Formales Ableiten führt auf einen Minimierer, der das folgende Prämienprinzip begründet:

Definition 6.25

(P12) *Esscherprinzip* (ESP). Sei $g : [0, \infty) \to (0, \infty)$ monoton wachsend. Für

$$\mathfrak{X}' := \big\{X \in \mathfrak{X} : \mathbb{E}[Xg(X)] < \infty\big\}$$

sei

$$\mathcal{H}(X) := \frac{\mathbb{E}[Xg(X)]}{\mathbb{E}[g(X)]}.$$

(P13) *Spezielles Esscherprinzip* (SESP): Wie in (P12) mit der Wahl $g(x) = \exp(ax)$, wobei $a > 0$. ◀

Das Esscherprinzip kann ökonomisch motiviert werden und geht auf Hans Bühlmann zurück, siehe [Büh81]. Für einige Eigenschaften siehe auch [Sch09, Kap. 10].

Zum Abschluss behandeln wir einen recht modernen Ansatz zur Wahl eines Prämienprinzips, der sowohl eine natürliche Motivation hat als auch auf interessante Eigenschaften führt, siehe [Wan96] und [WYP97]. Zunächst erinnern wir daran, dass man das Nettoprämienprinzip (P1) mittels (A.1.6) schreiben kann als

$$\mathcal{H}[X] = \mathbb{E}[X] = \int_0^\infty \mathbb{P}\{X > x\}dx = \int_0^\infty 1 - F_X(x)\,dx.$$

Hier kann man $\mathbb{P}\{X > x\}$ als die Wahrscheinlichkeit eines Ereignisses ansehen, das vermieden werden soll. Möchte man diese Wahrscheinlichkeit stärker gewichten als nur linear, dann ist das folgende Prämienprinzip eine naheliegende Wahl.

Definition 6.26

(P14) *Wangs Prämienprinzip* (WP). Sei $g : [0, 1] \to [0, 1]$ stetig, nicht fallend und konkav mit $g(0) = 0, g(1) = 1$. Für $\bar{F}_X := 1 - F_X$ sei

$$\mathcal{H}(X) := \int_0^\infty g(\bar{F}_X(t))\,dt, \quad X \in \mathfrak{X}' := \{X \in \mathfrak{X} : \mathcal{H}(X) < \infty\}.$$

◄

Als wichtigster Spezialfall, siehe Übungsaufgabe 6.28, ergibt sich das sogenannte *absolute Abweichungsprinzip*. Dieses hätte formal auch gut zu Definition 6.12 gepasst, allerdings wäre dann die Form des Sicherheitszuschlags weniger leicht zu begründen gewesen.

Definition 6.27

(P15) *Absolutes Abweichungsprinzip* (AAP). Für $a \in (0, 1]$, $\mathfrak{X}' := \{X \in \mathfrak{X} : \mathbb{E}[X] < \infty\}$ sei

$$\mathcal{H}(X) := \mathbb{E}[X] + a\mathbb{E}\big[|X - F_X^{-1}(1/2)|\big].$$

◄

Der Sicherheitszuschlag ist hier also durch die mit a gewichtete erwartete absolute Abweichung des Risikos von seinem Median $F_X^{-1}(1/2)$ gegeben.

Übungsaufgabe 6.28
Man zeige, dass (P15) ein Spezialfall von (P14) ist, indem man die entsprechende Funktion g berechnet. Hinweis: Man verwende Formel (6.1) aus dem Beweis des nächsten Satzes.

Das absolute Abweichungsprinzip (P15) hat viele gute Eigenschaften, wie wir jetzt zeigen werden (siehe [Den90] für weitere Details). Im Abschnitt über Risikomaße werden wir auf dieses Prinzip noch einmal zurückkommen.

Satz 6.29 Das absolute Abweichungsprinzip (P15) erfüllt alle Eigenschaften in Definition 6.13 bis auf die Additivität (E7).

6.1 Prämienprinzipien

Beweis Die Eigenschaften (E1), (E4), (E5) und (E9) sind klar. Wir zeigen gleich die Eigenschaften (E3) und (E6*), womit dann wegen Proposition 6.15 auch (E2) und (E8) gelten.

Zur Monotonie (E3). Ist U eine auf $[0, 1]$ gleichverteilte Zufallsvariable, so gilt mit Aufgabe 6.8, dass X und $F_X^{-1}(U)$ dieselbe Verteilung haben. Daher folgt

$$\mathbb{E}\left[\left|X - F_X^{-1}\left(\frac{1}{2}\right)\right|\right] = \mathbb{E}\left[\left|F_X^{-1}(U) - F_X^{-1}\left(\frac{1}{2}\right)\right|\right]$$

$$= \int_0^1 \left|F_X^{-1}(u) - F_X^{-1}\left(\frac{1}{2}\right)\right| du$$

$$= \int_{1/2}^1 F_X^{-1}(u) - F_X^{-1}\left(\frac{1}{2}\right) du + \int_0^{1/2} F_X^{-1}\left(\frac{1}{2}\right) - F_X^{-1}(u) \, du$$

$$= \int_{1/2}^1 F_X^{-1}(u) \, du - \int_0^{1/2} F_X^{-1}(u) \, du.$$

Wir erhalten

$$\mathcal{H}(X) = \mathbb{E}[X] + a\mathbb{E}\left[\left|X - F_X^{-1}\left(\frac{1}{2}\right)\right|\right]$$

$$= \int_0^1 F_X^{-1}(u) \, du + a\mathbb{E}\left[\left|X - F_X^{-1}\left(\frac{1}{2}\right)\right|\right]$$

$$= (1+a) \int_{1/2}^1 F_X^{-1}(u) \, du + (1-a) \int_0^{1/2} F_X^{-1}(u) \, du, \quad (6.1)$$

woraus wegen $a \in (0, 1]$ und $F_X^{-1}(u) \leq F_Y^{-1}(u)$ für $X \leq Y$ für alle $u \in [0, 1]$ die Monotonie folgt.

Nun zeigen wir die starke Subadditivität (E6*). Dazu benutzen wir die bekannte Tatsache, dass der Median $F_X^{-1}(1/2)$ die Minimalstelle der Funktion $y \mapsto \mathbb{E}|X - y|$ ist falls $\mathbb{E}[|X|] < \infty$. Es gilt daher im Fall $\mathbb{E}[|X|] < \infty$ und $\mathbb{E}[|Y|] < \infty$

$$\mathbb{E}\left[\left|X + Y - F_{X+Y}^{-1}\left(\frac{1}{2}\right)\right|\right] \leq \mathbb{E}\left[\left|X + Y - F_X^{-1}\left(\frac{1}{2}\right) - F_Y^{-1}\left(\frac{1}{2}\right)\right|\right]$$

$$\leq \mathbb{E}\left[\left|X - F_X^{-1}\left(\frac{1}{2}\right)\right|\right] + \mathbb{E}\left[\left|Y - F_Y^{-1}\left(\frac{1}{2}\right)\right|\right].$$

Also ist

$$\mathcal{H}(X + Y) \leq \mathcal{H}(X) + \mathcal{H}(Y),$$

das heißt, H ist stark subadditiv.

Um zu sehen, dass die Additivität (E7) nicht gilt, betrachten wir zwei unabhängige faire Münzwürfe X, Y, also

$$\mathbb{P}\{X = 0\} = \mathbb{P}\{X = 1\} = \mathbb{P}\{Y = 0\} = \mathbb{P}\{Y = 1\} = 1/2.$$

Man rechnet sofort nach, dass dann $\mathcal{H}(X + Y) \neq \mathcal{H}(X) + \mathcal{H}(Y)$ gilt. □

Wir beenden diesen Abschnitt mit einer Tabelle, die einen vollständigen Überblick über die Gültigkeit der jeweiligen Eigenschaften aller von uns erwähnten Prämienprinzipien gibt. Eine Reihe der Aussagen haben wir bereits gezeigt, die restlichen Beweise überlassen wir aus Platzgründen den Lesern (Abb. 6.2).

6.2 Risikomaße

Einen alternativen Zugang zur Bewertung eines Risikos bilden die sogenannten (monetären) *Risikomaße*, die vor allem in der Finanzmathematik betrachtet werden (siehe [FS04, Kap. 4] für eine umfassende Einführung). Das Augenmerk liegt hier insbesondere auf dem *downside risk* einer Finanzposition, also dem Auftreten von hohen *negativen* Werten. Die Modellierung geschieht daher im Unterschied zur Situation bei den Prämienprinzipien durch solche Zufallsvariablen, die auch und insbesondere negative Werte annehmen können. Sei dazu $\mathfrak{X}$ nun stets ein Vektorraum von beschränkten *reellen* Zufallsvariablen auf einem Wahrscheinlichkeitsraum $(\Omega, \mathcal{F}, \mathbb{P})$, der alle Konstanten enthält.

Definition 6.30 (Risikomaß)

Eine Abbildung $\varrho : \mathfrak{X} \to \mathbb{R}$ heißt (monetäres) *Risikomaß*, wenn für alle $X, Y \in \mathfrak{X}$ die folgenden Eigenschaften gelten:

(a) Monotonie:
$$X \leq Y \implies \varrho(X) \geq \varrho(Y).$$

(b) Translationsinvarianz:
$$m \in \mathbb{R} \implies \varrho(X + m) = \varrho(X) - m.$$

Das Risikomaß ϱ heißt normiert, wenn $\varrho(0) = 0$ ist. ◀

Interpretation. Ist X eine risikobehaftete Finanzposition, dann kann man $\varrho(X)$ als den kleinsten Geldbetrag auffassen, den man zu X hinzufügen muss, damit $X + \varrho(X)$ in einem geeigneten Sinne „akzeptabel" wird. Insbesondere gilt nach Definition 6.30 (b), dass

$$\varrho(X + \varrho(X)) = \varrho(X) - \varrho(X) = 0.$$

6.2 Risikomaße

▶ **Bemerkung 6.31** *Zusammenhang mit Prämienprinzipien*. Sei $\mathfrak{X}$ der Raum aller beschränkten Zufallsvariablen auf $(\Omega, \mathcal{F}, \mathbb{P})$ und $\mathcal{H}$ ein monotones und translationsinvariantes Prämienprinzip auf $(\Omega, \mathcal{F}, \mathbb{P})$, dessen Definitionsbereich $\mathfrak{X}'$ alle nicht negativen Zufallsvariablen in $\mathfrak{X}$ enthält. Wir definieren

$$\varrho(X) := \mathcal{H}(-X)$$

für alle $X \in \mathfrak{X}$ mit der Eigenschaft $X \leq 0$ fast sicher. Dann lässt sich ϱ eindeutig zu einem Risikomaß $\tilde{\varrho}$ auf $\mathfrak{X}$ fortsetzen, und zwar wie folgt: Ist $Y \in \mathfrak{X}$, dann existiert ein $c \in \mathbb{R}$ mit $Y \leq c$ und wir definieren

$$\tilde{\varrho}(Y) := \varrho(Y - c) - c = \mathcal{H}(c - Y) - c$$

(die Definition hängt nicht von der Wahl von c ab, da $\mathcal{H}$ nach Voraussetzung translationsinvariant ist). Dieses $\tilde{\varrho}$ ist ein Risikomaß auf $\mathfrak{X}$ und auch die einzige Fortsetzung von ϱ zu einem Risikomaß auf $\mathfrak{X}$, da für jede solche Fortsetzung $\bar{\varrho}$ gilt:

$$\bar{\varrho}(Y) = \mathcal{H}(c - Y) - c = \tilde{\varrho}(Y).$$

Das Risikomaß $\tilde{\varrho}$ ist normiert, wenn $\mathcal{H}$ zusätzlich Konstanten-erhaltend ist.

Ist umgekehrt ϱ ein normiertes Risikomaß auf einem Vektorraum $\mathfrak{X}$ von beschränkten, reellen Zufallsvariablen auf $(\Omega, \mathcal{F}, \mathbb{P})$ mit der Eigenschaft, dass $\varrho(X)$ nur von der Verteilung von X abhängt, so definiert

$$\mathcal{H}(X) := \varrho(-X)$$

ein translationsinvariantes, monotones und Konstanten-erhaltendes Prämienprinzip auf dem Raum $\mathfrak{X}' := \{X \geq 0 : X \in \mathfrak{X}\}$.

Definition 6.32

(a) Ein Risikomaß ϱ heißt *konvex*, wenn für alle $X, Y \in \mathfrak{X}$ und $c \in [0, 1]$ gilt

$$\varrho(cX + (1-c)Y) \leq c\varrho(X) + (1-c)\varrho(Y).$$

(b) Ein konvexes Risikomaß ϱ heißt *kohärent*, wenn es positiv homogen ist, also wenn zusätzlich gilt

$$c \geq 0, X \in \mathfrak{X} \implies \varrho(cX) = c\varrho(X).$$

◀

▶ **Bemerkung 6.33**

(a) Die Konvexität bedeutet anschaulich, dass die Risikobewertung einer kombinierten (diversifizierten) Finanzposition geringer ist als die Summe der Bewertungen der Einzelpositionen.

(b) (vgl. Proposition 6.15(iii)) Wenn ein Risikomaß ϱ positiv homogen ist, dann ist es konvex genau dann wenn es (stark) subadditiv ist, also wenn für alle X, Y gilt

$$\varrho(X+Y) \leq \varrho(X) + \varrho(Y).$$

(c) Konvexität bzw. positive Homogenität von ϱ entsprechen exakt der Konvexität bzw. Homogenität der zugehörigen Prämienprinzipien.

Übungsaufgabe 6.34
Beweisen Sie die Behauptung in Bemerkung 6.33(b).

Wir betrachten nun zwei wichtige konkrete Beispiele für Risikomaße.

Definition 6.35 ((Average) Value at Risk)

Sei $X \in \mathfrak{X}$.

(a) Sei $\lambda \in (0, 1)$. Wir definieren den *Value at Risk* von X zum Niveau λ durch

$$\mathrm{V@R}_\lambda(X) := \inf\left\{m \in \mathbb{R} : \mathbb{P}\{m + X < 0\} \leq \lambda\right\}.$$

(b) Sei $\lambda \in (0, 1]$. Der *Average Value at Risk* von X zum Niveau λ ist definiert durch

$$\mathrm{AV@R}_\lambda(X) := \frac{1}{\lambda} \int_0^\lambda \mathrm{V@R}_\gamma(X)\, d\gamma.$$

◀

Beim $\mathrm{V@R}_\lambda(X)$ handelt es sich also um den kleinsten Betrag, den man der Finanzposition X hinzufügen muss, so dass die Wahrscheinlichkeit eines insgesamt negativen Ergebnisses kleiner als λ ist. Da der $\mathrm{V@R}_\lambda(X)$ (wie auch der $\mathrm{AV@R}_\lambda(X)$) fallend in λ ist, erhalten wir die Ungleichung

$$\mathrm{AV@R}_\lambda(X) \geq \mathrm{V@R}_\lambda(X) \quad \text{für alle } \lambda \in (0, 1), X \in \mathfrak{X}.$$

▶ **Bemerkung 6.36**

a) Man beachte, dass der Integrand in (b) für $\lambda = 1$ nicht definiert ist, was aber für die Definition des Integrals kein Problem darstellt.
b) In der Sprache der Prämienprinzipien entspricht der V@R dem Perzentilprinzip (PP) aus Definition 6.11.
c) Man kann leicht zeigen, dass für jedes $\lambda \in (0, 1)$ der V@R$_\lambda$ ein normiertes positiv homogenes Risikomaß ist; allerdings ist es nicht konvex.
d) Aus c) folgt, dass auch der AV@R$_\lambda$ ein normiertes positiv homogenes Risikomaß ist. Wir werden in Satz 6.41 zeigen, dass es sogar konvex ist.

Beispiel 6.37
Ist X normalverteilt mit Varianz σ^2, so gilt

$$\text{V@R}_\lambda(X) = \mathbb{E}[-X] + \sigma \Phi^{-1}(1 - \lambda),$$

wobei Φ hier die Gaußsche Verteilungsfunktion ist[3].

Wir zeigen nun einige weitere Darstellungen der Risikomaße V@R und AV@R. Dazu ist es nützlich, sich noch einmal an die Definition und Eigenschaften von Quantilen und der Quantilfunktion im Umfeld von Definition 6.4 zu erinnern.

Lemma 6.38 Sei $X \in \mathcal{X}$ mit Verteilungsfunktion F_X und F_X^{-1} die zugehörige Linksinverse. Für eine beliebige Quantilfunktion q_X von X und jedes $\lambda \in (0, 1)$ gilt:

a)
$$\text{V@R}_\lambda(X) = -q_X^+(\lambda) = q_{-X}^-(1-\lambda).$$

b)
$$\text{AV@R}_\lambda(X) = -\frac{1}{\lambda}\int_0^\lambda q_X(s)\,ds.$$

c)
$$\text{AV@R}_1(X) = -\int_0^1 q_X(s)\,ds = -\int_0^1 F_X^{-1}(s)\,ds = -\mathbb{E}[X].$$

d)
$$\lim_{\lambda \downarrow 0}(A)\text{V@R}_\lambda(X) = \inf\{m : \mathbb{P}\{m + X < 0\} = 0\} = -\text{ess inf } X.$$

---

[3] Aufmerksame Leserinnen und Leser werden vielleicht bemerken, dass unser X hier nicht beschränkt und daher der V@R$_\lambda(X)$ eigentlich undefiniert ist. Man kann die Definition jedoch sofort so erweitern, dass der V@R$_\lambda(X)$ auch für unbeschränkte X erklärt ist – beim AV@R$_\lambda(X)$ ist dies weniger offensichtlich.

▶ **Bemerkung 6.39** (*worst case* Risikomaß). Bezeichnen wir mit

$$\varrho_{\max}(X) := -\operatorname{ess\,inf} X = \operatorname{ess\,sup}(-X)$$

das „worst case" Risikomaß, dann besagt Lemma 6.38 d) dass für $\lambda \downarrow 0$ sowohl der *Value at Risk* als auch der *Average Value at Risk* gegen $\varrho_{\max}$ konvergieren.

Beweis Die Aussagen folgen direkt aus der Definition der Quantile und Übungsaufgabe 6.7. □

Lemma 6.40 Für jedes $\lambda \in (0, 1)$ und jede Quantilfunktion q_X von X gilt

$$\operatorname{AV@R}_\lambda(X) = \frac{1}{\lambda}\mathbb{E}[(q_X(\lambda) - X)^+] - q_X(\lambda).$$

Beweis Wir betrachten zunächst die rechte Seite und verwenden die Aussage von Übungsaufgabe 6.8. Es gilt

$$\frac{1}{\lambda}\mathbb{E}\big[(q_X(\lambda) - X)^+\big] - q_X(\lambda) = \frac{1}{\lambda}\mathbb{E}\big[(q_X(\lambda) - q_X(U))^+\big] - q_X(\lambda)$$

$$= \frac{1}{\lambda}\int_0^\lambda \big(q_X(\lambda) - q_X(u)\big)\,du - q_X(\lambda)$$

$$= -\frac{1}{\lambda}\int_0^\lambda q_X(u)\,du = \operatorname{AV@R}_\lambda(X),$$

wobei wir im letzten Schritt die Darstellung aus Lemma 6.38 genutzt haben. □

Unser nächstes Ziel ist es, den AV@R als kohärentes Risikomaß zu charakterisieren.

6.2 Risikomaße

Satz 6.41 Für alle $\lambda \in (0, 1]$ ist AV@R_λ ein kohärentes Risikomaß. Es gilt die Darstellung

$$\text{AV@R}_\lambda(X) = \max_{Q \in \mathcal{Q}_\lambda} \mathbb{E}_Q[-X], \quad (6.2)$$

wobei $\mathcal{Q}_\lambda$ die Menge aller Wahrscheinlichkeitsmaße Q auf $(\Omega, \mathcal{F})$ ist, die absolut stetig sind bezüglich $\mathbb{P}$ mit

$$\frac{dQ}{d\mathbb{P}}(\omega) \leq \frac{1}{\lambda} \quad \text{für $\mathbb{P}$-fast alle } \omega \in \Omega.$$

Beweis Für $\lambda = 1$ ist die Aussage wegen

$$\text{AV@R}_1(X) = -\mathbb{E}[X]$$

klar. Es sei also $\lambda \in (0, 1)$. Monotonie, Translationsinvarianz und die positive Homogenität folgen aus der Darstellung

$$\text{AV@R}_\lambda(X) = -\frac{1}{\lambda} \int_0^\lambda q_X^+(s)\, ds,$$

da q_X^+ monoton ist, $q_{X+m}^+(\lambda) = q_X^+(\lambda) + m$ gilt und schließlich $q_{cX}^+(\lambda) = cq_X^+(\lambda)$ ist. Für die Konvexität (bzw. äquivalent die Subadditivität) ist kein direkter Beweis bekannt. Wenn wir aber Darstellung (6.2) gezeigt haben, dann folgt für

$$\varrho_\lambda(X) := \sup_{Q \in \mathcal{Q}_\lambda} \mathbb{E}_Q[-X],$$

dass

$$\varrho_\lambda(X+Y) = \sup_{Q \in \mathcal{Q}_\lambda} \mathbb{E}_Q[-(X+Y)]$$
$$\leq \sup_{Q \in \mathcal{Q}_\lambda} \mathbb{E}_Q[-X] + \sup_{Q \in \mathcal{Q}_\lambda} \mathbb{E}_Q[-Y]$$
$$= \varrho_\lambda(X) + \varrho_\lambda(Y),$$

und wegen Bemerkung 6.33 folgt aus Subadditivität und Homogenität die Konvexität. □

Übungsaufgabe 6.42
Zeigen Sie, dass die Darstellung (6.2) im Fall $\lambda = 1$ gilt, indem Sie beweisen, dass $\mathcal{Q}_1 = \{\mathbb{P}\}$ ist.

Um die allgemeine Darstellung (6.2) zu erhalten nehmen wir zunächst zusätzlich an dass $X < 0$ fast sicher gilt. Dann definieren wir ein neues Wahrscheinlichkeitsmaß $\tilde{\mathbb{P}}$ durch

$$\frac{d\tilde{\mathbb{P}}}{d\mathbb{P}}(\omega) = \frac{-X(\omega)}{\mathbb{E}[-X]}.$$

Mit dieser Notation folgt, dass

$$\begin{aligned}
\varrho_\lambda(X) &= \sup_{Q \in \mathcal{Q}_\lambda} \int (-X) dQ = \sup_{Q \in \mathcal{Q}_\lambda} \int (-X) \frac{dQ}{d\mathbb{P}} d\mathbb{P} \\
&= \frac{\mathbb{E}[-X]}{\lambda} \sup_{Q \in \mathcal{Q}_\lambda} \int \frac{-X}{\mathbb{E}[-X]} \lambda \frac{dQ}{d\mathbb{P}} d\mathbb{P} \\
&= \frac{\mathbb{E}[-X]}{\lambda} \sup_{Q \in \mathcal{Q}_\lambda} \int \lambda \frac{dQ}{d\mathbb{P}} d\tilde{\mathbb{P}} \\
&= \frac{\mathbb{E}[-X]}{\lambda} \sup \left\{ \int \phi \, d\tilde{\mathbb{P}} \,\Big|\, 0 \leq \phi \leq 1, \int \phi \, d\mathbb{P} = \lambda \right\}
\end{aligned} \quad (6.3)$$

Wir behaupten, dass das Supremum in der letzten Zeile von (6.3) durch

$$\phi_0(\omega) := \mathbf{1}_{\{X < q_X(\lambda)\}} + \kappa \mathbf{1}_{\{X = q_X(\lambda)\}}, \quad (6.4)$$

realisiert wird, wobei q_X eine beliebige Quantilfunktion von X ist. Dabei wählen wir $\kappa \in [0, 1]$ so, dass $\mathbb{E}[\phi_0] = \lambda$ gilt. Dies ist immer möglich:

- Falls $\mathbb{P}\{X = q_X(\lambda)\} = 0$ ist, können wir κ beliebig wählen und es gilt nach Definition des Quantils, dass $\mathbb{P}\{X < q_X(\lambda)\} = \lambda$ und somit $\mathbb{E}[\phi_0] = \lambda$.
- Falls $\mathbb{P}\{X = q_X(\lambda)\} > 0$, dann setzen wir

$$\kappa = \frac{\lambda - \mathbb{P}\{X < q_X(\lambda)\}}{\mathbb{P}\{X = q_X(\lambda)\}}.$$

Nun müssen wir nur noch zeigen, dass das oben definierte ϕ_0 optimal ist. Sei dazu ϕ eine beliebige messbare Abbildung $\Omega \to [0, 1]$ mit $\mathbb{E}[\phi] \leq \lambda$. Ist nun $\phi_0(\omega) > \phi(\omega)$, dann gilt $\phi_0(\omega) > 0$ und damit $X(\omega) \leq q_X(\lambda)$. Gilt hingegen $\phi_0(\omega) < \phi(\omega)$, dann ist $\phi_0(\omega) < 1$ und damit $X(\omega) \geq q_X(\lambda)$. Es gilt also auf jeden Fall, dass

$$(\phi_0 - \phi) \frac{X}{\mathbb{E}[X]} \geq (\phi_0 - \phi) \frac{q_X(\lambda)}{\mathbb{E}[X]},$$

da $\mathbb{E}[X] < 0$. Wenn wir nun den Erwartungswert bezüglich $\tilde{\mathbb{P}}$ nehmen, dann erhalten wir

$$\begin{aligned}
\tilde{\mathbb{E}}[\phi_0] - \tilde{\mathbb{E}}[\phi] &= \mathbb{E}\left[(\phi_0 - \phi) \frac{X}{\mathbb{E}[X]}\right] \geq \frac{q_X(\lambda)}{\mathbb{E}[X]} (\mathbb{E}[\phi_0] - \mathbb{E}[\phi]) \\
&= \frac{q_X(\lambda)}{\mathbb{E}[X]} (\lambda - \mathbb{E}[\phi]) \geq 0,
\end{aligned}$$

da wir vorausgesetzt haben, dass $X < 0$ (und somit auch $q_X(\lambda) < 0$) ist.

6.2 Risikomaße

Wir kehren nun zurück zum Beweis der alternativen Darstellung und können aus (6.3) schließen, dass

$$\begin{aligned}
\varrho_\lambda(X) &= \frac{\mathbb{E}[-X]}{\lambda}\int \phi_0\, d\tilde{\mathbb{P}} = \frac{1}{\lambda}\int (-X)\phi_0\, d\mathbb{P} \\
&= \frac{1}{\lambda}\Big[\int (-X)\mathbf{1}_{\{X<q_X(\lambda)\}}\, d\mathbb{P} + \int (-q_X(\lambda))\kappa\, \mathbf{1}_{\{X=q_X(\lambda)\}}\, d\mathbb{P}\Big] \\
&= \frac{1}{\lambda}\Big[\int (-X)\mathbf{1}_{\{X<q_X(\lambda)\}}\, d\mathbb{P} - q_X(\lambda)\lambda + q_X(\lambda)\mathbb{P}\{X<q_X(\lambda)\}\Big] \\
&= \frac{1}{\lambda}\mathbb{E}[(q_X(\lambda)-X)^+] - q_X(\lambda) \\
&= \mathrm{AV@R}_\lambda(X),
\end{aligned}$$

wobei wir im letzten Schritt Lemma 6.40 genutzt haben.

Damit haben wir (6.2) für $X < 0$ gezeigt. Für allgemeine (aber beschränkte) X wählt man $m \in \mathbb{R}$ so, dass $X + m < 0$ fast sicher gilt, und nutzt dann die Translationsinvarianz von AV@R und ϱ_λ aus. □

▶ **Bemerkung 6.43** (AV@R und Hypothesentests). Die Tatsache, dass man das maximierende ϕ in (6.3) explizit ausdrücken kann, wirkt weniger überraschend, wenn man das Problem aus dem Blickwinkel der Theorie des Testens von Hypothesen betrachtet.

Sei dazu $(\Omega, \mathcal{F})$ ein Messraum und seien $\mathbb{P}, \tilde{\mathbb{P}}$ Wahrscheinlichkeitsmaße auf $(\Omega, \mathcal{F})$ (mit Erwartungswerten $\mathbb{E}, \tilde{\mathbb{E}}$). Man beobachtet eine Realisierung $\omega \in \Omega$ und soll sich daraufhin für das „richtige" Maß entscheiden. Dabei entspricht die *Nullhypothese* dem Maß $\mathbb{P}$ und die *Alternative* ist $\tilde{\mathbb{P}}$. Bei dieser Wahl hilft ein *Hypothesentest*.

Formal ist ein solcher Test eine Entscheidungsregel in Form einer messbaren Abbildung $\phi : \Omega \to [0, 1]$ mit der Interpretation, dass $\phi(\omega) = 1$ einer sicheren Entscheidung für die Alternative entspricht, während $\phi(\omega) = 0$ zu einer sicheren Entscheidung für die Beibehaltung der Nullhypothese führt. Wenn der Wert von $\phi(\omega)$ innerhalb von $(0, 1)$ liegt, dann entspricht $\phi(\omega)$ der Wahrscheinlichkeit, mit der man sich für die Alternative entscheidet. Sei $\lambda \in (0, 1)$. Dann möchte man den Test so konstruieren, dass die Wahrscheinlichkeit, dass die Nullhypothese zu Unrecht abgelehnt wird, kleiner ist als λ, also

$$\mathbb{E}[\phi] = \int \phi(\omega) d\mathbb{P}(\omega) \leq \lambda. \tag{6.5}$$

Andererseits soll $\tilde{\mathbb{E}}[\phi]$ unter dieser Bedingung möglichst groß sein, d. h. wenn die Alternative vorliegt, möchte man sich für diese auch mit größtmöglicher Wahrscheinlichkeit korrekt entscheiden. Damit entspricht das Optimierungsproblem in der letzten Zeile von (6.3) gerade der Maximierung von $\tilde{\mathbb{E}}$ unter der Bedingung (6.5). Der Maximierer ϕ_0 in (6.4) ist der bestmögliche Test, auch bekannt als *Neyman-Pearson Test*. Für nähere Informationen dazu siehe z. B. [Geo09, Abschn. 10.2].

Zum Abschluss untersuchen wir den Zusammenhang zwischen den Risikomaßen V@R und AV@R und einigen der „besten" zuvor betrachteten Prämienprinzipien.

Für $X \geq 0$ fast sicher mit $\mathbb{E}[X] < \infty$ entspricht der AV@R$_\lambda$ mit $\lambda \in (0, 1]$ dem Prämienprinzip

$$\mathcal{H}_\lambda(X) := \text{AV@R}_\lambda(-X) = -\frac{1}{\lambda}\int_0^\lambda F_{-X}^{-1}(u)\,du = \frac{1}{\lambda}\int_{1-\lambda}^1 F_X^{-1}(u)\,du,$$

das wir in Definition 6.18 mit (P7) bezeichnet haben.

Proposition 6.44
Sei $X \geq 0$. Bezeichnen wir das absolute Abweichungsprinzip (AAP) mit Parameter $a \in (0, 1]$ mit $\tilde{\mathcal{H}}_a$, so gilt

$$\tilde{\mathcal{H}}_a(X) = (1-a)\mathcal{H}_1(X) + a\mathcal{H}_{1/2}(X),$$

das heißt, $\tilde{\mathcal{H}}_a(X)$ ist eine Konvexkombination des Erwartungswerts

$$\mathbb{E}[X] = \mathcal{H}_1(X) = \text{AV@R}_1(-X)$$

und von $\mathcal{H}_{1/2}(X) = \text{AV@R}_{1/2}(-X)$.

Beweis Dies folgt sofort aus Formel (6.1) aus dem Beweis von Satz 6.29. □

Wir können – etwas allgemeiner – beliebige Mischungen von $\mathcal{H}_\lambda$ betrachten. Ist μ ein Wahrscheinlichkeitsmaß auf $(0, 1]$, so sieht man leicht, dass

$$\check{\mathcal{H}}^{(\mu)}(X) := \int_0^1 \mathcal{H}_\lambda(X)\,d\mu(\lambda) \qquad (6.6)$$

ein kohärentes (also konvexes, monotones, positiv homogenes und translationsinvariantes) Prämienprinzip ist. Das absolute Abweichungsprinzip $\tilde{\mathcal{H}}_a$ erhält man nach obiger Proposition durch die Wahl

$$\mu = (1-a)\delta_1 + a\delta_{1/2}.$$

Es ist nun eine naheliegende Aufgabe zu verstehen, welche Prämienprinzipien der Darstellung (6.6) entsprechen. Wir beschränken uns dabei auf ein interessantes Beispiel. Für eine tiefergehende Darstellung der zugehörigen Theorie verweisen wir auf [FS04, Kap. 4] sowie [FK13].

6.2 Risikomaße

Satz 6.45 Sei $X \geq 0$ mit Verteilungsfunktion F_X und μ ein Wahrscheinlichkeitsmaß auf $(0, 1]$. Dann gilt

$$\check{\mathcal{H}}^{(\mu)}(X) = \int_0^\infty g(\bar{F}_X(s))\,ds, \tag{6.7}$$

wobei

$$g(t) := \int_0^t \int_{(s,1]} \frac{1}{\lambda} d\mu(\lambda)\,ds = \int_{(0,1]} \min\left\{1, \frac{t}{\lambda}\right\} d\mu(\lambda), \quad t \in [0,1]. \tag{6.8}$$

Beweis Die Funktion g ist offensichtlich absolut stetig und in allen Punkten $t > 0$ rechtsseitig differenzierbar mit rechtsseitiger Ableitung

$$g'_+(t) := \int_{(t,1]} \frac{1}{\lambda} d\mu(\lambda).$$

Die Aussage folgt nun durch geschicktes Anwenden des Satzes von Fubini:

$$\check{H}^{(\mu)}(X) = \int_0^1 \text{AV@R}_\lambda(-X)\,d\mu(\lambda)$$

$$= \int_0^1 \frac{1}{\lambda} \int_0^\lambda \text{V@R}_t(-X)\,dt\,d\mu(\lambda)$$

$$= \int_0^1 \text{V@R}_t(-X) \int_{(t,1]} \frac{1}{\lambda} d\mu(\lambda)\,dt$$

$$= \int_0^1 q_X^-(1-t) g'_+(t)\,dt$$

$$= \int_0^1 q_X^+(1-t) g'_+(t)\,dt.$$

Mit

$$q_X^+(t) = \sup\{s > 0 \mid F_X(s) \leq t\} = \int_0^\infty \mathbf{1}_{\{F_X(s) \leq t\}}\,ds$$

erhalten wir weiter

$$\check{H}^{(\mu)}(X) = \int_0^1 \int_0^\infty \mathbf{1}_{\{F_X(s) \leq 1-t\}}\,ds\,g'_+(t)\,dt$$

$$= \int_0^\infty \int_0^1 \mathbf{1}_{\{t \leq 1 - F_X(s)\}}\,g'_+(t)\,dt\,ds$$

$$= \int_0^\infty g(1 - F_X(s))\,ds$$

wie behauptet. $\square$

▶ **Bemerkung 6.46** Das Prinzip $\check{H}^{(\mu)}(X)$ ist also genau Wangs Prämienprinzip (WP) aus Definition 6.26 (P14),

$$\mathcal{H}(X) = \int_0^\infty g(\bar{F}_X(t))\,dt, \quad X \in \mathfrak{X}' := \{X \in \mathfrak{X} : \mathcal{H}(X) < \infty\},$$

mit g wie im obigen Satz, denn dieses g ist stetig, wachsend, konkav und erfüllt $g(0) = 0$ und $g(1) = 1$. Weiter existiert zu jedem solchen g ein eindeutiges Wahrscheinlichkeitsmaß μ mit der Darstellung (6.8), wie man unschwer überprüft.

Darüber hinaus entspricht $\mathcal{H}_\lambda$ (das Prämienprinzip zum AV@R$_\lambda$) Wangs Prinzip zum Maß $\mu = \delta_\lambda$ und der Funktion $g(t) = \min\{1, \frac{t}{\lambda}\}$.

Zu guter Letzt identifizieren wir das absolute Abweichungsprinzip $\tilde{\mathcal{H}}_a$ als Wangsches Prinzip zum Maß

$$\mu = (1-a)\delta_1 + a\delta_{1/2}$$

und der Funktion

$$g(t) = (1-a)t + a(\min\{2t, 1\}.$$

6.3 Risikoteilung und Rückversicherung

In der Versicherungspraxis gibt es vielfältige Gründe und Methoden für die Aufteilung und Rückversicherung von Risiken. Wir widmen diesem Thema hier lediglich einige einführende Überlegungen.

Eine naheliegende Fragestellung zur *Risikoteilung* ist die folgende: Sei $X \geq 0$ ein zu versicherndes Risiko (etwa ein potentieller Großschaden) aus einer Menge von Risiken $\mathfrak{X}$. Wir nehmen an, dass $N \geq 2$ Versicherer prinzipiell bereit sind, das Risiko zu versichern. Dabei verwendet Unternehmen $i \in [N]$ das Prämienberechnungsprinzip $\mathcal{H}_i$. Gesucht ist eine Aufteilung $X_1, \ldots, X_N \geq 0$ mit $X_1 + \cdots + X_N = X$, so dass

$$\sum_{i=1}^N \mathcal{H}_i(X_i)$$

minimal ist. Hier entspricht X_i dem Teilrisiko, das vom i-ten Versicherer übernommen wird, und die zu minimierende Summe der Gesamtprämie.

Für den Fall, dass alle Versicherer dasselbe Prämienprinzip verwenden und dieses stark subadditiv ist (wie etwa das absolute Abweichungsprinzip oder der AV@R), dann lohnt es sich offensichtlich nicht, das Risiko aufzuteilen: Das Minimum wird angenommen, wenn irgendeiner der Versicherer das Gesamtrisiko übernimmt.

Betrachtet man nur stark subadditive Prämienprinzipien, dann kann eine Risikoteilung allenfalls dann sinnvoll sein, wenn nicht alle Versicherer dasselbe Prinzip verwenden. Für den Fall, dass ein Versicherer ein Prinzip $\mathcal{H}$ anwendet, für welches

6.3 Risikoteilung und Rückversicherung

$$\mathcal{H}(Y) \leq \mathcal{H}_i(Y) \quad \text{für alle } Y \in \mathfrak{X} \text{ und } i \in [N]$$

gilt (dieser Versicherer also stets am günstigsten ist), dann ist es natürlich wiederum optimal, wenn dieser Versicherer das Gesamtrisiko X trägt, egal ob die Prinzipien $\mathcal{H}_i$ stark subadditiv sind und ob sie verschieden sind. Dieser triviale Fall tritt zum Beispiel bereits dann ein, wenn alle $\mathcal{H}_i$ dem absoluten Abweichungsprinzip mit (unterschiedlichen) Parametern $a_i \in (0, 1]$ entsprechen, da dann der Versicherer mit dem kleinsten a_i stets der günstigste ist. Dieselbe Überlegung ist auf den AV@R mit verschiedenen Parametern anwendbar: Auch hier lohnt sich keine Risikoteilung. Es ist eine interessante Aufgabe, Beispiele verschiedener stark subadditiver Prinzipien zu finden, bei denen sich die Risikoteilung lohnt. Im folgenden werden wir einer Situation begegnen, in der eine Risikoteilung im obigen Sinne sinnvoll, das zugrundeliegende Prämienprinzip allerdings nicht stark subadditiv ist.

Im Kontext der *Rückversicherung* betrachten wir den Spezialfall $N = 2$ und nennen die beiden Versicherer *Erstversicherer* und *Rückversicherer*. Der Erstversicherer möchte das Risiko X in zwei nicht negative Komponenten aufteilen:

$$X = X_E + X_R,$$

wobei X_E dem Selbstbehalt und X_R dem Anteil des Rückversicherers entspricht. Hier kann X ein Einzelrisiko oder eine Summe von Risiken in einem Portfolio sein.

Definition 6.47 (Quoten- und Exzedentenrückversicherung)

Üblich sind u. a. die folgenden Aufteilungen:

- In der *Quotenrückversicherung* ist $X_R = (1-p)X$ für ein $p \in [0, 1]$. Damit ist $X_E = pX$, und p heißt *prozentualer Selbstbehalt* des Erstversicherers.
- In der *Exzedentenrückversicherung* ist $X_R = (X-r)^+$ für ein $r > 0$. Dann ist $X_E = \min\{X, r\}$, und r ist der *Selbstbehalt* (oder *retention level*) des Erstversicherers.

◀

Beispiel 6.48

(Quotenrückversicherung mit Exponentialprinzip). Wir betrachten eine Quotenrückversicherung mit $p \in [0, 1]$ und Selbstbehalt $X_E^p = pX$. Außerdem nehmen wir an, dass sowohl Erstversicherer als auch Rückversicherer für $\mathcal{H}$ das Exponentialprinzip mit Parameter $a > 0$ wählen, also

$$\mathcal{H}(Y) = \frac{1}{a} \log \mathbb{E}[e^{aY}]. \tag{6.9}$$

Schließlich nehmen wir an, dass X exponentialverteilt ist mit Parameter $\lambda > 0$.
In diesem Fall können wir die Prämie für X_E^p explizit bestimmen:

$$\mathcal{H}(X_E^p) = \mathcal{H}(pX) = \frac{1}{a} \log \mathbb{E}[e^{apX}]$$
$$= \frac{1}{a} \log \int_0^\infty e^{apx} \lambda e^{-\lambda x} dx$$
$$= \begin{cases} \frac{1}{a} \log\left(\frac{\lambda}{\lambda - ap}\right) & \text{für } \lambda > ap, \\ \infty & \text{sonst.} \end{cases}$$

Analog gilt für die Prämie des Rückversicherers

$$\mathcal{H}(X_R^p) = \mathcal{H}((1-p)X) = \begin{cases} \frac{1}{a} \log\left(\frac{\lambda}{\lambda - a(1-p)}\right) & \lambda > a(1-p), \\ \infty & \text{sonst.} \end{cases}$$

Für die Gesamtprämie erhalten wir also

$$\Pi_p := \mathcal{H}(X_E^p) + \mathcal{H}(X_R^p) = \begin{cases} \frac{1}{a} \log \frac{\lambda^2}{(\lambda - ap)(\lambda - a(1-p))} & \lambda > a \max\{p, 1-p\}, \\ \infty & \text{sonst.} \end{cases}$$

Dieser Ausdruck ist bezüglich p minimal, wenn der Nenner maximal ist, also für $p = \frac{1}{2}$. In diesem Fall muss der Versicherungsnehmer die Prämie

$$\Pi_{1/2} = \frac{1}{a} \log \frac{\lambda^2}{(\lambda - \frac{a}{2})^2} = \frac{2}{a} \log \frac{\lambda}{\lambda - \frac{a}{2}}$$

zahlen (wenn $\lambda > a/2$). Ohne Rückversicherung wäre die Prämie

$$\mathcal{H}(X) = \begin{cases} \frac{1}{a} \log\left(\frac{\lambda}{\lambda - a}\right) & \lambda > a, \\ \infty & \text{sonst.} \end{cases}$$

Im Vergleich ist die Rückversicherung auf jeden Fall günstiger. Im Fall $\frac{1}{2} < \frac{\lambda}{a} \leq 1$, ist das Risiko sogar nur mit Rückversicherung versicherbar.

Man beachte, dass (wie zu Beginn des Abschnitts erklärt) eine solche Situation nur deswegen möglich ist, weil das Exponentialprinzip *nicht* stark subadditiv ist.

6.4 Erfahrungstarifierung

Zum Abschluss beschäftigen wir uns noch mit einer statistischen Methodik zur Bestimmung von individuellen Risikoprämien, der sogenannten *Erfahrungstarifierung,* bei der sowohl Informationen über die bisherigen Schadenverläufe als auch über die unterschiedlichen (zufälligen) Risikoprofile der einzelnen Risiken mit berücksichtigt werden. Wir betrachten hier insbesondere das sogenannte *heterogene Modell*[4], das diese Schadenverläufe mit einem individuellen *Risikoparameter* der einzelnen Risiken (oder Risikoklassen) verbindet. Die praktische Schätzung der Schadenhöhenverteilungen in der kommenden Periode kann

---

[4] Für eine ausführlichere Darstellung dieses und verwandter Modelle siehe [Mik09, Kap. 5 und 6]

6.4 Erfahrungstarifierung

dann zum Beispiel mittels kleinste-Quadrate-Methoden und Linearisierung geschehen, wie sie in der *Credibilitytheorie* verwendet werden, die wir ebenfalls in Grundzügen erläutern.

Das heterogene Modell. Wir betrachten ein Portfolio mit $N \in \mathbb{N}$ Policen bzw. Risiken. Bei Police $i \in [N]$ seien in den vergangenen n_i Jahren die nicht negativen Schadenhöhen $x_{i,1}, \ldots, x_{i,n_i}$ entstanden[5]. Wir nehmen weiter an, dass die $x_{i,j}$ Realisierungen von Zufallsvariablen $X_{i,j}$ sind, und möchten individuell für jede Police i eine Vorhersage für die Schadenhöhen $X_{i,0}$ im kommenden Jahr machen. Mit anderen Worten: Wir wollen die unbekannte Verteilung von $X_{i,0}$ schätzen, und zwar aufgrund von bestimmten Modellannahmen und der Realisierung

$$\mathbb{X} = (x_{i,j}, 1 \leq i \leq N, 1 \leq j \leq n_i).$$

Statt Einzelrisiken i kann man hier natürlich auch Risikoklassen betrachten, so dass dann jede Risikoklasse ihre eigene charakteristische Verteilung hat.

Ein naheliegender Ansatz besteht darin, die Verteilung von $X_{i,0}$ durch die empirische Verteilung der $x_{i,j}$, $j = 1, \ldots n_i$, zu approximieren. In der Praxis ist n_i dafür aber in der Regel zu klein oder gar 0. Wir nehmen daher vereinfachend an, dass jedes individuelle Risiko $i \in [N]$ durch eine Verteilung beschrieben werden kann, die zu einer durch einen Risikoparameter $\theta \in \Theta$ parametrisierten Familie gehört. Die Wahl dieses Parameters erfolgt „zufällig bei Vertragsabschluss" als unabhängige Realisierung einer Zufallsvariable Y mit Verteilung ν auf Θ. Der Parameter kodiert dann in einer geeigneten Weise das individuelle Risikoprofil von Police i. Die Risiken des Portfolios sind also (außer in trivialen Spezialfällen) *nicht* homogen. Diese Annahmen führen auf das folgende Modell.

Definition 6.49 (Heterogenes Modell)

Seien $Y_1, \ldots, Y_N$ Zufallsvariablen mit Werten in einem Messraum $(\Theta, \mathcal{T})$ und $\{X_{ij}, i \in [N], j \geq 0\}$ eine Familie nicht negativer Zufallsvariablen, die alle auf demselben Wahrscheinlichkeitsraum $(\Omega, \mathcal{F}, \mathbb{P})$ definiert sind. Weiter nehmen wir an:

(i) Die Folge von Paaren $(Y_i, (X_{i,j})_{j \geq 0})$, $i = 1, \ldots, N$, ist unabhängig und identisch verteilt.
(ii) Gegebenen $Y_i = \theta$ sind $X_{i,0}, X_{i,1}, \ldots$ unabhängig und identisch verteilt mit bedingter Verteilung κ_θ, wobei

$$\kappa : \Theta \times \mathcal{B}(\mathbb{R}) \to [0, 1]$$

ein Markov-Kern[6] ist, und somit insbesondere die Abbildung $\theta \mapsto \kappa_\theta(B)$ für jedes $B \in \mathcal{B}(\mathbb{R})$ messbar ist.

---

[5] Hier ist $n_i = 0$ explizit erlaubt: In diesem Fall liegt keine Schadenhistorie vor, etwa weil es sich um einen Neuvertrag handelt. Man beachte auch, dass n_i typischerweise mit i variiert.
[6] Siehe beispielsweise [Kle20, Abschn. 8.3].

Die Verteilung von Y_1 (aufgrund von (i) gleich der von $Y_2, Y_3, \ldots$) auf $(\Theta, \mathcal{T})$ bezeichnen wir mit ν. ◀

Unser *Ziel* ist die Berechnung der bedingten Verteilung von $X_{i,0}$ gegeben die Schadenhistorie $\mathbb{X}$ (unter Kenntnis von ν und κ). Dies ist ein Bayesscher Ansatz, da wir den unbekannten Parameter θ als Realisierung einer Zufallsvariable ansehen, für die wir eine *a-priori-Verteilung* ν zugrunde legen. Letztere spiegelt gewisse Modellannahmen wieder und bestimmt die Verteilung der Schadenhistorie, enthält aber noch keine Informationen über die konkreten Beobachtungen $\mathbb{X}$.

Es ist sofort klar, dass in die Berechnung der bedingten Verteilung von $X_{i,0}$ gegeben $\mathbb{X}$ nur die Daten $x_{i,1}, \ldots, x_{i,n_i}$ eingehen und nicht die übrigen Daten $x_{\ell,1}, \ldots, x_{\ell,n_\ell}$ für $\ell \neq i$.

▶ **Bemerkung 6.50** Der Parameter θ heißt *Risikoparameter*, da er die Eigenheiten eines Einzelrisikos (oder einer Risikoklasse) beschreibt. Man denke etwa das individuelle Fahrverhalten der Versicherungsnehmer in der Kfz-Versicherung.

Das folgende Beispiel bestimmt die resultierende Schadenhöhenverteilung zunächst in einem einfachen Spezialfall ($n_i = 0$).

Beispiel 6.51
(Schadenhöhen im heterogenen Modell ohne Informationen über die individuelle Schadenvergangenheit). Sei $\Theta = (0, \infty)$ und $\alpha > 0$. Jedem Versicherungsnehmer werde ein Risikoparameter $\theta \in \Theta$ zugeordnet, und zwar als unabhängige Realisierung einer Zufallsvariable Y mit Verteilung $\nu = \text{Exp}(\alpha)$. Gegeben θ seien die Schadenhöhe gemäß $\kappa_\theta = \text{Exp}(\theta)$ verteilt. Falls keine Beobachtungen zur Police i vorliegen, also $n_i = 0$ ist, können wir nur schließen, dass die bedingte Verteilung von $X_{i,0}$ die Gleichung

$$\mathcal{L}(X_{i,0}|\mathbb{X}) = \mathcal{L}(X_{i,0}) = \int \kappa_\theta \, d\nu(\theta)$$

erfüllt, also eine Mischung von Exponentialverteilungen (mit Mischungsmaß ν) im Sinne von Bemerkung 4.6 ist. Wir erhalten für $x \geq 0$,

$$\mathbb{P}\{X_{i,0} \geq x | \mathbb{X}\} = \int_0^\infty \mathbb{P}\{X_{i,0} \geq x | Y = s\} \, d\nu(s) = \int_0^\infty e^{-sx} \, d\nu(s)$$
$$= \int_0^\infty e^{-sx} \alpha e^{-\alpha s} ds = \frac{\alpha}{\alpha + x},$$

also eine verschobene Pareto-Verteilung, vgl. Tab. 4.1. Speziell ist $\mathbb{E}[X_{i,0}] = \infty$.

Im nächsten – klassischen – Beispiel können wir die bedingte Verteilung von $X_{i,0}$ auch für $n_i \geq 1$ explizit ausrechnen. Der zugrundeliegende Ansatz der Mischung von Gamma- und Poisson-Verteilung wurde bereits 1929 von Keffer in der Erfahrungstarifierung verwendet [Kef29].

6.4 Erfahrungstarifierung

Beispiel 6.52
(Poisson-Gamma Ansatz). Hier betrachten wir einen Fall, in dem die historischen Schadendaten ganzzahlige Werte annehmen und man diese daher auch als Schadenanzahlen anstelle von Schadenhöhen auffassen kann. Für diese setzen wir eine Poisson-Verteilung an, und für den Risikoparameter eine Gammaverteilung:

(i) Die Verteilung ν von θ sei $\Gamma(\gamma, \beta)$ auf $\Theta = (0, \infty)$, d.h. ν hat die Dichte

$$f(x) = \frac{\beta^\gamma}{\Gamma(\gamma)} x^{\gamma-1} e^{-\beta x}, \quad x > 0.$$

Zur Erinnerung: die Gamma-Funktion ist definiert als $\Gamma(x) = \int_0^\infty t^{x-1} e^{-t} dt, x > 0$, vgl. auch Tab. 4.1

(ii) Für gegebenes θ sei κ_θ die Poisson-Verteilung mit Parameter θ.

Weiter schreiben wir $\mathbb{X}_i = (x_1, \ldots, x_{n_i}) \in \mathbb{N}_0^{n_i}$ für die beobachteten historischen Schadendaten zu Police i, also die Realisierung von $(X_{i,1}, \ldots, X_{i,n_i})$, und definieren im Sinne der obigen Annahmen

$$F_{Y_i, (X_{i,1}, \ldots, X_{i,n_i})}(\theta, \mathbb{X}_i) := \mathbb{P}\{Y_i \leq \theta, X_{i,1} = x_1, \ldots, X_{i,n_i} = x_{n_i}\}$$

$$= \int_0^\theta \tilde{f}_{x_1, \ldots, x_{n_i}}(\tilde{\theta}) d\tilde{\theta},$$

wobei die Funktion $\tilde{f}_{x_1, \ldots, x_{n_i}}$ durch

$$\tilde{f}_{x_1, \ldots, x_{n_i}}(\theta) := \frac{\beta^\gamma}{\Gamma(\gamma)} \theta^{\gamma-1} e^{-\beta\theta} \prod_{k=1}^{n_i} e^{-\theta} \frac{\theta^{x_k}}{x_k!}$$

$$= \frac{\beta^\gamma}{\Gamma(\gamma)} \theta^{\gamma-1+\sum x_k} e^{-(\beta+n_i)\theta} \prod_{k=1}^{n_i} \frac{1}{x_k!}$$

gegeben ist. Für die bedingte Dichte von Y_i gegeben $\mathbb{X}_i = (x_1, \ldots, x_{n_i})$ gilt also

$$f_{x_1, \ldots, x_{n_i}}(\theta) = \frac{\tilde{f}_{x_1, \ldots, x_{n_i}}(\theta)}{\int_0^\infty \tilde{f}_{x_1, \ldots, x_{n_i}}(\tilde{\theta}) d\tilde{\theta}} = c_{x_1, \ldots, x_{n_i}} \theta^{\gamma-1+\sum x_k} e^{-(\beta+n_i)\theta},$$

wobei die Konstante $c_{x_1, \ldots, x_{n_i}}$ so gewählt ist, dass die Dichte zu 1 integriert. Die bedingte Verteilung von Y_i gegeben $X_{i,1} = x_1, \ldots, X_{i,n_i} = x_{n_i}$ ist damit eine $\Gamma(\gamma + \sum_{k=1}^{n_i} x_k, \beta + n_i)$ Verteilung mit

$$\text{Erwartungswert} \quad \hat{\mu} = \frac{\gamma + \sum x_k}{\beta + n_i} \quad \text{und Varianz} \quad \frac{\gamma + \sum x_k}{(\beta + n_i)^2}.$$

Mit dieser Beobachtung können wir nun auch die bedingte Verteilung von $X_{i,0}$ bestimmen, denn es gilt für $l \in \mathbb{N}_0$

$$\mathbb{P}\{X_{i,0} = \ell | \mathbb{X}\} = \mathbb{P}\{X_{i,0} = \ell | \mathbb{X}_i\} = \int \kappa_\theta(\ell) \mathbb{P}\{Y_i \in d\theta | \mathbb{X}_i\}$$

$$= \int_0^\infty e^{-\theta} \frac{\theta^\ell}{\ell!} \frac{(\beta + n_i)^{\gamma + \sum x_k}}{\Gamma(\gamma + \sum x_k)} \theta^{\gamma - 1 + \sum x_k} e^{-(\beta + n_i)\theta} d\theta$$

$$= \frac{(\beta + n_i)^{\gamma + \sum x_k}}{\ell! \Gamma(\gamma + \sum x_k)} \int_0^\infty e^{-(\beta + n_i + 1)\theta} \theta^{\gamma + \ell + \sum x_k - 1} d\theta$$

$$= \frac{(\beta + n_i)^{\gamma + \sum x_k}}{\ell! \Gamma(\gamma + \sum x_k)} \frac{\Gamma(\gamma + \ell + \sum x_k)}{(\beta + n_i + 1)^{\gamma + \ell + \sum x_k}}$$

$$= \binom{v + \ell - 1}{\ell} p^v (1-p)^\ell,$$

mit der Wahl

$$v = \gamma + \sum x_k \quad \text{und} \quad p = \frac{\beta + n_i}{\beta + n_i + 1}.$$

Dabei haben wir $\Gamma(z + \ell) = (z + \ell - 1) \cdot z\Gamma(z)$ sowie die Definition des verallgemeinerten Binomialkoeffizienten (4.9) genutzt.

Mit anderen Worten: Die bedingte Verteilung von $X_{i,0}$ gegeben $\mathbb{X}$ ist eine *negative Binomialverteilung* mit den Parametern p und v, vgl. Tab. 4.2. Diese hat den Erwartungswert $\frac{v}{p}(1-p)$. Deshalb gilt

$$\mathbb{E}[X_{i,0} | \mathbb{X}] = \frac{\gamma + \sum x_k}{\beta + n_i} = \frac{\gamma}{\beta + n_i} + \frac{1}{\beta + n_i} \sum_{k=1}^{n_i} x_k$$

$$= \frac{\beta}{\beta + n_i} \cdot \frac{\gamma}{\beta} + \frac{n_i}{\beta + n_i} \cdot \frac{1}{n_i} \sum_{k=1}^{n_i} x_k$$

(wobei die letzte Umformung natürlich nur im Fall $n_i \geq 1$ erlaubt ist). Insbesondere ist diese bedingte Erwartung affin in den Beobachtungen $x_1, \ldots, x_{n_i}$ sowie eine Konvexkombination des Erwartungswertes $\mathbb{E}[X_{i,0}] = \gamma / \beta$ und des empirischen Mittelwertes

$$\bar{x} := \frac{1}{n_i} \sum_{k=1}^{n_i} x_k.$$

▶ **Bemerkung 6.53** Der Poisson-Gamma Ansatz in Beispiel 6.52 wurde in einer bekannten Arbeit von Bichsel [Bic64] benutzt, um die Verteilung der Schadenanzahlen einer Motorfahrzeug-Haftpflichtversicherung zu beschreiben. Dort wurde gezeigt, dass sich die negative Binomialverteilung aus dem obigen Ansatz wesentlich besser an die Daten anpassen lässt als eine Poisson-Verteilung.

Approximation der Schadenhöhenverteilung im heterogenen Modell. Im obigen Beispiel waren wir in der glücklichen Situation, dass wir die bedingte Verteilung von $X_{i,0}$ gegeben die Beobachtungen explizit berechnen konnten. In vielen Fällen ist es aber nicht einmal möglich, den Erwartungswert der bedingten Verteilung, also die bedingte Erwartung gegeben die Beobachtungen, explizit zu berechnen.

6.4 Erfahrungstarifierung

Das folgende Vorgehen ist ein Kernstück der Credibilitytheorie, die maßgeblich von Bühlmann entwickelt wurde [Büh67, BG05]. Nehmen wir an, dass das zweite Moment von $X_{i,0}$ endlich ist, so erinnern wir uns, dass im Hilbertraum $L^2(\Omega, \mathcal{F}, \mathbb{P})$ die bedingte Erwartung

$$\hat{X}_{i,0} := \mathbb{E}\big[X_{i,0} | X_{i,1}, \cdots, X_{i,n_i}\big]$$

gerade die orthogonale Projektion bezüglich des Skalarprodukts

$$\langle Z_1, Z_2 \rangle := \mathbb{E}\big[Z_1 Z_2\big]$$

von $X_{i,0}$ auf den abgeschlossenen Teilraum

$$L^2(\Omega, \sigma(X_{i,1}, \cdots, X_{i,n_i}), \mathbb{P})$$

ist. Da dieser typischerweise unendlich-dimensional ist, kann man $\hat{X}_{i,0}$ meist nicht explizit berechnen. Man behilft sich damit, dass man stattdessen die orthogonale Projektion auf einen geeigneten endlich-dimensionalen Teilraum berechnet. Je kleiner dieser Teilraum ist, desto größer wird der Abstand der Projektion zu $X_{i,0}$. Andererseits wird die Berechnung der orthogonalen Projektion leichter, wenn der Raum, auf den projiziert wird, kleiner ist.

Ein in vielen Fällen guter Kompromiss ist die Wahl des Raums der Linearkombinationen von den Konstanten und den $X_{i,1}, \cdots, X_{i,n_i}$, der maximal $n_i + 1$-dimensional ist. Bezeichnen wir die orthogonale Projektion von $X_{i,0}$ auf diesen Teilraum mit $\tilde{X}_{i,0}$, so hat $\tilde{X}_{i,0}$ daher eine Darstellung der Form

$$\tilde{X}_{i,0} = \alpha_0 + \sum_{j=1}^{n_i} \alpha_j X_{i,j},$$

wobei die Zahlen $\alpha_0, \cdots, \alpha_{n_i}$ so gewählt sind, dass der mittlere quadratische Fehler

$$\mathbb{E}\bigg[\bigg(X_{i,0} - \big(\alpha_0 + \sum_{j=1}^{n_i} \alpha_j X_{i,j}\big)\bigg)^2\bigg]$$

minimal ist. Wir lassen nun zur Vereinfachung den Index i weg und setzen $\mu := \mathbb{E}[X_0]$. Im Fall $n = 0$ gilt natürlich $\alpha_0 = \mu$. Sei nun $n \geq 1$. Es ist plausibel, dass die optimalen $\alpha_1, \ldots, \alpha_n$ alle gleich sind (wir werden das unten zeigen), da die $X_0, \ldots, X_n$ bedingt unabhängig gegeben θ sind. Bezeichnen wir den empirischen Mittelwert der Beobachtungen mit

$$\bar{X} := \frac{1}{n} \sum_{j=1}^{n} X_j,$$

so suchen wir also gewisse $a, b \in \mathbb{R}$, so dass

$$\mathbb{E}\big[(X_0 - (a + b\bar{X}))^2\big]$$

minimal ist (wir projizieren also X_0 orthogonal auf den Raum Spann$\{1, \bar{X}\}$). Das ist in der Tat sehr einfach, denn $a, b \in \mathbb{R}$ sind charakterisiert durch die Bedingungen

$$X_0 - (a + b\bar{X}) \perp 1 \quad \text{und} \quad X_0 - (a + b\bar{X}) \perp \bar{X},$$

was dasselbe ist wie

$$\mathbb{E}[X_0] = a + b\mathbb{E}[\bar{X}] \quad \text{und} \quad \mathbb{E}[X_0\bar{X}] = a\mathbb{E}[\bar{X}] + b\mathbb{E}[\bar{X}^2],$$

was wiederum äquivalent ist zu

$$\mu = a + b\mu \quad \text{und} \quad \text{Cov}(X_0, \bar{X}) = b\mathbb{V}[\bar{X}],$$

da

$$\text{Cov}(X_0, \bar{X}) = \mathbb{E}[X_0\bar{X}] - \mathbb{E}[X_0]\mu$$
$$= a\mathbb{E}[\bar{X}] + b\mathbb{E}[\bar{X}^2] - a\mu - b\mu\mathbb{E}[\bar{X}] = b\mathbb{V}[\bar{X}].$$

Also gilt im Fall $\mathbb{V}[\bar{X}] > 0$ für die minimierenden a, b

$$b = \frac{\text{Cov}(X_0, \bar{X})}{\mathbb{V}[\bar{X}]}, \quad a = (1 - b)\mu. \tag{6.10}$$

(Im – uninteressanten – Fall $\mathbb{V}(\bar{X}) = 0$ sind 1 und $\bar{X}$ linear abhängig und die orthogonale Projektion von X_0 auf den Raum Spann$\{1, \bar{X}\}$=Spann$\{1\}$ ist μ). Wir setzen im folgenden $\mathbb{V}(\bar{X}) > 0$ voraus. Wir haben somit gezeigt, dass für die orthogonale Projektion $\check{X}_0$ von X_0 auf Spann$\{1, \bar{X}\}$

$$\check{X}_0 = (1 - b)\mu + b\bar{X} \tag{6.11}$$

gilt, wobei b wie in (6.10) definiert ist.

Nun wollen wir b noch expliziter berechnen. Vor allem wollen wir sehen, wie b von der Anzahl n der Beobachtungen abhängt, und dass $b \in [0, 1]$ gilt. Mit der Turmeigenschaft und der bedingten Unabhängigkeit der $X_0, \ldots X_n$ von Y (siehe Eigenschaft (ii) im heterogenen Modell aus Definition 6.49) erhalten wir

$$\text{Cov}(X_0, \bar{X}) = \mathbb{E}\Big[\mathbb{E}[(X_0 - \mu)(\bar{X} - \mu)|Y]\Big]$$
$$= \mathbb{E}\Big[\mathbb{E}[X_0 - \mu|Y]\mathbb{E}[\bar{X} - \mu|Y]\Big]$$
$$= \mathbb{E}\Big[(\mathbb{E}[X_0 - \mu|Y])^2\Big] = \mathbb{V}[\mathbb{E}[X_0|Y]] =: A.$$

6.4 Erfahrungstarifierung

Weiter gilt, wieder mit bedingter Unabhängigkeit,

$$\mathbb{V}[\bar{X}] = \mathbb{E}[(\bar{X} - \mu)^2] = \mathbb{E}\big[\mathbb{E}[(\bar{X} - \mu)^2 | Y]\big]$$
$$= \mathbb{E}\Big[\mathbb{E}\big[(\frac{1}{n}\sum_{j=1}^{n}(X_j - \mu))^2 | Y\big]\Big]$$
$$= \frac{1}{n^2}\mathbb{E}\big[\mathbb{E}[\sum_{j=1}^{n}(X_j - \mu)^2 | Y]\big] + \frac{1}{n^2}\mathbb{E}\big[\mathbb{E}[\sum_{k \neq j}(X_j - \mu)(X_k - \mu) | Y]\big]$$
$$= \frac{1}{n}\mathbb{E}\big[\mathbb{E}[(X_0 - \mu)^2 | Y]\big] + \frac{n-1}{n}\mathbb{E}\big[(\mathbb{E}[X_0 - \mu | Y])^2\big]$$
$$= \frac{1}{n}\mathbb{V}[X_0] + \frac{n-1}{n}A.$$

Für (6.10) erhalten wir damit die Darstellung

$$b = \frac{A}{\frac{1}{n}\mathbb{V}[X_0] + \frac{n-1}{n}A} = \frac{nA}{(\mathbb{V}[X_0] - A) + nA} = \frac{n}{\frac{\mathbb{V}[X_0] - A}{A} + n}. \qquad (6.12)$$

Mit Hilfe der Jensenschen Ungleichung für bedingte Erwartungen (Proposition A.3.2) folgt

$$A \leq \mathbb{E}\big[\mathbb{E}[(X_0 - \mu)^2 | Y]\big] = \mathbb{E}\big[(X_0 - \mu)^2\big] = \mathbb{V}[X_0],$$

was $0 \leq b \leq 1$ impliziert. Mit $\kappa := \frac{\mathbb{V}[X_0] - A}{A}$ und (6.11) erhalten wir daher

$$\check{X}_0 = \frac{n}{\kappa + n} \cdot \bar{X} + \frac{\kappa}{\kappa + n} \cdot \mu,$$

also ist $\tilde{X}_0$ eine Konvexkombination des empirischen Mittelwerts $\bar{X}$ und des Erwartungswerts μ, und das Gewicht von $\bar{X}$ wächst mit der Zahl der Beobachtungen n.

Wir zeigen nun noch, dass $\tilde{X}_0 = \check{X}_0$ gilt, dass also die orthogonalen Projektionen von X_0 auf Spann$\{1, \bar{X}\}$ und auf Spann$\{1, X_1, ..., X_n\}$ übereinstimmen. Dazu genügt es zu zeigen, dass $\mathbb{E}\big[(X_0 - \check{X}_0)X_j\big] = 0$ für alle $j \in \{1, ..., n\}$ ist. Nun gilt $\text{Cov}(X_i, X_i) = \mathbb{V}(X_0)$ für alle $i \geq 0$, und für $i, j \in \{0, ..., n\}$ mit $i \neq j$ gilt

$$\text{Cov}(X_i, X_j) = \mathbb{E}\big[\mathbb{E}[(X_i - \mu)(X_j - \mu) | Y]\big] = \mathbb{E}\big[(\mathbb{E}[(X_0 - \mu) | Y])^2\big] = A.$$

Für $j \in \{1, ..., n\}$ folgt mit (6.11) und (6.12)

$$\mathbb{E}\big[(X_0 - \check{X}_0)X_j\big] = \mathbb{E}\Big[\big((X_0 - \mu) - b(\bar{X} - \mu)\big)X_j\Big]$$

$$= \operatorname{Cov}(X_0, X_j) - b\frac{1}{n}\sum_{i=1}^{n}\operatorname{Cov}(X_i, X_j)$$

$$= A - \frac{b}{n}\Big((n-1)A + \mathbb{V}[X_0]\Big) = 0,$$

wie gewünscht.

▶ **Bemerkung 6.54** (Poisson-Gamma Ansatz). Hier ist die bedingte Verteilung von X_0 gegeben $Y = \theta$ eine Poisson(θ)-Verteilung mit Erwartungswert und Varianz θ. Unter den Annahmen von Beispiel 6.52 erhalten wir

$$A = \mathbb{V}[\mathbb{E}[X_0|Y]] = \mathbb{V}[Y],$$

und mit der Formel für die bedingte Varianz

$$\mathbb{V}[X_0] = \mathbb{E}[\mathbb{V}[X_0|Y]] + \mathbb{V}[\mathbb{E}[X_0|Y]] = \mathbb{E}[Y] + \mathbb{V}[Y].$$

Es folgt, dass

$$\kappa = \frac{\mathbb{V}[X_0] - A}{A} = \frac{\mathbb{E}[Y]}{\mathbb{V}[Y]} = \frac{\gamma/\beta}{\gamma/\beta^2} = \beta,$$

da Y eine $\Gamma_{\gamma,\beta}$-Verteilung hat, vgl. Tab. 4.1. Damit gilt also (wie erwartet), dass

$$\tilde{X}_0 = \frac{n}{\kappa + n}\bar{X} + \frac{\kappa}{\kappa + n}\mathbb{E}[X_0] = \frac{n}{\beta + n}\bar{X} + \frac{\beta}{\beta + n}\frac{\gamma}{\beta} = \mathbb{E}[X_0 \mid X_1, \ldots, X_n].$$

Im Allgemeinen gilt diese Gleichheit natürlich nicht – für weitere Beispiele in denen der bedingte Erwartungswert eine Linearkombination von $\bar{X}$ und $\mathbb{E}[X_0]$ ist siehe etwa die Diskussion exponentieller Familien in [AS20, Kap. II.2].

6.5 Literaturhinweise

Die Theorie zu Prämienprinzipien findet sich in vielen Standardwerken; wir haben uns teils wieder an [Dre05] und [Sch09] orientiert. Zu der prominenten Darstellung des absoluten Abweichungsprinzips wurden wir durch die Arbeit von Denneberg [Den90] inspiriert, die weitere Aspekte diskutiert. Einen ebenfalls kompakten Überblick mit teils anderen Prämienprinzipien und Eigenschaften gibt die Tabelle zum Stichwort „Premium Principles" in [TS04].

Eine viel ausführlichere und tiefere Darstellung der Theorie der Risikomaße findet man in [FS04], an dem wir uns für die grundlegenden Begriffe orientiert haben. Für den Zusammenhang zum Wangschen Prämienprinzip siehe insbesondere auch [FK13].

6.5 Literaturhinweise

Die Theorie der Risikoteilung und der Rückversicherung haben wir nur gestreift. Viele weitere einführende Informationen finden sich etwa in [Sch09] und [GHM+16]. Eine umfassende Darstellung bietet [ABT17].

Für den kurzen Ausflug in die Erfahrungstarifierung haben wir uns bei der Darstellung des heterogenen Modells an Mikosch [Mik09] orientiert. Die erste Darstellung der Poisson-Gamma Mischung im Kontext der Versicherungsmathematik geht offenbar auf [Kef29] zurück. Ein wesentlicher Schritt in der Entwicklung der Credibility-Theorie war die Arbeit von Bühlmann [Büh67]. Siehe dazu, und für viele weitere historische Bemerkungen, auch das Buch von Bühlmann und Gisler [BG05]. Der letzte Teil unserer Darstellung zur Credibilitytheorie basiert teils auf [Sun93], siehe auch [AS20].

Anhang A

A.1 Lebesgue- und Lebesgue-Stieltjes Integration

In diesem Abschnitt erinnern wir an die Definition und einige wichtige Eigenschaften des Lebesgue-Integrals. Für eine umfassendere Darstellung siehe z. B. [BK19], [Els18], [Kle20] oder [Wil91]. Die Integration gegen gerichtete Zahlungsströme (also gegen monoton wachsende, rechtsstetige Funktionen) als Integratoren bildet dann lediglich einen Spezialfall, der auch als Lebesgue-Stieltjes Integration bekannt ist.

A.1.1 Das Lebesgue-Integral

Wir beginnen mit den üblichen maßtheoretischen Grundlagen. Sei $(\Omega, \mathcal{A}, \mu)$ ein messbarer Raum, bestehend aus einer nicht leeren Menge Ω, einer σ-Algebra $\mathcal{A}$ auf Ω sowie einem σ-endlichen Maß μ auf $\mathcal{A}$. Sei $I \subseteq \mathbb{R}$ ein nicht leeres Intervall. Auf I betrachten wir die Borel-σ-Algebra $\mathcal{B}(I)$, das heißt die kleinste σ-Algebra, die alle Teilintervalle von I enthält.

Als *Elementarfunktionen* bezeichnen wir $\mathcal{A}$-$\mathcal{B}([0, \infty))$-messbare Funktionen f von Ω nach $[0, \infty)$, die nur endlich viele Werte annehmen, also eine Darstellung der Form

$$f = \sum_{k=1}^{n} \alpha_k \mathbf{1}_{A_k}$$

haben, wobei n endlich ist, $\alpha_k \geq 0$ für alle $1 \leq k \leq n$ gilt und die Mengen $A_k, k = 1, ..., n$ messbar sind, also in $\mathcal{A}$ liegen. Für solche f definieren wir das Lebesgue-Integral gegen μ durch

$$\int f \, d\mu := \sum_{k=1}^{n} \alpha_k \, \mu(A_k).$$

© Der/die Autor(en), exklusiv lizenziert an Springer Nature Switzerland AG 2025
J. Blath et al., *Stochastische Modelle der Versicherungsmathematik*, Mathematik Kompakt,
https://doi.org/10.1007/978-3-031-88115-2

Man beachte, dass die obige Darstellung einer Elementarfunktion nicht eindeutig ist, aber das Integral von der Wahl der Darstellung nicht abhängt.

Definition A.1.1 (Lebesgue-Integral)
Ist f eine positive $\mathcal{A}$-$\mathcal{B}([0, \infty))$-messbare Funktion von Ω nach $[0, \infty)$, so definieren wir ihr Lebesgue Integral durch

$$\int f \, d\mu := \sup \left\{ \int h \, d\mu : h \text{ ist positiv, elementar und } h \leq f \right\} \in [0, \infty],$$

Eine beliebige reelle Funktion f heißt Lebesgue-integrierbar, wenn die Integrale

$$\int f^+ \, d\mu \quad \text{und} \quad \int f^- \, d\mu$$

existieren und endlich sind, wobei $f^+ := \max\{f, 0\}$ den Positivteil und $f^- := \max\{-f, 0\}$ den Negativteil von f bezeichnet. In diesem Fall setzen wir

$$\int f \, d\mu := \int f^+ \, d\mu - \int f^- \, d\mu. \tag{A.1}$$

▶ **Bemerkung A.1.2** (Existenz des Integrals) Das Integral in (A.1) existiert bereits, wenn mindestens eines der beiden Integrale auf der rechten Seite endlich ist. Die Lebesgue-Integrierbarkeit bezüglich μ ist also eine stärkere Bedingung als die Existenz des Integrals.

Oft betrachtet man anstelle von reellen auch *numerische* Funktionen f, die Werte in $\mathbb{R} \cup \{-\infty, \infty\}$ annehmen können. Die Begriffe der Mess- und Integrierbarkeit lassen sich ohne großen Mehraufwand auch auf diesen Fall erweitern, ohne dass wir dies hier im Detail erläutern. Stattdessen verweisen wir dazu, ebenso wie für die grundlegenden Eigenschaften des Lebesgue-Integrals (also Linearität, Monotonie, Konvergenzsätze etc.), auf [BK19].

A.1.2 Lebesgue-Stieltjes Integrale

Die Lebesgue-Stieltjes Integrale kann man als Konkretisierung des Lebesgue-Integrals auffassen, wenn das Maß μ durch eine monoton wachsende rechtsstetige Funktion (also insbesondere einen gerichteten Zahlungsstrom) auf einem Teilintervall von $\mathbb{R}$ gegeben ist.

Sei dazu $I \subseteq \mathbb{R}$ ein nicht leeres Intervall und $Z : I \to \mathbb{R}$ rechtsstetig und nicht fallend. Ist I linksseitig offen, so existiert genau ein Maß μ_Z auf $(I, \mathcal{B}(I))$ mit

$$\mu_Z((s, t]) := Z(t) - Z(s), \quad s < t, \quad s, t \in I \tag{A.2}$$

(siehe z. B. [BK19, Abschn. 11.2]). Ein auf diese Weise gewonnenes Maß nennt man auch *Lebesgue-Stieltjes Maß*. Ist I von der Form $I = [a, b)$ oder $I = [a, b]$ mit $a \in \mathbb{R}$ und ist

$Z(a) \geq 0$, so existiert analog genau ein Maß μ_Z auf $(I, \mathcal{B}(I))$ mit

$$\mu_Z([a, t]) := Z(t), \quad t \in I. \tag{A.3}$$

Definition A.1.3 (Lebesgue-Stieltjes Integral)
Sei $Z : I \to [0, \infty)$ nicht fallend und rechtsstetig, μ_Z das zugehörige Lebesgue-Stieltjes Maß und $f : I \to \mathbb{R}$ eine $\mathcal{B}(I)$-$\mathcal{B}(\mathbb{R})$ messbare Funktion. Dann definieren wir das *Lebesgue-Stieltjes Integral* von f gegen den Integrator Z als

$$\int f(s)\, dZ(s) := \int f\, d\mu_Z,$$

sofern die rechte Seite im Sinne von A.1.1 definiert ist.

Statt $dZ(s)$ ist auch die Schreibweise $Z(ds)$ üblich; analog schreibt man für das zugehörige Lebesgue-Stieltjes Maß auch $\mu_Z(ds)$. Ist I von der Form $[0, \infty)$ und $Z(s) = s$ für alle $s \geq 0$, so erhält man für μ_Z das klassische *Lebesguemaß* auf $(I, \mathcal{B}(I))$. In diesem Fall schreibt man auch kurz ds statt $d\mu_Z(s)$ bzw. $\mu(ds)$.

▶ **Bemerkung A.1.4** (Erweiterung des Integrals auf ungerichtete Zahlungsströme) Ist Z von der Form $Z = Z_1 - Z_2$ mit $Z_1, Z_2 : I \to \mathbb{R}$ rechtsstetig und nicht fallend, so liegt es nahe, für eine messbare Funktion $f : I \to \mathbb{R}$ die Definition des Lebesgue-Stieltjes Integrals durch

$$\int f\, dZ := \int f\, dZ_1 - \int f\, dZ_2 \tag{A.4}$$

zu erweitern, sofern die beiden Integrale und die Differenz der Integrale definiert sind. Dabei sollte das erweiterte Integral natürlich nicht von der speziellen (nicht eindeutigen) Darstellung $Z = Z_1 - Z_2$ abhängen. Sei also

$$Z = Z_1 - Z_2 = \bar{Z}_1 - \bar{Z}_2$$

mit $Z_1, \bar{Z}_1, Z_2, \bar{Z}_2 : I \to \mathbb{R}$ rechtsstetig und nicht fallend. Dann ist es durchaus möglich, dass $\int f\, dZ_1$ und $\int f\, dZ_2$ beide reell (also definiert und weder $+\infty$ noch $-\infty$) sind, aber $\int f\, d\bar{Z}_1 = \int f\, d\bar{Z}_2 = \infty$ gilt. Man kann sich jedoch recht leicht überlegen, dass für den Fall, dass f bezüglich aller $Z_1, \bar{Z}_1, Z_2, \bar{Z}_2 : I \to \mathbb{R}$ integrierbar ist, die wünschenswerte Eigenschaft

$$\int f\, dZ_1 - \int f\, dZ_2 = \int f\, d\bar{Z}_1 - \int f\, d\bar{Z}_2$$

gilt und in diesem Sinne das Lebesgue-Stieltjes Integral $\int f\, dZ$ wohldefiniert ist. Diese Gleichheit gilt sogar, wenn beide Seiten definiert sind, aber möglicherweise beide den Wert $+\infty$ oder $-\infty$ annehmen. Im folgenden werden wir daher auch mit der Definition in (A.4) arbeiten.

▶ **Bemerkung A.1.5** (Notation für Integrationsbereiche) Oft schreibt man $\int_I$ statt $\int$ um hervorzuheben über welches Intervall das Integral gebildet wird. Ist $I = (a, b]$, dann schreibt man oft auch $\int_a^b$ statt $\int_{(a,b]}$. Wenn das Maß μ, über welches integriert wird, keine Masse auf $\{a\}$ hat, also $\mu(\{a\}) = 0$ gilt, dann gilt tatsächlich

$$\int_{[a,b]} f(s)\, d\mu(s) = \int_{(a,b]} f(s)\, d\mu(s),$$

wenn die Integrale existieren. Analoges gilt für b. Im Fall $\mu(\{a\}) = \mu(\{b\}) = 0$ kann man also gefahrlos $\int_a^b$ schreiben, egal ob a und/oder b zum Integrationsbereich gehören. Ansonsten muss man mit der Bezeichnung aber gut aufpassen. Wir werden die Notation $\int_a^b f(s)\, d\mu(s)$ vermeiden, wenn das Maß μ potentiell Atome besitzt, also möglicherweise ein $c \in [a, b]$ existiert mit $\mu(\{c\}) > 0$.

Beispiel A.1.6

(i) *Integration bezüglich des Bildmaßes einer Zufallsvariable.* Sei F die Verteilungsfunktion einer reellwertigen Zufallsvariable X. Dann ist F nach Definition nicht fallend und rechtsstetig. Für das Lebesgue-Stieltjes Integral bezüglich F gilt dann für messbare reelle Funktionen g für die $\mathbb{E}[g(X)]$ definiert ist

$$\int g(s)\, dF(s) = \mathbb{E}[g(X)]. \tag{A.5}$$

(ii) Ist X zusätzlich nicht negativ, so erhält man aus dem Satz von Fubini die Darstellung

$$\int s\, dF(s) = \mathbb{E}[X] = \int (1 - F(s))\, ds. \tag{A.6}$$

(iii) *Integration bezüglich einer Funktion mit einem Sprung.* Für $y \in \mathbb{R}$ definieren wir

$$Z(t) = \mathbf{1}_{[y,\infty)}(t), \quad t \in \mathbb{R},$$

als denjenigen (rechtsstetigen, monoton wachsenden) Prozess, der in 0 startet, zur Zeit y einen Sprung der Höhe 1 macht und ansonsten konstant ist. Dann ist das zugehörige Lebesgue-Stieltjes Maß μ_Z durch

$$\mu_Z((s,t]) = Z(t) - Z(s) = \begin{cases} 1 & \text{wenn } y \in (s,t], \\ 0 & \text{wenn } y \notin (s,t], \end{cases}$$

gegeben. Wir erinnern nun daran, dass das *Diracmaß δ_y im Punkt y* auf $\mathcal{B}(\mathbb{R})$ gerade so definiert ist, dass für alle Borel-Mengen A gilt

$$\delta_y(A) = \begin{cases} 1 & \text{wenn } y \in A, \\ 0 & \text{wenn } y \notin A. \end{cases}$$

Damit gilt also insbesondere $\mu_Z = \delta_y$, und wir erhalten für g messbar

$$\int g\, dZ = \int g(s)\, \delta_y(ds) = g(y).$$

▶ **Bemerkung A.1.7** Ist μ ein Maß auf $(I, \mathcal{B}(I))$, so sagen wir, dass eine Aussage $A(x)$ für μ-*fast alle* $x \in I$ gilt, wenn eine Menge $N \in \mathcal{B}(I)$ existiert mit $\mu(N) = 0$, so dass die Aussage für alle $x \in I \setminus N$ wahr ist. Ist μ das Lebesguemaß, dann lassen wir μ oft weg und sprechen nur von *fast allen* $x \in I$. Ist μ ein Wahrscheinlichkeitsmaß, so sagen wir analog, dass die Aussage μ-fast sicher (kurz: fast sicher, f.s.) gilt.

A.1.3   Eine partielle Integrationsformel

Die folgende partielle Integrationsformel für allgemeine Lebesgue-Stieltjes Integrale im Sinne von (A.4) werden wir öfter gebrauchen.

Satz A.1.8 (Partielle Integration) Seien $X_1, X_2, Y_1, Y_2 : [0, \infty) \to [0, \infty)$ nicht fallende rechtsstetige Funktionen. Setze $X(t) := X_1(t) - X_2(t)$ und $Y(t) := Y_1(t) - Y_2(t)$, $t \geq 0$. Dann gilt für alle $0 \leq a < b < \infty$,

$$\int_{(a,b]} Y(s)\, dX(s) = X(b)Y(b) - X(a)Y(a) - \int_{(a,b]} X(s-)\, dY(s). \qquad (A.7)$$

Beweis Offensichtlich sind beide Seiten in (A.7) wohldefiniert, endlich und bilinear in (X, Y). Da wir X, Y nach Voraussetzung je als Differenz von zwei gerichteten Zahlungsströmen schreiben können, genügt es also, die Aussage für nicht negative, nicht fallende, rechtsstetige X, Y (also gerichtete Zahlungsströme) zu beweisen.

Wir nehmen daher an, dass $X, Y \in \mathcal{Z}_g$ und schreiben μ_X und μ_Y für die zugehörigen Maße wie in A.1.3. Insbesondere ist $Y(t) = \mu_Y([0, t])$, und für $0 < s < t$ gilt

$$\mu_Y([s, t]) = \lim_{u \uparrow s} \mu_Y((u, t]) = \lim_{u \uparrow s}(Y(t) - Y(u)) = Y(t) - Y(s-).$$

Deshalb folgt nach dem Satz von Fubini

$$\int_{(a,b]} Y(s)\,dX(s) = \int_{(a,b]} \int_{[0,s]} d\mu_Y(u)\,d\mu_X(s)$$
$$= \int_{[0,a]} \int_{(a,b]} d\mu_X(s)\,d\mu_Y(u) + \int_{(a,b]} \int_{[u,b]} d\mu_X(s)\,d\mu_Y(u)$$
$$= (X(b) - X(a))Y(a) + \int_{(a,b]} (X(b) - X(u-))\,dY(u)$$
$$= (X(b) - X(a))Y(a) + X(b)(Y(b) - Y(a)) - \int_{(a,b]} X(u-)\,dY(u)$$
$$= X(b)Y(b) - X(a)Y(a) - \int_{(a,b]} X(u-)\,dY(u),$$

wie gewünscht. □

Übungsaufgabe A.1.9.
Finden Sie zwei Zahlungsströme X und Y, für die der obige Satz mit „$X(s-)$" ersetzt durch „$X(s)$" falsch wird.

A.2 Absolut stetige Funktionen

Die Frage, wann eine Funktion als ein Integral über eine geeignete Dichte dargestellt werden kann, führt auf den Begriff der absoluten Stetigkeit. Ihre Definition und die folgende recht allgemeine Variante des Hauptsatzes der Differential- und Integralrechnung mit (keineswegs trivialem) Beweis finden sich z. B. in [BK19, S. 102].

Definition A.2.1 (absolute Stetigkeit)
Seien $a < b$, $a, b \in \mathbb{R}$. Eine Funktion $Z : [a, b] \to \mathbb{R}$ heißt *absolut stetig*, falls für alle $\varepsilon > 0$ ein $\delta > 0$ existiert, so dass für $n \in \mathbb{N}$ und $a \leq x_1 < y_1 \leq x_2 < y_2 \leq \cdots \leq x_n < y_n \leq b$ gilt
$$\sum_{i=1}^{n} (y_i - x_i) \leq \delta \quad \Rightarrow \quad \sum_{i=1}^{n} |Z(y_i) - Z(x_i)| \leq \varepsilon.$$
Eine Funktion $Z : [a, \infty) \to \mathbb{R}$ heißt *absolut stetig*, wenn die Einschränkung von Z auf jedes Intervall der Form $[a, b]$ mit $b \in (a, \infty)$ absolut stetig ist.

Man sieht leicht, dass jede absolut stetige Funktion stetig und jede Lipschitz stetige Funktion absolut stetig ist.

Satz A.2.2 (Hauptsatz der Differential- und Integralrechnung für absolut stetige Funktionen) Sei $I = [a, b]$ oder $I = [a, \infty)$. Eine nicht fallende Funktion $Z : I \to \mathbb{R}$ ist genau dann absolut stetig, wenn es eine nicht negative messbare Funktion $z : I \to \mathbb{R}$ gibt mit

$$Z(x) = Z(a) + \int_a^x z(s)\,ds, \ x \in I.$$

In diesem Fall gilt $z(x) = Z'(x)$ für fast alle $x \in (a, b)$ bzw., im Fall $I = [a, \infty)$, $x > a$. Die Funktion z heißt dann auch *Dichte* von Z.

Ist $Z : I \to \mathbb{R}$ mit $I = [a, b]$ oder $I = [a, \infty)$ nicht fallend und absolut stetig mit Dichte z (und somit insbesondere rechtsstetig), so ist das zugehörige Maß μ_Z charakterisiert durch $\mu_Z([a, t]) = Z(t), t \geq a, t \in I$. Das Maß μ auf $(I, \mathcal{B}(I))$ definiert als

$$\mu(A) := \int_A z(u)\,du + Z(a)\delta_a(A), \ A \in \mathcal{B}(I),$$

stimmt mit μ_Z auf dem durchschnittsstabilen Erzeuger $\mathcal{E} := \{[a, t] : t \geq a, t \in I\}$ von $\mathcal{B}(I)$ mit μ_Z überein und daher gilt $\mu_Z = \mu$ nach dem Eindeutigkeitssatz für Maße ([BK19, Satz VII.1]).

Schließlich benötigen wir noch die folgende spezielle Variante von Satz 4.10 in [BK19].

Proposition A.2.3 Ist $Z : I \to \mathbb{R}$ mit $I = [a, b]$ oder $I = [a, \infty)$ nicht fallend und absolut stetig mit Dichte z und ist $f : I \to \mathbb{R}$ messbar, so gilt

$$\int f(s)\,dZ(s) = \int f(s)z(s)\,ds + Z(a)f(a),$$

sofern mindestens eine der beiden Seiten definiert ist.

Man kann die Aussage mittels „maßtheoretischer Induktion" zeigen, indem man sie zunächst für Funktionen der Form $f = \mathbf{1}_{(c,d]}$ und $f = \mathbf{1}_{\{a\}}$, dann für nicht negative Linearkombinationen solcher Funktionen, dann für nicht negative messbare Funktionen f und schließlich allgemein zeigt.

▶ **Bemerkung A.2.4** Die Bezeichnung „absolut stetig" lässt sich dadurch erklären, dass eine Funktion Z genau dann absolut stetig ist, wenn das zugehörige Maß μ_Z eingeschränkt auf $I \setminus \{a\}$ absolut stetig bezüglich des Lebesguemaßes λ (ebenfalls eingeschränkt auf $I \setminus \{a\}$) ist. Zur Erinnerung: Ein Maß μ ist absolut stetig bezüglich eines Maßes λ, in Symbolen $\mu \ll \lambda$, wenn für alle messbaren Mengen A gilt

$$\lambda(A) = 0 \implies \mu(A) = 0.$$

Die Existenz einer Dichte z auf $I\setminus\{a\}$ wird in diesem Fall durch den Satz von Radon-Nikodým geklärt [BK19, Satz 9.1]).

Mit diesen Bezeichnungen gilt folgende Verallgemeinerung von Proposition A.2.3.

Proposition A.2.5 ([BK19], Satz 4.10) Seien μ und ν Maße auf dem Messraum $(\Omega, \mathcal{F})$. Es existiere eine *Dichte* g von μ bezüglich ν, das heißt es gilt

$$\mu(A) = \int_A g \, d\nu$$

für jede Menge $A \in \mathcal{F}$. Dann gilt für jede messbare Funktion $f : \Omega \to \mathbb{R}$ die Formel

$$\int f \, d\mu = \int fg \, d\nu,$$

sofern mindestens eine der beiden Seiten definiert ist.

A.3   Bedingte Erwartungen

Wir wiederholen hier knapp die Definition und wesentliche Eigenschaften der allgemeinen *bedingten Erwartung*. Dieser Begriff ist zentral in der Wahrscheinlichkeitstheorie und insbesondere der Theorie der Martingale. Eine gute Einführung sowie die folgenden Resultate zu diesem Begriff findet man z. B. in [Wil91], [Kle20] oder [KW14].

Definition A.3.1 (Bedingte Erwartung)

Sei X eine Zufallsvariable auf einem Wahrscheinlichkeitsraum $(\Omega, \mathcal{F}, \mathbb{P})$ mit $\mathbb{E}[|X|] < \infty$. Sei $\mathcal{G} \subset \mathcal{F}$ eine Unter-σ-Algebra von $\mathcal{F}$. Eine Zufallsvariable Y auf $(\Omega, \mathcal{F}, \mathbb{P})$ heißt *bedingte Erwartung von X gegeben $\mathcal{G}$*, falls Y bezüglich $\mathcal{G}$ messbar ist und

$$\mathbb{E}[\mathbf{1}_G Y] = \mathbb{E}[\mathbf{1}_G X]$$

für alle $G \in \mathcal{G}$ gilt. In diesem Fall schreiben wir $Y = \mathbb{E}[X \mid \mathcal{G}]$.

Mit dem Satz von Radon-Nikodym kann man zeigen, dass eine bedingte Erwartung Y von X gegeben $\mathcal{G}$ stets existiert und eindeutig bis auf *Version* ist, d. h. dass falls Y' ebenfalls eine solche bedingte Erwartung ist, dann gilt

$$Y = Y' \quad \mathbb{P}\text{-fast sicher}$$

A Anhang

Man kann die bedingte Erwartung Y von X gegeben $\mathcal{G}$ als „beste $\mathcal{G}$-messbare Approximation von X" auffassen. Die folgende Proposition fasst einige wichtige Eigenschaften der bedingten Erwartung zusammen.

Proposition A.3.2 Seien X und Y integrierbare reelle Zufallsvariablen auf $(\Omega, \mathcal{F}, \mathbb{P})$ und sei $\mathcal{G}$ eine Unter-σ-Algebra von $\mathcal{F}$. Dann gelten folgende Eigenschaften.

(a) *Linearität:* Für $\lambda, \mu \in \mathbb{R}$ ist

$$\mathbb{E}[\lambda X + \mu Y \mid \mathcal{G}] = \lambda \mathbb{E}[X \mid \mathcal{G}] + \mu \mathbb{E}[Y \mid \mathcal{G}]$$

fast sicher.

(b) *„Bekanntes herausziehen":* Ist Z messbar bzgl. $\mathcal{G}$ und $\mathbb{E}[|ZX|] < \infty$, so gilt fast sicher

$$\mathbb{E}[ZX \mid \mathcal{G}] = Z \mathbb{E}[X \mid \mathcal{G}].$$

(c) *„Turmeigenschaft":* Ist $\mathcal{H}$ eine Unter-σ-Algebra von $\mathcal{G}$, dann gilt

$$\mathbb{E}[\mathbb{E}[X \mid \mathcal{G}] \mid \mathcal{H}] = \mathbb{E}[X \mid \mathcal{H}] \quad \text{fast sicher.}$$

Insbesondere folgt mit $\mathcal{H} = \{\emptyset, \Omega\}$

$$\mathbb{E}[\mathbb{E}[X \mid \mathcal{G}]] = \mathbb{E}[X].$$

(d) *Unabhängigkeit:* Ist X unabhängig von $\mathcal{G}$, so gilt

$$\mathbb{E}[X \mid \mathcal{G}] = \mathbb{E}[X] \quad \text{fast sicher.}$$

(e) *Jensens Ungleichung:* Ist $c : \mathbb{R} \to \mathbb{R}$ eine konvexe Funktion mit $\mathbb{E}[|c(X)|] < \infty$, dann gilt

$$\mathbb{E}[c(X) \mid \mathcal{G}] \geq c(\mathbb{E}[X \mid \mathcal{G}])$$

fast sicher.

Haftungsausschluss

Das vorliegende Buch wurde ausschließlich als Lehrmaterial für den Hochschulbereich konzipiert. Die Autoren geben keinerlei Gewährleistung für die Richtigkeit und Vollständigkeit der Darstellung und schließen insbesondere jegliche Haftung aus, die sich aus der Anwendung der Inhalte des Buches, etwa in der Versicherungs- und Finanzwirtschaft, ergeben könnte.

Literatur

[AA10] Asmussen, Søren und Hansjörg Albrecher: *Ruin probabilities, Band 14 der Reihe Advanced Series on Statistical Science & Applied Probability*. World Scientific Publishing Co. Pte. Ltd., Hackensack, 2. Auflage, 2010.

[ABM09] Albrecher, Hansjörg, Andreas Binder und Philipp Mayer: *Einführung in die Finanzmathematik*. Mathematik Kompakt. Basel: Birkhäuser, 2009.

[ABT17] Albrecher, Hansjörg, Jan Beirlant und Jozef L. Teugels: *Reinsurance. Actuarial and statistical aspects*. Wiley Ser. Probab. Stat. Hoboken, NJ: John Wiley & Sons, 2017.

[AN72] Athreya, Krishna B. und Peter E. Ney: *Branching processes, Band 196 der Reihe Die Grundlehren der mathematischen Wissenschaften*. Springer-Verlag, New York-Heidelberg, 1972.

[Arr15] Arrenberg, Jutta: *Finanzmathematik*. De Gruyter Oldenburg, 3., aktualisierte Auflage, 2015.

[AS20] Asmussen, Søren und Mogens Steffensen: *Risk and insurance. A graduate text, Band 96 der Reihe Probab. Theory Stoch. Model.* Cham: Springer, 2020.

[Asm82] Asmussen, Søren: *Conditioned limit theorems relating a random walk to its associate, with applications to risk reserve processes and the GI/G/1 queue*. Adv. in Appl. Probab., 14(1):143–170, 1982.

[BBS15] Beck, Sergej, Jochen Blath und Michael Scheutzow: *A new class of large claim size distributions: definition, properties, and ruin theory*. Bernoulli, 21(4):2457–2483, 2015.

[BG05] Bühlmann, Hans und Alois Gisler: *A course in credibility theory and its applications*. Universitext. Berlin: Springer, 2005.

[Bha87] Bhattacharyya, B. B.: *One-sided Chebyshev inequality when the first four moments are known*. Comm. Statist. Theory Methods, 16(9):2789–2791, 1987.

[Bic64] Bichsel, Fritz: *Erfahrungs-Tarifierung in der Motorfahrzeug- Haftpflicht-Versicherung*. Mitt. Verein. Schweiz. Versich. Math., Seiten 199 – 130, 1964.

[Bil95] Billingsley, Patrick: *Probability and measure*. Wiley Series in Probability and Mathematical Statistics. John Wiley & Sons, Inc., New York, 3. Auflage, 1995.

[BK19] Brokate, Martin und Götz Kersting: *Maß und Integral, 2. Auflage*. Mathematik Kompakt. Birkhäuser, 2019.

[Bla48] Blackwell, David: *A renewal theorem*. Duke Math. J., 15:145–150, 1948.

[Büh67] Bühlmann, Hans: *Experience rating and credibility*. Astin Bull., 4:199–207, 1967.

[Büh81] Bühlmann, Hans: *An economic premium principle*. Astin Bull., 11(1):52–60, 1980/81.

[Can28]	Cantelli, Francesco P.: *Sui confini della probabilità*. Atti del Congresso Internazional del Matematici, Bologna, Seiten 47–51, 1928.
[Cie08]	Ciecka, James E.: *Edmond Halley's Life Table and Its Uses*. Journal of Legal Economics, 15(1):65–74, 2008.
[Cra30]	Cramér, Harald: *On the mathematical theory of risk*. Försäkringsaktiebolaget Skandia 1855–1930 (Festschrift), Bd. II, 7–84, 1930.
[Cra38]	Cramér, Harald: *Sur un nouveau théorème-limite de la théorie des probabilités*. Actual. sci. industr. 736, 5–23. (Confèr. internat. Sci. math. Univ. Gen'eve. Théorie des probabilités. III: Les sommes et les fonctions de variables aléatoires.), 1938.
[Den90]	Denneberg, Dieter: *Premium calculation: why standard deviation should be replaced by absolute deviation*. ASTIN Bulletin, 20:181–190, 1990.
[den00]	den Hollander, Frank: *Large deviations*, Band 14 der Reihe *Fields Institute Monographs*. American Mathematical Society, Providence, RI, 2000.
[Dev09]	Devlin, Keith: *Pascal, Fermat und die Berechnung des Glücks*. C.H. Beck, 2009.
[Dre05]	Drees, Holger: *Risikotheorie*. Vorlesungsmanuskript (unveröffentlicht), Hamburg, 2005.
[DS89]	Deuschel, Jean Dominique und Daniel W. Stroock: *Large deviations*, Band 137 der Reihe *Pure and Applied Mathematics*. Academic Press, Inc., Boston, MA, 1989.
[Dur19]	Durrett, Rick: *Probability. Theory and examples*, Band 49 der Reihe Camb. Ser. Stat. Probab. Math. Cambridge: Cambridge University Press, 5. Auflage, 2019.
[EF09]	Embrechts, Paul und Marco Frei: *Panjer recursion versus FFT for compound distributions*. Math. Methods Oper. Res., 69(3):497–508, 2009.
[EKM97]	Embrechts, Paul, Claudia Klüppelberg und Thomas Mikosch: *Modelling extremal events: for insurance and finance*, Band 33 der Reihe *Applications of Mathematics (New York)*. Springer-Verlag, Berlin, 1997.
[Els18]	Elstrodt, Jürgen: *Maß- und Integrationstheorie*. Springer-Lehrbuch. Springer-Verlag, Berlin, 8. Auflage, 2018.
[EV82]	Embrechts, Paul und Noël Veraverbeke: *Estimates for the probability of ruin with special emphasis on the possibility of large claims*. Insurance Math. Econom., 1(1):55–72, 1982.
[Fel68]	Feller, William: *An introduction to probability theory and its applications*. Vol. I. John Wiley & Sons, Inc., New York-London-Sydney, 3. Auflage, 1968.
[Fel71]	Feller, William: *An introduction to probability theory and its applications*. Vol. II. John Wiley & Sons, Inc., New York-London-Sydney, 2. Auflage, 1971.
[Fil09]	Filipović, Damir: *Term-structure models*. Springer Finance. Springer- Verlag, Berlin, 2009.
[FK13]	Föllmer, Hans und Thomas Knispel: *Convex risk measures: Basic facts, law-invariance and beyond, asymptotics for large portfolios*. World Scientific Handbook in Financial Economics Series: Volume 4 Handbook of the Fundamentals of Financial Decision Making. World Scientific, 2013.
[FKZ13]	Foss, Sergey, Dmitry Korshunov und Stan Zachary: *An introduction to heavy-tailed and subexponential distributions*. Springer Series in Operations Research and Financial Engineering. Springer, New York, 2. Auflage, 2013.
[FS04]	Föllmer, Hans und Alexander Schied: *Stochastic finance. An introduction in discrete time*. de Gruyter, Berlin, 2., überarbeitete und erweiterte Auflage, 2004.
[Geo09]	Georgii, Hans-Otto: *Stochastik: Einführung in die Wahrscheinlichkeitstheorie und Statistik*. de Gruyter, 4., überarbeitete und erweiterte Auflage, 2009.
[Ger73]	Gerber, Hans U.: *Martingales in risk theory*. Mitt., Ver. Schweiz. Versicherungsmath., 73:205–216, 1973.

[Ger79]	Gerber, Hans U.: *An introduction to mathematical risk theory*, Band 8 der Reihe S.S. Huebner Foundation Monograph Series. University of Pennsylvania, Wharton School, S.S. Huebner Foundation for Insurance Education, Philadelphia, PA; distributed by Richard D. Irwin, Inc., Homewood, IL, 1979.
[Ger97]	Gerber, Hans U.: *Life insurance mathematics*. Springer-Verlag, Berlin; Association of Swiss Actuaries, Zürich, 3. Auflage, 1997.
[GHM+16]	Goelden, Heinz-Willi, Klaus Th. Hess, Martin Morlock, Klaus D. Schmidt und Klaus J. Schröter: *Schadenversicherungsmathematik*. Heidelberg: Springer Spektrum, 2016.
[Gra91]	Grandell, Jan: *Aspects of risk theory*. Springer Ser. Stat. New York etc.: Springer-Verlag, 1991.
[GS20]	Grimmett, Geoffrey R. und David R. Stirzaker: *Probability and random processes*. Oxford: Oxford University Press, 4. Auflage, 2020.
[GSW10]	Gerhold, Stefan, Uwe Schmock und Richard Warnung: *A generalization of Panjer's recursion and numerically stable risk aggregation*. Finance Stoch., 14(1):81–128, 2010.
[Hat68]	Hattendorff, Karl: *Das Risiko bei der Lebensversicherung*. E.A. Masius' Rundschau der Versicherungen, (18):169–183, 1868.
[Hin87]	Hinderer, Karl: *Remarks on Directly Riemann Integrable Functions*. Math. Nachr., 180:225–230, 1987.
[Kah18]	Kahlenberg, Jens: *Lebensversicherungsmathematik*. Springer Gabler Wiesbaden, 2018.
[Kal21]	Kallenberg, Olav: *Foundations of modern probability*, Band 99 der Reihe *Probability Theory and Stochastic Modelling*. Springer, Cham, 3. Auflage, 2021.
[Kef29]	Keffer, Ralph: *An experience rating formula*. Transaction of the Society of Actuaries, (15):223–235, 1929.
[Kle20]	Klenke, Achim: *Wahrscheinlichkeitstheorie*. Berlin: Springer Spektrum, 4. Auflage, 2020.
[Kol12]	Koller, Michael: *Stochastic Models in Life Insurance*. Springer, Berlin, 2012.
[Kon18]	Konstantinides, Dimitrios G.: *Risk theory–a heavy tail approach*. World Scientific Publishing Co. Pte. Ltd., Hackensack, NJ, 2018.
[KT75]	Karlin, Samuel und Howard M. Taylor: *A first course in stochastic processes*. 2. Auflage, 1975.
[KW10]	Kersting, Götz und Anton Wakolbinger: *Elementare Stochastik*. Mathematik Kompakt. Birkhäuser, 2. Auflage, 2010.
[KW14]	Kersting, Götz und Anton Wakolbinger: *Stochastische Prozesse*. Mathematik Kompakt. Birkhäuser, 2014.
[Lin77]	Lindvall, Torgny: *A probabilistic proof of Blackwell's renewal theorem*. Ann. Probability, 5(3):482–485, 1977.
[Lun26]	Lundberg, Filip: *Försäkringsteknisk Riskutjämning*. F. Englunds boktryckeri A.B., Stockholm, 1926.
[Mac02]	Mack, Thomas: *Schadenversicherungsmathematik*. Karlsruhe: Verl. Versicherungswirtschaft, 2. Auflage, 2002.
[MH99]	Milbrodt, Hartmut und Manfred Helbig: *Mathematische Methoden der Personenversicherung*. Walter de Gruyter, Berlin, 1999.
[Mik09]	Mikosch, Thomas: *Non-Life Insurance Mathematics: An Introduction with the Poisson Process*. Springer Berlin Heidelberg, 2. Auflage, 2009.
[Nor90]	Norberg, Ragnar: *Payment measures, interest, and discounting: an axiomatic approach with applications to insurance*. Scand. Actuar. J., (1–2):14–33, 1990.
[Nor92]	Norberg, Ragnar: *Hattendorff's theorem and Thiele's differential equation generalized*. Scand. Actuar. J., (1):2–14, 1992.

[Ort16]	Ortmann, Karl M.: *Praktische Lebensversicherungsmathematik*. Springer Spektrum, Berlin, 2. Auflage, 2016.
[Pan81]	Panjer, Harry H.: *Recursive evaluation of a family of compound distributions*. Astin Bull., 12(1):22–26, 1981.
[Res92]	Resnick, Sidney: *Adventures in stochastic processes*. Birkhäuser Boston, Inc., Boston, MA, 1992.
[RH88]	Ramlau-Hansen, Henrik: *Hattendorff's Theorem: A Markov chain and counting process approach*. Scand, Actuar. J., (1–3):143–156, 1988.
[RSST99]	Rolski, Tomasz, Hanspeter Schmidli, Volker Schmidt und Jozef Teugels: *Stochastic processes for insurance and finance*. Wiley Series in Probability and Statistics. John Wiley & Sons, Ltd., Chichester, 1999.
[RW00]	Rogers, L. C. G. und David Williams: *Diffusions, Markov Processes and martingales*, Band 2. Cambridge University Press, 2000.
[Sch09]	Schmidt, Klaus D.: *Versicherungsmathematik*. Springer, Berlin, 2009.
[Sch17]	Schmidli, Hanspeter: *Risk theory*. Springer Actuarial. Springer, Cham, 2017.
[SJ81]	Sundt, Bjørn und William S. Jewell: *Further results on recursive evaluation of compound distributions*. Astin Bull., 12(1):27–39, 1981.
[Ste29]	Steffensen, J. F.: *On Hattendorff's theorem in the theory of risk*. Scandinavian Actuarial Journal, Seiten 1–17, 1929.
[Sun93]	Sundt, Bjørn: *An introduction to non-life insurance mathematics*. Karlsruhe: Verlag Versicherungswirtschaft, 3. Auflage, 1993.
[Tho87]	Thorisson, Hermann: *A complete coupling proof of Blackwell's renewal theorem*. Stochastic Process. Appl., 26(1):87–97, 1987.
[TS04]	Teugels, Jozef und Bjørn Sundt: *Encyclopedia of Actuarial Science*. Wiley, 2004.
[Wal44]	Wald, Abraham: *On cumulative sums of random variables*. Ann. Math. Statistics, 15:283–296, 1944.
[Wal45]	Wald, Abraham: *Some generalizations of the theory of cumulative sums of random variables*. Ann. Math. Statistics, 16:287–293, 1945.
[Wan96]	Wang, Shaun S.: *Premium calculation by transforming the layer premium density*. Astin Bull., 26:71–92, 1996.
[Wer07]	Werner, Dirk: *Funktionalanalysis*. Springer-Verlag, Berlin, 6. Auflage, 2007.
[Wil91]	Williams, David: *Probability with Martingales*. Cambridge University Press, 1991.
[WYP97]	Wang, Shaun S., Virginia R. Young und Harry H. Panjer: *Axiomatic characterization of insurance prices*. Insurance Math. Econom., 21(2):173–183, 1997.

Stichwortverzeichnis

A

Abklingverhalten, 83
absolut stetige Funktion, 6, 11, 222
Abweichungsprinzip, absolutes, 192, 202, 204
adaptiert, 54, 98
additiv, 186
Anpassungskoeffizient, 152
aperiodisch, 143
Äquivalenzprinzip, 12, 29
arithmetisch, 142
Asymptotik der Ruinfunktion, 161
asymptotische Äquivalenz, 161
Aufzinsungsfaktor, 4
Ausscheideursachen, 48
Auszahlungsspektrum, 26, 52
Average Value at Risk, 189, 196, 204
  Mischung, 202

B

Barwert, 10, 11, 29
bedingte Erwartung, 225
Bernoulli-Verteilung, 86
Beta-Funktion, 89
Binomialmodell, 80
Binomialverteilung, 86
Bruttoprämie, 47, 184

C

Cantelli-Ungleichung, 102
  für das individuelle Modell, 103
  für das Standardmodell, 104
Cauchy-Verteilung, 91
Charakteristiken, 127
charakteristische Funktion, 90
  Inversionsformel, 91
Cramér-Lundberg-Modell, 125, 157, 160, 172, 174, 184
Cramér-Transformierte, 107
Credibilitytheorie, 207, 211
càdlàg, 25, 54

D

Deckungskapital, 12, 35
  ausreichendes, 47
  prospektives, 12
  retrospektives, 14
Dichte, 223
Downside risk, 181, 194

E

Einheitsleistungsstrom, 57
Elementarer Erneuerungssatz, 138
Elementarfunktion, 217
Endzeitpunkt des Vertrags, 26
Erfahrungstarifierung, 207
Erlebensfallversicherung, 27, 72
Erneuerungsargument, 132, 140, 157
Erneuerungsfunktion, 130
  verzögerte, 140
Erneuerungsgleichung, 134, 157, 163, 172
  defekte, 163

Erneuerungsprozess, 119, 121, 129
  Gesetz der großen Zahl, 122
  stationärer, 141
  verzögerter, 140
Erneuerungssatz
  elementarer, 138
  fundamentaler, 145, 164
  von Blackwell, 143
Erstversicherer, 205
Erwartungswertprinzip, 185
erzeugende Funktion, 90
Esscherprinzip, 191
Exponentialprinzip, 190
Exponentialverteilung, 83
Exzedentenrückversicherung, 205

F
Faltung, 87, 132, 165
faltungsstabil, 89
Filtration, 54, 98
  kanonische, 54, 98
Fourier-Transformierte, 90

G
Gammaverteilung, 83, 90, 124, 208
Gedächtnislosigkeit, 123, 138, 139
Gesamtschaden, 78, 165
Gesamtschadenprozess, 120
Gesamtschadenverteilung, 87, 88
Gesamtwartezeit, 135
Gleichgewichtserneuerungsprozess, 141, 144

Großschäden, 83

H
Hauptsatz der Differential- und Integralrechnung, 223
Hazard rate, 18
heavy tailed, 83, 153, 166
homogen, 186
Hypothesentest, 201

I
Intensität, 121
irreduzibel, 143
Irrfahrt, 56, 151

Darstellung, 151, 154
Isometrie, 64

J
Jahreszins, effektiver, 4

K
Kapitalfunktion, 3, 26
Kapitallebensversicherung, 27
Kestens Abschätzung, 170
Kettenregel mit Sprüngen, 45
Kommutationszahlen, 22
Kompensator
  des Einheitsleistungsstroms, 58
  des Poisson-Prozesses, 125
konsistent, 186
Konstanten erhaltend, 187
konvex, 186
Kopplungsargument, 143
Kostenkonto, 47
Kreditvertrag, 12
kumulantenerzeugende Funktion, 105

L
Lévy-Prozess, 126
langsam variierend, 168
Laplace-Stieltjes-Transformation, 32
Laplace-Transformierte, 32, 90
Lebensdauerverteilungen, 19
Lebensversicherungsvertrag, 3, 26
Lebesgue-Integral, 217
Lebesgue-Stieltjes-Integral, 10, 218, 219
Legendre-Fenchel-Transformierte, 104, 105
Leibrente, 28
  diskrete, 28
Leistungsbarwert, 29
Leistungsstrom, 12, 26
Leistungszeitpunkt, 26
Leiterhöhe, 173, 174
Leiterindex, 173, 174
light tailed, 83, 153
Linksinverse, 183
log-Gammaverteilung, 83
log-Normalverteilung, 83
logarithmische momentenerzeugende Funktion, 104

Lomax-Verteilung, 83
Lundberg-Approximation, 161
   subexponentieller Fall, 174
Lundberg-Bedingung, 152, 153
Lundberg-Koeffizient, 152, 161
Lundberg-Ungleichung, 153, 160

M
Markov-Kern, 81, 208
Markov-Kette, 143, 151
Markov-Ungleichung, 101
Martingal, 55, 98, 125, 156
   Doobsches, 56, 66
Maximalschaden, 165
Maximalschaden begrenzt, 186
Maximalschadenprinzip, 185
Median, 183
Mischung, 79, 81, 86, 89, 90, 208
   von Risikomaßen, 202
Mittelwertprinzip, 189
Modell
   heterogenes, 207
   individuelles, 77
      homogenes, 77
   kollektives, 78
Modelle
   statische, 77
momentenerzeugende Funktion, 90, 174
monoton, 186

N
negative Binomialverteilung, 86, 210
Nettodeckungskapital, 12, 35
   prospektives, 35
   retrospektives, 39
Nettoeinmalprämie, 32, 52, 72
Nettogewinnbedingung, 129, 151, 161, 174
Nettoprämienfunktion, 29
Nettoprämienprinzip, 185
Nettorisikoprämie, 182, 184
Neyman-Pearson Test, 202
Normalverteilung, 197
Nullhypothese, 201
Nullnutzenprinzip, 189
numerische Funktion, 218
Nutzenfunktion, 189

P
Panjer-Klasse, 111
Pareto-Verteilung, 83, 169, 175, 208
partielle Integration, 221
Perzentil, 183
Perzentilprinzip, 189, 197
Peter-und-Paul-Verteilung, 168
Pfad, 25, 152
Poisson-Gamma-Ansatz, 209, 214
Poisson-Prozess, 123, 139, 141
   Eigenschaften, 123
   kompensierter, 125
   zusammengesetzter, 127
Poisson-Verteilung, 86, 208
   zusammengesetzte, 89
Poissonscher Grenzwertsatz, 85
Pollaczek-Chintschin Formel, 172
Prämienbarwert, 29
Prinzip des großen Sprungs, 178
Prozess, stochastischer, 25, 54
Prämie
   ausreichende, 47
   konstante, 33
   natürliche, 33, 34, 72
Prämienfunktion, 26, 120
Prämienprinzip, 181, 185
   Gütekriterien, 186
   konvexes, 196
Prämienrate, 44, 129, 157
Prämienstrom, 12, 26
Pseudoschadenhöhen, 151, 173
   aggregierte, 151, 156
Pythagoras für Martingale, 57, 98

Q
Quantil, 183, 197
Quantilfunktion, 183, 197
Quotenrückversicherung, 205

R
Ratenfunktion, 104, 109
regulär variierend, 168
rekurrent, 143
Rekursion von Panjer, 115
Rendite, 14
Restlebensdauer, 18, 26
Restschuld, 12

Riemann-Integral, direktes, 144, 164
Risiko, konkurrierendes, 48
Risikokomponente, 43
Risikomaß, 181, 194
   kohärentes, 195
   konvexes, 195
   worst case, 198
Risikomodell
   dynamisches, 119
   dynamisches kollektives, 120
Risikoparameter, 208
Risikoprämie, 184
Risikoprozess, 120
Risikoreserveprozess, 120
Risikoteilung, 204
Ruin, 119, 128
Ruinfunktion, 119, 127, 151, 172
Ruintheorie, 119
Ruinwahrscheinlichkeit, 127, 151
Rückversicherer, 205
Rückversicherung, 205

S

Satz
   von Blackwell, 143
   von Cramér, 107
   von Hattendorff, 70
   von Panjer, 115
Schadenanzahlverteilung, 86, 94
Schadeneintrittsprozess, 120
Schadenhöhenverteilung, 82
Schadenprozess, 120, 125
Schweizer Prämienprinzip, 190
   starkes, 190
Selbstbehalt, 205
Sicherheitszuschlag, 159, 184
   absoluter, 184
   relativer, 129, 184
skaleninvariant, 186
Spann einer Verteilung, 142
Sparkomponente, 43
Sparplan, 12
Sparre-Andersen-Modell, 125, 128, 153
Sprungprozess, 120
Sprungzeiten, 120
Standardabweichungsprinzip, 185
Standardmodell der kollektiven Risikotheorie, 81, 88, 93

stark subadditiv, 186
Startkapital, 120
Sterblichkeitsgesetze, 19
Sterblichkeitsintensität, 18
   kumulierte, 59, 60, 69
subadditiv, 186
subexponentielle Verteilung, 165
Submartingal, 55, 98
Supermartingal, 55, 98, 156

T

Tail-Verteilung, 83, 165
   integrierte, 141, 157, 172, 174
Thielesche Differentialgleichung, 42
Thielesche Integralgleichung, 45
Todesfallrisiko, 17
Todesfallversicherung, 27, 72
Tschebyschov-Ungleichung, 102

U

Überlebensfunktion, 18

V

Value at Risk, 196
Varianz
   des Barwerts, 51, 52, 70, 72
   des Verlusts, 70, 72
Varianzprinzip, 185
Verlust, 66, 68–70
Verlustprozess, 66
Versicherung
   gemischte, 27, 72
   Term-fixe, 27
Verteilung
   endlastige, 83
   subexponentielle, 165
   zusammengesetzt-geometrische, 173
   zusammengesetzte, 89, 96
Verzinsung, 3
   diskrete, 4
   stetige, 4, 5

W

wahrscheinlichkeitserzeugende Funktion, 90
Waldsche Gleichung
   erste, 96

zweite, 98
  Variante, 100
Wangs Prämienprinzip, 192, 204
Wartezeit, 120, 129
  aktuelle, 135, 150
  restliche, 135
Wartezeitparadoxon, 138, 150
Weibull-Verteilung, 83

Z

Zahlungsstrom, 8
  zufälliger, 25, 29

Zeitrente, diskrete, 9
Zeitwert, 11
Zins, nomineller, 4, 5
Zinsatz, 4
Zinsintensität, 5
  kumulierte, 7
Zinsrate, 5
zusammengesetzte Poisson-Verteilung, 89
Zuwächse
  orthogonale, 56
  stationäre, 141
  unkorrelierte, 56, 65, 71

If you have any concerns about our products,
you can contact us on
ProductSafety@springernature.com

In case Publisher is established outside the EU,
the EU authorized representative is:
**Springer Nature Customer Service Center GmbH
Europaplatz 3, 69115 Heidelberg, Germany**

Printed by Libri Plureos GmbH
in Hamburg, Germany